环保设备安装

主　编　于明珂　罗娇赢　刘方园
副主编　于景洋　王红梅　杨丽英
　　　　刘仁涛　万思琦　刘文举
　　　　刘　晨　马　驭　由振辉
主　审　吕　君

哈爾濱工業大學出版社

图书在版编目(CIP)数据

环保设备安装/于明珂,罗娇赢,刘方园主编.
—哈尔滨:哈尔滨工业大学出版社,2025.3.—ISBN
978-7-5767-1835-5

Ⅰ.X505

中国国家版本馆 CIP 数据核字第 2024S2U946 号

策划编辑 闻 竹 常 雨
责任编辑 马毓聪
封面设计 童越图文
出版发行 哈尔滨工业大学出版社
社　　址 哈尔滨市南岗区复华四道街 10 号　邮编 150006
传　　真 0451-86414749
网　　址 http://hitpress.hit.edu.cn
印　　刷 哈尔滨午阳印刷有限公司
开　　本 720 mm×1 000 mm　1/16　印张 11　字数 277 千字
版　　次 2025 年 3 月第 1 版　2025 年 3 月第 1 次印刷
书　　号 ISBN 978-7-5767-1835-5
定　　价 88.00 元

前　言

随着工业化和城市化的快速发展，环境污染问题日益严重，对人类健康和生态平衡构成了严重威胁。为了应对这一挑战，环保设备作为控制环境污染、改善环境质量的重要工具，受到了广泛的关注和重视。

环保设备作为环境治理的利器，其内容涵盖了废气、废水、固体废物处理等多个领域。环保设备通过物理、化学、生物等多种方法，将污染物转化为无害或低害物质，从而实现污染物的减量化、资源化和无害化。环保设备不仅有助于改善环境质量，还能促进资源的循环利用，实现可持续发展。

然而，环保设备的选择和安装并非易事。不同的设备具有不同的工作原理和适用范围，需要根据具体的污染情况和处理需求进行科学、合理的选择。同时，设备的安装和运行也需要遵循一定的规范和标准，以确保其正常运行和有效治理。

因此，作者编写了这本《环保设备安装》。本书重点介绍了污水处理相关机械设备的安装与调试，以及常见故障和排除方法。本书旨在为环保工作者和设备操作人员提供实用参考，帮助他们更好地了解环保设备的种类、性能、选择、安装和运行等方面的知识。通过本书的学习，读者将能够掌握环保设备的基本原理和操作技能，提高设备的使用效率和治理效果。

在编写过程中，作者力求内容全面、准确、实用，同时注重理论与实践的结合。希望通过本书的介绍，能够引导读者正确选择和使用环保设备，为改善环境质量、保护人类健康做出贡献。

由于作者写作水平有限，书中难免存在不妥之处，恳请广大同行和读者批评指正。

作　者

2025 年 1 月

目　　录

第1章 绪　论

1.1 环保设备的概念

当前的环保产业主要包括环保设备制造业、环境工程建设和环境保护服务业及自然生态保护三大部分。环保设备是环境保护设备的简称，是以控制环境污染为主要目的的设备，是水污染治理设备、空气污染治理设备、固体废弃物处理处置设备、噪声与振动控制设备、放射性与电磁波污染防护设备的总称。环保设备制造业是环保产业的主体。

1.2 环保设备的分类

1.2.1 按设备的功能分类

按设备的功能环保设备可分为水污染治理设备、空气污染治理设备、固体废弃物处理处置设备、噪声与振动控制设备、放射性与电磁波污染防护设备。

1.2.2 按设备的性质分类

(1)机械设备。各种用于治理污染和改善环境质量的机械加工设备，如除尘器、机械式通风机、机械式水处理设备等。机械设备目前在环保设备中种类及型号最多，应用最普遍，使用最方便。

(2)仪器设备。仪器设备包括大气监测仪器、水质自动连续监测仪器、噪声监测仪器及环境工程实验仪器 4 种。

(3)构筑物。为治理环境而用混凝土、钢筋混凝土、玻璃钢、钢结构或其他材料建造的设施，如各种沉砂池、沉淀池、塔滤、生化处理池等。

1.2.3 按设备的构成分类

(1)单体设备。单体设备为环保设备的主体，如各种除尘器、单体水处理设备等。

(2)成套设备。以单体设备为主，加各种附属设备(如风机、电机等)组成的整体。

(3)生产线。由一台或多台单体设备、各种附属设备及其管线所构成的整体，如废旧轮胎回收制胶粉生产线。

1.2.4 按设备的通用性分类

(1)通用设备。常用、已定型的可用于环境污染治理的设备，如各类水泵、风机等。

(2)专用设备。专为去除某种污染而选取或开发的设备，如吸收塔、填料塔等。

1.3 环保设备安装的技术要求

1.3.1 规范标准的应用

(1)有关设备和装置制作、材料供应、工作履行、工作和材料检验、施工安装及验收所参照的标准和惯例规范,都应该是中国国家标准或规范及国际标准或规范的现行最新版或最新修改版。

(2)当某个标准或规范只适宜于某个国家,或者只与某个特定国家或地区有关时,在得到事先审阅和批准的前提下,可以采用确保在质量方面相当于或更高于该标准或规范的其他权威性标准。

(3)如果采用的标准或规范与计划使用的标准或规范有所不同,则应该在批准采用此不同的标准或规范日期之前至少 28 d,书面申报有关情况。如果计划使用的标准或规范,不能确保在质量上相当于或更高于该标准或规范,则应该使用该标准或规范。

(4)为了便于对有关标准或规范进行试验或检验,应在相关工程施工、设备试验或检验前,一并提供计划采用的标准或规范的复印件及其中、英文版本。

1.3.2 尺寸单位

设备与设备的接口尺寸必须 符合 SI 标准,电气设备的连接方式及规格均应符合 IEC(International Electrotechnical Commission,国际电工委员会)标准。

1.3.3 机械设备制造工艺

1. 铸造

(1)铸件的构造应是均匀的,没有非金属掺杂物及其他缺陷。尚未精加工的铸件表面应当平滑,并对铸造所造成的凹凸不平做过细心修补。

(2)铸件表面不应有裂纹、砂眼、气孔、缩松、夹渣等机械加工时不能清除而影响质量的缺陷。铸件上的裂纹,深度应不超过该处铸件厚度的 10%,长度应不超过该处铸件宽度的 15%;砂眼、气孔和夹渣,深度应不超过该处铸件厚度的 10%,直径应不超过该处铸件厚度的 10%。如果最终不影响铸件的强度和耐用性能,允许将缺陷铲除后进行补焊、磨平及热处理。修复后的铸件应满足相关规范的要求。

(3)如果设备的铸件存在较大的缺陷,不符合相关规范要求,该设备或部件将被拒绝接收。

(4)除非另有规定,铸件应该符合下列标准或相当标准。

①灰铁:BS 1452220 或 ISO 185200。

②碳钢:BS 3100 或相应的国际标准。

③不锈钢:BS 3100 或相应的 ISO 标准。

④铜、铜的合金:BS 1400 A 组 LG2 或 ISO 1138/CuPb5Sn5Zn5;BS 1400 B 组 CT1 或 ISO 1138/CuSn10;BS 1400 B 组 AB2 或 ISO 1138/G-CuAl10Fe5Ni5;BS 1400 C 组 G1 或 ISO 1138/CuSn10Zn2。

⑤铸造件尺寸误差应符合 GB/T 6414—2017《铸件 尺寸公差、几何公差与机械加工余量》的 CT 级要求，铸造件的形位公差应符合 GB 1184—1996《形状和位置公差未注公差值》的要求。

2. 锻造件

在工作开始前，所有用于主要应力支承的锻造构件所使用的制作标准、规范应提交批准。主要应力支承锻造件，应该做内部测试及无损探伤检验；为了消除残留应力，还应该进行热处理。计划中的锻造件制造商名称和热处理的细节，应该提交批准。

3. 紧固件

(1)应提供用于安装的所有锚固螺栓、地脚螺栓、螺栓、垫圈、螺帽、搭接片、支架、托架、垫片和其他固定装置。

(2)在土建/建筑物进行最后抹灰和装饰前，应该制作安装紧固件所需要的所有孔洞。

4. 混凝土中的紧固

如果设备项目要求由其他单位固定在混凝土中，应对施工实施监督，并负责其就位，包括达到满意的校正水平所必须进行的填补、临时固定和最终检查等工作。

5. 焊接

(1)除非另有要求，所有钢结构件，无论是车间预制的还是现场焊接的，均应进行金属电弧焊接，并满足 BS 5135 或同等国际标准的要求。焊缝应该是连续的，没有中断。如果使用点焊和临时连接焊接，则应遵循 BS 5135 或同等国际标准中所指定的程序。

(2)碳钢和碳锰钢所用的焊条，以及焊条在使用前的存放，应符合 BS 639、ISO 544 或 ISO 2401 标准的要求。

(3)除低碳钢以外的金属材料的焊接，如果使用氧炔焊和其他获得批准的焊接方法，应遵循相应的国家标准或国际标准。

(4)管道的焊接，应遵循中国相关标准和 BS 2971、BS 2633，或相应的国际标准中对不同压力等级管道的焊接要求。

(5)当焊接需要按照获得批准的焊接工艺进行时，应按照 BS 4871、EN 287、EN 288 或相应的国际标准的要求，对有关焊工进行考核；当焊接不需要按照获得批准的焊接工艺进行时，应按照中国相关标准和 BS 4872 或相应的国际标准的要求对有关焊工进行考核。焊接工作应在合格的管理人员的指导下进行。

(6)应提交焊接工艺评定。焊接工艺评定中，应包括钢材等级、接口设计、材料厚度、焊接工艺、消耗材料、主焊位置、工作温度、预热温度和焊后热处理等情况。对已经获得批准的焊接工艺，不得随意更改。

(7)焊口的检查和检验，应按照相应的中国标准和国际标准进行。

(8)需要做射线检验的焊口，应该在合格的质检员的监督下，根据 BS 2600 或 ISO 1106 的要求，予以施焊。焊接的管道，应该符合 BS 2910 或同等国际标准的要求进行射线检验，有关的技术参数应获得批准。

(9)要使用的其他无损探伤方法，应得到批准，并按照相应的中国标准或国际标准进行。

(10)没有事先批准，不得开始现场的焊接工作。申请批准时，应提供有关的详细情况，包括适合现场焊接区域的安全防范措施。

1.3.4 材料

1. 螺栓、螺帽和垫圈

(1)构成装置的螺栓、螺帽、双头螺栓和垫圈都应符合中国标准、国际标准或其他被批准的标准。承压螺栓和螺帽，应该使用优质钢材在螺杆、螺栓及螺母处精加工。螺栓的长度应该是在完全拧紧螺帽的情况下，螺杆超出螺帽两个螺纹。装配机械用的螺栓应当能够轻松地插入螺孔中，在紧固时应该不损伤插入螺杆套丝部分的直径，并应在显著位置做上标记以确保在现场的正确安装。应提供必要的垫圈、锁紧装置和防震配件，以确保不会在螺杆上形成弯曲应力。

(2)如果在设备使用地点存在引起腐蚀的危险因素，则螺栓和双头螺栓均应使用含镍的不锈钢材料制作。其设计应考虑在任何情况下螺杆上的最大应力不超过此种材料屈服应力的一半。

(3)可能在维修和保养中需要被频繁调整或移动的螺栓、螺母和螺纹，应当用含镍的不锈钢材料制作。

(4)应提供将设备固定在基础上所需的全部地脚螺栓、对中螺栓和找平螺栓，并配齐相应的螺帽、垫圈和垫片。为了将设备传送的荷载分配到混凝土基础上，还应提供所需的所有底板、框架和其他结构件，并保证分配的荷载不超过设计应力。所有对中螺栓和相应的配件，都应该用含镍的不锈钢制作。

(5)等边六角头粗制螺栓、螺帽和螺纹，应符合 BS 4190 的要求，或者与此相等同的国际标准 ISO 272、ISO 885 和 ISO 4791/1 的要求。

(6)等边六角头精密螺栓、螺帽和螺纹，应符合 BS 3692 的要求，或者与此相等同的国际标准 ISO 272 和 ISO 4759/1 的要求。

2. 螺纹

所有螺纹的尺寸，都应优先采用符合 BS 3643 要求的公制中等标准粗牙。在特殊情况下，可以采用公制标准细牙或其他螺纹形式，但需事先得到批准(与此相当的 ISO 标准有 ISO 261、ISO 262、ISO 724、ISO 965/1、ISO 965/3)。

3. 非金属材料

(1)对于纤维品、软木、纸张及其他类似材料，如果随后不进行外保护层浸泡处理，则应该使用获得批准的杀菌剂进行处理。不允许使用亚麻油绝缘漆处理套管和纺织品。在可能与饮用水接触的地方，均不得使用玻璃纤维材料。

(2)应尽可能避免使用有机材料，如果必须使用，应对有关材料进行防止火灾产生和防止火势蔓延的处理。

(3)应尽可能避免使用木材，如果必须使用，应该使用已经风干的柚木，或者批准使用的其他具有防真菌腐蚀能力并且没有斑点的硬木。所有木制品，均应当做防火、防潮、防虫、防真菌、防细菌或防化学污染处理。木制品的所有接头，应用楔形榫头或梢子连接。使用的金属扣件，应该采用非铁材料制成。使用的胶粘剂应经过特别挑选，以确保其具有防潮性能和防止真菌生长的性能。木料勾缝，应该使用合成树脂水泥。

4. 垫片及接头密封圈

(1)垫片应该按照 BS 2494 或者与此相等同的国际标准 ISO 4633 制造，为了满足在高达甚至超过 80 ℃温度下的使用要求，应该使用氯丁橡胶或经认可的合成材料制造。

(2)接头的制造样式，应遵从制造商或相关的规定要求。

(3)除非需要将橡胶圈或垫片立即放入接头之间，橡胶圈或垫片应该储存在黑暗的库房中，并避免因受热或受冷引发的有害后果。橡胶圈或垫片应平坦放置，以防止任何部位产生张力。

(4)只能使用制造商所推荐的润滑油，而且润滑油不能含有水溶性成分，以保证质量符合规定。润滑油应适合在现场的气候条件下工作，并含有获得批准的杀菌剂。

(5)应该在接头黏结前，在螺栓的螺纹中涂抹石墨膏或类似物。

1.3.5 润滑油

(1)应提交完整的一览表，列举推荐的油料和其他润滑油品种清单。同时，还应提供数量足够的各种油和油脂，以保证装置运行所需，这些润滑油的品种应该是在一览表中的。润滑油应该存放在可以持久保存的容器内，容器外应贴有标签。每种润滑油的数量，应保持满足最低需要。电动机的滚动轴承润滑油脂，应该首先选择锂基润滑脂。如果选用油脂作为润滑剂，则首先考虑使用的地方是对润滑剂的调整或有再填充的要求(如每周不超过一次)的压力系统。为了便于在某一点的润滑油的灌注，可以在管子的伸长口末端安装润滑油嘴。当有大量的此类点汇聚在一起时，油嘴应该连接到安装在合适位置的电瓶板上。普通润滑油应使用“液压”圆头形油嘴灌注，装置的同一品牌润滑油，应使用相同尺寸和种类的油嘴。应采取措施以防止油脂或油料在灌注时溢出轴承。

(2)应为每一种油嘴提供带有永久标记的注油枪。

(3)配备的储油设备应带有含观察窗的油位计，如无法满足这一要求，则应带有量油尺。油位计应该能够显示在可能经历的各种温度情况下的油位水平。油位计的位置，应使站在正常通道地面的操作人员可以看清装置正常时的最高油位线和最低油位线。观察窗应该使用钢化玻璃制成，其结构形式应该便于拆卸清理，安装地点应该在视野较宽的地方，并配有保护罩。

1.3.6 油漆、防腐和颜色

1. 一般要求

(1)除非必须在混合后规定的时间内涂漆，或油漆已经准备好而且与其他品牌的油漆相兼容，油漆(包括打底漆和底漆)应尽可能从同一个厂家购买。只能使用装在油漆密封罐内、罐上标注有制造厂商的名称、制造日期、产品有效期、质量性能指标和使用说明的油漆。

(2)在油漆或防腐工作开始前，应提交整个装置和设备的防腐计划，指明计划采用的油漆制造厂家、保护系统的分类表及每道油漆的颜色，并获得批准。

(3)在防腐计划中，应附上油漆厂家的油漆保护系统介绍，以及厂家所获得的油漆无毒害证书的复印件。

(4)油漆工作应该严格按照油漆厂家的使用说明书和 BS 5493 或相应的国际标准进行。

(5)当不同的金属相互搭接可能出现电解腐蚀或类似腐蚀时,不同的金属表面在涂油漆时应相互隔离。

(6)应提供用于试验和检验目的油漆样板,该油漆样板应该是用实际在现场使用的油漆制作而成的。

(7)在刷漆时应小心,不要将油漆涂到铭牌、额定值标识牌或其他标识牌上。在刷面漆时,应对所有的传动轴承和密封盖表面进行保护,不要将油漆滴落在上面。

(8)只有当被油漆物体的表面已经彻底干燥,空气温度大于 5 ℃,相对湿度小于 95%时,才能在现场开展涂油漆工作。在现场油漆工作开始前,应使用手动钢丝刷和适当的脱脂剂或获得批准的其他方法,除去被油漆物体表面上的所有油污、油脂和脏物。被油漆物体的表面温度,必须比露点温度高出至少 3 ℃。

(9)水溶性除漆剂和油漆溶剂,应该满足 BS 3761 或相应的国际标准的要求。

(10)如果设备将与饮用水、原水和随后将变成饮用水的处理后的水接触,则该设备上所使用的油漆,应该有能够满足国际标准或 BS 3416 的"无毒无害"油漆证书。

(11)冷敷的黑沥青漆体,如果用于常规目的,应该满足国际标准或 BS 3416 的Ⅰ类标准的要求;如果将与饮用水接触,则应该满足 BS 3416 的Ⅱ类标准或相应的国际标准的要求。

(12)热敷沥青漆,应该满足 BS 4147 或相应的国际标准的要求。

2. 具体防腐要求

(1)此防腐要求适用于所有的机械和电气设备,包括地面管道、阀门和钢制容器。

(2)涂有烘干磁漆的设备,例如控制面板、开关柜等和其他发往现场时已经完成最后一道面漆的设备,在发往现场前,应当按照设备制造厂家的要求,在设备表面喷一层临时性的厚度不小于 0.25 mm 的塑性材料,以保护设备的面漆。

(3)所有设备的表面,均应该做防腐蚀或防侵蚀保护处理。如果设备表面具有不同材质的搭接表面,则在设备组对前,应在搭接表面涂上底漆。钢结构的搭接表面应该在安装过程中,对结合面用一氧化铅与甘油腻子或者红铅腻子进行密封。应小心,不要使油漆滴落在传动轴承或密封盖的表面上。

(4)所有仪表和电气设备的小型金属件(除不锈钢以外),以及继电器和机械设备的金属件,应镀铬、镀铜镍合金或用其他获得批准的方式处理,以防止生锈。构成层板的芯子等其他由于某些原因不能做防锈处理的部件,应当将所有裸露部分彻底清洁,然后涂上烘干磁漆、亮漆或其他化合物。

(5)在设备安装结束后,应立即按获得同意的方式,对被损坏的油漆进行修补。镀锌设备或喷漆设备的补漆方法是:先用钢丝刷处理被损坏的表面,再用适当的溶剂清洗,然后立即用浸泡防蚀的方式去掉被损坏的油漆,最后涂上底漆。在干的漆膜中,底漆中的锌或铝的含量(质量分数)不得少于 90%。补漆的油漆颜色,应该和原来面漆的颜色一致。

3. 表面处理

(1)使用洁净、干燥和没有油污及其他污染物的空气,对防腐表面做喷砂处理。喷砂所使用的砂粒,应该达到喷砂区域的表面粗糙度最大不超过 75 μm、最小不超过 25 μm 的要求。

(2)喷砂除锈后的表面清洁度,应该达到 SSPC－SP5－1966(瑞典标准SIS 055900－1967Sa3)、CP 3012－1972 或有关的国际标准的要求。

(3)使用手动工具修补去除所有毛刺、焊接飞溅物、尖锐表面和粗糙表面。

(4)用手持电动钢丝刷等工具对边面进行清理,去除锈斑、氧化皮、油污和残留的油漆。

(5)使用油漆制造厂家所提供的同一溶剂清洗表面的油污。

(6)对亮度较高的部件和轴承表面,应使用防腐清漆或类似防腐漆,全面抛光、防止腐蚀。

4. 底漆

在最后一次表面处理后 4 h 以内,当油污都已经除去后,应按如下要求,喷指定的底漆。

(1)红丹底漆漆膜最小厚度为 80 μm。

(2)聚氨酯环氧底漆应优先选用含磷酸锌防腐剂的底漆,表面上的总漆膜厚度不小于 50 μm。

(3)两层油漆的涂漆时间间隔应不少于 8 h,但最多不超过 7 d。

(4)不准使用稀释剂,油漆养护的环境温度应在 5～40 ℃范围内。

(5)为了达到干后最小 80 μm 的漆膜厚度,聚氨酯环氧富锌底漆里锌的含量不得少于 90%(如未作特别说明,本书中含量均指质量分数)。

(6)聚氨酯环氧反应性底漆,最小漆膜厚度为 50 μm。

(7)含铝密封漆,最小漆膜厚度为 50 μm。

(8)对要埋入混凝土结构中的表面,在按照上述(1)的方式处理后,刷水泥浆。用 120 粒度的干湿砂纸,对所有表面进行打磨,然后涂上一层干漆膜厚度不小于 50 μm 的灰色合成底漆。除去所有斑点及深度大于 2.5 mm 的凹凸不平,然后涂上一层厚浆/填充底漆。

(9)在对表面用 120 粒度的(粗)砂纸进行打磨后,应该再用 240 粒度的(细)干湿砂纸抛光物体表面。

(10)底漆使用 KY－2021 环氧类重防腐涂料,铁红色,3 层,每层厚度为 80 μm。

5. 面漆

(1)在喷涂面漆前,应该先用手动或电动钢丝刷,对原来破损的油漆表面进行处理。然后,用适当的溶剂去除油污、清洁表面,再涂上原来的面漆,达到与原来的漆膜厚度和质量相同的效果。

(2)原来的面漆应该被彻底地清理掉,油污、锈迹和脏物应该被完全清除,然后在 2 h 以内喷涂指定的面漆。

(3)聚氨酯环氧云母铁矿漆,干漆膜厚度不小于 100 μm。

(4)含有惰性颜料的聚氨酯环氧漆,干漆膜厚度不小于 100 μm。油漆固化的环境温度为 5～40 ℃。

(5)醇酸树脂磁漆光亮面漆,干漆膜厚度不小于 30 μm。

(6)醇酸树脂磁漆底漆,干漆膜厚度不小于 30 μm。

(7)黑色沥青漆,应满足 BS 3416 Ⅱ类标准或者有关中国标准或国际标准的要求。

(8)聚氨酯磁漆,干漆膜厚度不小于 35 μm。

(9)白色防凝漆,干漆膜厚度不小于 35 μm。

(10)白色烘干磁漆,干漆膜厚度不小于 35 μm。

(11)烘干磁漆底漆和光亮面漆,干漆膜厚度不小于 50 μm。

(12)聚氨酯环氧有光漆,干漆膜厚度不小于 35 μm。

(13)聚氨酯环氧底漆,干漆膜厚度不小于 35 μm。

(14)聚氨酯环氧沥青漆表面涂上一层耐洗漆,然后涂上一层 Duraglass 或相似的退光漆，接着再涂一层聚氨酯环氧沥青漆，干漆膜厚度不小于 300 μm。

（15）涂中间合成面漆磁漆，干漆膜厚度不小于 50 μm。然后再涂一遍与面漆颜色一样的合成磁漆。在每层面漆完成后，均应用细钢丝棉刷轻轻地扫过表面。

（16）环氧漆，应该满足 BGCPS/CW6 和获得批准的标准的要求。干漆膜厚度在 0.3～1.6 mm范围内。

（17）面漆采用 KY－2026 高抗水性环氧类重防腐涂料，棕黑色，3 层，每层厚度为 80 μm。埋地钢管外壁防腐面漆采用 KY－2026 高抗水性环氧类重防腐涂料，棕黑色，4 层，每层厚度为 80 μm。

（18）面漆采用 KY－2062 脂肪族聚氨酯防腐耐晒面漆，中灰或天蓝色，2 层，每层厚度为 35 μm。

6. 金属喷漆

在表面处理后 4 h 以内，应按照如下方法进行指定的或合适的金属喷漆防腐：

（1）按照 BS 569 的要求在金属表面喷锌粉漆，厚度应不小于 0.1 mm。

（2）按照 BS 729、ISO 1460 或 ISO 1461 的要求做热浸镀锌。

（3）按照 BS 2569 的要求在金属表面喷铝粉漆，厚度应不小于 0.1 mm。

（4）按照 BS 4641、BS 1224、ISO 6158 或 ISO 1456 的要求电镀铬。

（5）按照 BS 4641 或 ISO 6158 的要求镀镉。

7. 电镀和镀锌

（1）对于一些小型金属构件，在得到同意后，可以采用电镀或热浸镀锌的方式代替油漆做防腐处理。

（2）热浸镀锌，应该按照 BS 729、ISO 1460 或 ISO 1461 的要求进行，镀锌后，每平方米上至少喷锌 60 g。镀锌后，所有热浸镀锌部件，均应进行钝化处理，以减少污染。所有的紧固螺栓、垫圈、螺帽和其他支架及紧固件，均需要旋转热浸镀锌。

（3）电镀锌部件或电镀镉部件，应该满足 BS 17062、ISO 2081 或 ISO 2082 的要求。与食物或饮用水供应设备相接触的部件，不得采用镀镉的方式防腐。电镀铬，应按照 BS 4641 或 ISO 6158 的要求进行，最小镀层厚度应大于 75 μm。

1.3.7　技术文件

（1）设备详细说明书、产品样本、技术数据单和性能曲线，供货商、生产厂家及产品型号。

（2）电机及电气控制图纸资料（启动电流、额定电流、功率因数、电机效率）。

（3）详细图纸（图纸中应说明外形尺寸、安装尺寸、零件材料、质量及设备总重）。

（4）设备系统图及安装图。

（5）基础螺栓布置图及土建荷载图。

（6）供电系统图及电气控制的图纸资料。

（7）技术规范各分项要求提供的资料。

（8）备品备件清单。

（9）在设备交货的同时应提供的安装、操作、维护手册。

第 2 章　环保设备材料及其选用

2.1　材料的性能

设备材料的性能是选择材料的根本依据，这些性能包括材料的力学性能、物理性能、化学性能和加工工艺性能等。

2.1.1　力学性能

力学性能是指材料在外力作用下抵抗变形或破坏的能力，如强度、硬度、弹性、塑性、韧性等。这些性能是环保设备设计中材料选择及计算时决定许用应力的依据。

2.1.2　物理性能

材料的物理性能有密度、熔点、比热容、导热系数、热膨胀系数、导电性、磁性等。密度是计算设备质量需要用到的常数。熔点低的金属和合金，其铸造和焊接加工都较容易，工业上常用于制造熔断器、防火安全阀等零件；熔点高的合金可用于制造要求耐高温的零件。金属及合金受热时，一般都有不同程度的体积膨胀，因此双金属材料的焊接要考虑它们的热膨胀系数是否接近，否则会因二者膨胀量不等而使容器或零件变形或损坏。设备的衬里及其组合件，其热膨胀系数应和基本材料相同，以免受热后因膨胀量不同而松动或破坏。

2.1.3　化学性能

材料的化学性能是指材料在所处介质中的化学稳定性，即材料是否会与周围介质发生化学或电化学作用而引起腐蚀。材料的化学性能主要有耐腐蚀性和抗氧化性。

材料对周围介质，如大气、水汽、各种电解液浸蚀的抵抗能力称为耐腐蚀性。环境工程中所涉及的物料常会有腐蚀性。材料的耐腐蚀性不强，必将影响设备使用寿命。一般情况下，金属材料在酸性介质中的耐腐蚀性较差，有机非金属材料耐酸性能较强。

在环境工程处理工艺中，有部分设备在高温下操作，如垃圾焚烧炉等。在高温下，钢铁不仅与自由氧发生氧化腐蚀，使钢铁表面形成结构疏松、容易剥落的氧化铁（FeO）氧化皮；还会与水蒸气、二氧化碳、二氧化硫等气体产生高温氧化与脱碳作用，使钢的力学性能下降，特别是降低材料的表面硬度和抗疲劳强度。因此，高温设备必须选用耐热材料。

2.1.4　加工工艺性能

金属和合金的加工工艺性能是指可铸造性能、可锻造性能、可焊性能和可切削加工性能等。这些性能直接影响设备和零部件的制造工艺方法和质量。因此，加工工艺性能是设备选材和制定零件加工工艺路线时必须考虑的因素之一。

2.2 金属材料的选用

2.2.1 铸铁

工业上常用的铸铁含碳量(质量分数)一般在2%以上,并含有S、P、Si、Mn等杂质。铸铁是脆性材料,抗拉强度较低,但具有良好的铸造性、耐磨性、减振性及切削加工性,在一些介质(浓硫酸、醋酸、盐溶液、有机溶剂等)中具有相当好的耐腐蚀性能。铸铁生产成本低廉,因此在工业中得到普遍应用。

铸铁可分为灰铸铁、球墨铸铁、高硅铸铁等。

1. 灰铸铁

灰铸铁中的碳大部分或全部以自由状态的片状石墨形式存在,断口呈暗灰色。灰铸铁的抗压强度较大,抗拉强度很低,冲击韧性低,不适合制造承受弯曲、拉伸、剪切和冲击载荷的零件,可制造承受压应力及要求消振、耐磨的零件,如支架、阀体、泵体(机座、管路附件等),在环境工程中可用于设备的底座。灰铸铁的牌号用HT(灰铁二字的汉语拼音第一个字母)和抗拉强度σ_b值表示,如HT100,其中100表示$\sigma_b=100$ MPa。常用灰铸铁牌号有HT100、HT150、HT200、HT250、HT300、HT350。

2. 球墨铸铁

在浇注前,往铁水中加入少量球化剂(如镁、钙和稀土元素等)、石墨化剂(如硅铁、硅钙合金),以促进碳以球状石墨结晶形式存在,这种铸铁称为球墨铸铁。球墨铸铁在强度、塑性和韧性方面大大超过灰铸铁,甚至接近钢材。在酸性介质中,球墨铸铁耐腐蚀性较差,但在其他介质中耐腐蚀性比灰铸铁好。球墨铸铁的价格低于钢,由于兼有普通铸铁与钢的优点,成为一种新型结构材料。过去用碳钢和合金钢制造的重要零件(如曲轴、连杆、主轴、中压阀门等),目前不少已改用球墨铸铁。球墨铸铁的牌号用QT(球铁二字的汉语拼音第一个字母)、抗拉强度n、延伸率δ表示,如QT400−18,其中400和18分别表示$n=400$ MPa,$\delta=18\%$。

3. 高硅铸铁

高硅铸铁是往灰铸铁或球墨铸铁中加入一定量的合金元素硅等熔炼而成的。高硅铸铁具有很好的耐腐蚀性能,且随含硅量的增加耐腐蚀性能增强。其强度低、硬度高、质脆,不能承受冲击载荷,不便于机械加工,只适合铸造。高硅铸铁导热系数小,膨胀系数大,故不适合制造工作环境温差较大的设备,否则容易产生裂纹。高硅铸铁常用于制作各种耐酸泵、冷却排管和热交换器等。

2.2.2 碳钢

碳钢的含碳量一般为0.02%～2%,杂质元素的含量较铸铁低。这些杂质元素往往会对钢的质量产生影响。

普通碳钢除含碳以外,还含有少量硫(S)、磷(P)、锰(Mn)、硅(Si)、氧(O)、氮(N)和氢(H)等元素。这些元素并非为改善钢材质量有意加入的,而是由矿石及冶炼过程带入的,故称为杂质元素。这些杂质元素对钢材性能有一定影响,为了保证钢材的质量,在国家标准中对各类钢的化学成分都做了严格规定。

常见杂质元素对钢材性能的影响如下。

1. 硫

硫来源于炼钢的矿石与燃料焦炭，它是钢中的一种有害元素。硫以硫化铁（FeS）的形态存在于钢中，FeS 和 Fe 形成低熔点（985 ℃）化合物。钢材的热加工温度一般在 1 150～1 200 ℃，当钢材热加工时，由 FeS 和 Fe 的化合物的过早熔化而导致工件开裂的现象，称为“热脆”。钢的含硫量愈高，热脆现象愈严重，故必须对钢中含硫量进行控制。

2. 磷

磷是由矿石带入钢中的元素，一般来说磷也是钢中的有害元素。磷虽能使钢材的强度、硬度增高，但会显著降低塑性、冲击韧性。特别是在低温时，它使钢材显著变脆，这种现象称“冷脆”。冷脆使钢材的冷加工及焊接性变坏，含磷量越高，冷脆性越显著，故对钢中含磷量控制较严。高级优质钢含磷量小于 0.025%；优质钢含磷量小于 0.04%；普通钢含磷量小于 0.085%。

3. 锰

锰是炼钢时作为脱氧剂加入钢中的元素。由于锰可以与硫形成高熔点（1 600 ℃）的硫化锰（MnS），一定程度上消除了硫的有害作用。锰具有很好的脱氧能力，能够与钢中的 FeO 反应生成氧化锰（MnO）进入炉渣，从而改善钢的品质，特别是降低钢的脆性，提高钢的强度和硬度。因此，锰在钢中是一种有益元素。技术条件中规定，优质碳素结构钢中，正常含锰量是 0.5%～0.8%；而较高含锰量的结构钢中，其含锰量是 0.7%～1.2%。

4. 硅

硅也是炼钢时作为脱氧剂而加入钢中的元素。硅与钢液中的 FeO 能结成密度较小的硅酸盐炉渣而被除去，因此硅是钢中的一种有益元素。硅在钢中溶于铁素体内使钢的强度、硬度增加，塑性、韧性降低。镇静钢中含硅量通常为 0.1%～0.37%，沸腾钢中含硅量只有 0.03%～0.07%。由于钢中含硅量一般不超过 0.5%，对钢性能影响不大。

5. 氧

氧在钢中是有害元素。它是在炼钢过程中进入钢中的，尽管在炼钢末期要加入锰、硅、铁和铝进行脱氧，但不可能除尽。氧在钢中以 FeO、MnO、SiO^-、Al_2O_3 等形式存在，使钢的强度、塑性降低，尤其是对疲劳强度、冲击韧性等有严重影响。

6. 氮

铁素体溶解氮的能力很低。当钢中溶有过饱和的氮，在放置较长一段时间后或随后在 200～300 ℃范围加热，氮就会以氮化物形式析出，并使钢的硬度、强度提高，塑性下降，这种现象称为时效。钢液中加入铝（Al）、钛（Ti）或钒（V）进行固氮处理，使氮固定在 AlN、TiN 或 VN 中，可消除时效倾向。

7. 氢

钢中溶有氢会导致钢的氢脆、白点等缺陷。白点常在轧制的厚板、大锻件中出现，在纵断面上可看到圆形或椭圆形的白色斑点；在横断面上则是细长的发丝状裂纹。锻件中有了白点，使用时会发生突然断裂而造成事故。氢导致白点冷裂的主要原因是低温时氢在钢中的溶解度急剧降低。当冷却较快时，氢原子来不及扩散到钢的表面而逸出，就在钢中的一些缺陷处由原子状态的氢变成分子状态的氢，氢分子在不能扩散的条件下导致局部产生很大压力，这压力超过了钢的强度极限而在该处形成裂纹，即白点。

2.2.3 合金钢

随着现代工业和科学技术的不断发展，对设备零件的强度、硬度、韧性、塑性、耐磨性及物理、化学性能的要求越来越高，碳钢已不能完全满足需要。合金钢是在碳钢的基础上，为了改善性能，在碳钢中有目的地加入一些合金元素而形成的钢材。

目前在合金钢中常用的合金元素有铬(Cr)、锰(Mn)、镍(Ni)、硅(Si)、铝(Al)、钼(Mo)、钒(V)、钛(Ti)和稀土元素(Re)等。合金元素对钢的影响如下。

(1)铬是合金结构钢主要加入的元素之一。在化学性能方面，它不仅能提高耐腐蚀性能，也能提高抗氧化性能。我国出土的春秋战国时代的武器、秦朝的青铜剑和大量的箭镞，有的迄今毫无锈蚀。经鉴定，这些文物表面有一层铬的氧化物层，而基体中并不含铬，很可能这种表面保护层是将铬的化合物人工氧化并经高温处理得到的。两千多年前被创造出的这种防护技术，不能不说是我国文明史上的一个奇迹。当含铬量达到13%时，能使钢的耐腐蚀能力显著提高，并增加钢的热强性。铬能提高钢的淬透性，显著提高钢的强度、硬度和耐磨性，但它会使钢的塑性和韧性降低。

(2)锰可提高钢的强度，增加含锰量对提高低温冲击韧性有好处。

(3)镍对钢铁性能有良好作用。它能提高淬透性，使钢具有很高的强度，而又保持良好的塑性和韧性。镍能提高耐腐蚀性和低温冲击韧性。镍基合金具有较高的热强性能。镍被广泛应用于不锈耐酸钢和耐热钢中。

(4)硅可提高钢的强度、高温疲劳强度、耐热性及针对硫化氢(H_2S)等介质的耐腐蚀性。硅含量增加会降低钢的塑性和冲击韧性。

(5)铝为强脱氧剂，可显著细化晶粒，提高钢的冲击韧性，降低冷脆性。铝还能提高钢的抗氧化性和耐热性，对抵抗 H_2S 介质腐蚀有良好作用。铝的价格较便宜，所以在耐热合金钢中常用它来代替铬。

(6)钼能提高钢的高温强度、硬度，细化晶粒，降低回火脆性。含钼量小于0.6%可提高塑性。钼能抗氢腐蚀。

(7)钒可提高钢的高温强度，细化晶粒，提高淬透性。铬钢中加少量钒，在保持钢强度的同时改善钢的塑性。

(8)钛为强脱氧剂，可提高钢的强度，细化晶粒，提高韧性，减小铸锭缩孔和焊缝裂纹等倾向。钛在不锈钢中起稳定碳的作用，减少铬与碳化合的机会，防止晶间腐蚀，还可提高耐热性。

稀土元素可提高钢的强度，改善塑性、低温脆性、耐腐蚀性及焊接性能。

2.2.4 有色金属

铁以外的金属称非铁金属，也称有色金属。有色金属及其合金的种类很多，常用的有铝、铜、铅、钛等。在环境工程中，由于存在腐蚀、低温、高温、高压等特殊工艺条件，许多设备及其零部件经常采用有色金属及其合金。

有色金属有很多优越的特殊性能，例如有良好的导电性、导热性，密度小，熔点高，有低温韧性，在空气、海水及一些酸、碱介质中耐腐蚀等，但有色金属价格比较昂贵。常用有色金属及合金的代号见表2.1。

表2.1 常用有色金属及合金的代号

名称	铜	黄铜	青铜	铝	铅	铸造合金	轴承合金
代号	T	H	Q	L	Pb	Z	Ch

2.2.5 金属设备的防腐措施

金属或合金材料自身的耐腐蚀性是金属是否容易受到腐蚀的最基本的因素。各国的材料工作者一直在努力地研制针对不同腐蚀环境的新型耐腐蚀合金。新耐腐蚀材料或新技术的出现不仅可以解决腐蚀防护方面的重大难题，而且会对尖端技术的发展起到巨大推动作用。

材料的加工和成形工艺也是材料防腐中必须考虑的问题，金属或合金的组成、有害杂质的含量、热处理状态、应力和变形、表面状况等都与腐蚀密切相关。为防止生产设备被腐蚀，除选择合适的耐腐蚀材料制造设备外，还可以采用多种防腐蚀措施对设备进行防腐。

2.3 非金属材料的选用

2.3.1 无机非金属材料

1. 陶瓷

陶瓷按原料可分为普通陶瓷（硅酸盐材料）和特种陶瓷（人工合成材料）；按用途可分为日用陶瓷、结构陶瓷和功能陶瓷等；按性能可分为高强度陶瓷、高温陶瓷、耐磨陶瓷、耐酸陶瓷、压电陶瓷、光学陶瓷、半导体陶瓷、磁性陶瓷等。

陶瓷材料具有极高的硬度，优良的耐磨性，弹性模量高，刚度大，抗拉强度很低但抗压强度很高，韧性低，脆性大，在室温下几乎没有塑性，难以进行塑性加工。陶瓷的熔点很高，大多在2 000 ℃以上，因此具有很高的耐热性能；热膨胀系数小，导热性差。陶瓷的化学稳定性高，抗氧化性优良，对酸、碱、盐具有良好的耐腐蚀性。大多数陶瓷具有高电阻率，少数陶瓷具有半导体性质。许多陶瓷具有特殊的性能，如光学性能、电磁性能等。

(1)普通陶瓷。

普通陶瓷是指以黏土、长石、石英等为原料烧结而成的陶瓷。这类陶瓷质地坚硬、不氧化、耐腐蚀、不导电、成本低，但强度较低，耐热性及绝缘性不如其他陶瓷。普通工业陶瓷有建筑陶瓷、电瓷、化工陶瓷等。其中，电瓷主要用于制作隔电、机械支持及连接用瓷质绝缘器件。化工陶瓷主要用于化学、石油化工、食品、制药工业中制造实验器皿、耐腐蚀容器、反应塔、管道等。

(2)特种陶瓷。

①氧化铝陶瓷。氧化铝陶瓷又称高铝陶瓷，主要成分为 Al_2O_3，含有少量 SiO_2。其强度高于普通陶瓷，硬度很高，耐磨性很好，耐高温，可在1 600 ℃高温下长期工作，耐腐蚀性

和绝缘性能良好，还具有光学特性和离子导电特性，但韧性低，脆性大。其主要用于制作装饰瓷、内燃机的火花塞、石油化工泵的密封环、机轴套、切削工具、模具、磨料、轴承、人造宝石、耐火材料、坩埚、炉管、热电偶保护管等。

②氮化硅陶瓷。氮化硅陶瓷是以 Si_3N_4 为主要成分的陶瓷。根据制作方法其可分为热压烧结氮化硅陶瓷和反应烧结氮化硅陶瓷。其具有很高的硬度，耐磨性好；具有优良的化学稳定性，能耐除氢氟酸、氢氧化钠外的其他酸性和碱性溶液的腐蚀，抗熔融金属的侵蚀；具有优良的绝缘性能。热压烧结氮化硅陶瓷的强度、韧性都高于反应烧结氮化硅陶瓷，主要用于制造形状简单、精度要求不高的零件，如切削刀具、高温轴承等。反应烧结氮化硅陶瓷用于制造形状复杂、精度要求高的零件，用于要求耐磨、耐腐蚀、耐热、绝缘等场合，如泵密封环、热电偶保护套、高温轴套、电热塞、电磁泵管道和阀门等。

③碳化硅陶瓷。碳化硅陶瓷是以 SiC 为主要成分的陶瓷。碳化硅陶瓷按制造方法可分为反应烧结碳化硅陶瓷、热压烧结碳化硅陶瓷和常压烧结碳化硅陶瓷。碳化硅陶瓷具有很高的高温强度，良好的热稳定性、抗蠕变性、耐磨性、耐腐蚀性、导热性、耐辐射性。其主要用于石油化工、钢铁、机械、电子、原子能等工业中，如浇注金属的浇道口、轴承、密封阀片、轧钢用导轮、内燃机器件、热变换器、热电偶保护套管、炉管等。

④氮化硼陶瓷。氮化硼陶瓷分为低压型和高压型两种。低压型氮化硼陶瓷结构与石墨相似，又称白石墨，其硬度较低，具有自润滑性及良好的高温绝缘性、耐热性、导热性、化学稳定性。其主要用于耐热润滑剂、高温轴承、高温容器、坩埚、热电偶套管、散热绝缘材料、玻璃制品成型模等。高压型氮化硼陶瓷硬度接近金刚石，主要用于磨料和金属切屑刀具。

2. 搪瓷

搪瓷是含硅量高的瓷釉通过 900 ℃左右的高温煅烧，涂敷在金属表面而形成的。搪瓷具有优良的耐腐蚀性能、力学性能和电绝缘性能，但易碎裂。

搪瓷的导热系数不到钢的 1/4，热膨胀系数大。因此，搪瓷设备不能直接用火焰加热，以免损坏搪瓷表面，可以用蒸汽或油浴缓慢加热，使用温度为－30～270 ℃。

目前我国生产的搪瓷设备有反应釜、贮罐、换热器、蒸发器、塔和阀门等。

3. 玻璃

工业用的玻璃不是一般的钠钙玻璃，而是硼玻璃（耐热玻璃）或高铝玻璃，它们有好的热稳定性和耐腐蚀性。

玻璃在生产中用于做管道或管件，也可以做容器、反应器、泵、热交换器、隔膜阀等。玻璃虽然有耐腐蚀、清洁、透明、阻力小、价格低等特点，但质脆、耐温度急变性差，不耐冲击和振动。目前已成功采用金属管内衬玻璃或用玻璃钢加强玻璃管道来弥补其不足。

2.3.2 无机非金属材料的腐蚀与预防措施

1. 无机非金属材料的腐蚀

无机非金属材料，如陶瓷、玻璃、水泥等，虽然在很多环境下表现出良好的稳定性，但仍然可能受到各种因素的影响而发生腐蚀。无机非金属材料腐蚀的类型和原因多种多样，主要包括化学腐蚀、物理腐蚀和生物腐蚀。

①化学腐蚀。主要是由于材料与环境中的化学物质发生反应，导致材料性能的降低。例如，玻璃在碱性环境中会发生腐蚀，其表面会形成一层硅酸盐，导致透明度降低，机械性能下降。

②物理腐蚀。主要是由温度、压力、光照等物理因素导致的材料性能降低。例如，陶瓷在高温下会发生蠕变和热震损伤，导致其机械性能下降。

③生物腐蚀。主要是由微生物、菌类等生物因素导致的材料性能降低。例如，一些微生物能够分解硅酸盐材料，导致材料的结构破坏。

2. 无机非金属材料的腐蚀预防措施

针对无机非金属材料的腐蚀问题，可以采取以下预防措施。

①选择适当的材料。针对不同的使用环境，选择耐腐蚀性能更好的无机非金属材料。例如，在酸性环境中，选择耐酸陶瓷等；在碱性环境中，选择耐碱玻璃等。

②改善材料的表面性能。通过涂层、镀膜等技术，改善材料的表面性能，提高其耐腐蚀能力。例如，在陶瓷表面涂覆一层防腐蚀涂层，可以显著提高其在恶劣环境中的使用寿命。

③控制环境条件。通过调整环境的温度、湿度、酸碱度等条件，降低材料的腐蚀速率。例如，在存放玻璃制品的仓库中，控制湿度和温度，避免玻璃发生风化。

④定期检查与维护。对使用中的无机非金属材料进行定期检查，及时发现并处理腐蚀问题。对于已经出现腐蚀的材料，可以采取清洗、修复等措施，延长其使用寿命。

⑤加强材料研发。通过研发新型无机非金属材料，提高其耐腐蚀性能。例如，开发具有更高耐腐蚀性的陶瓷和玻璃新材料。

2.3.3 有机非金属材料

有机非金属材料主要为塑料。

塑料是以树脂为主要成分，添加能改善性能的填充剂、增塑剂、稳定剂、润滑剂、固化剂、发泡剂、着色剂、阻燃剂、防老化剂等制成的。填充剂主要起增强作用，可以使塑料具有所要求的性能。增塑剂用来增加树脂的塑性和柔韧性。稳定剂包括热稳定剂和光稳定剂，可提高树脂在受热、光、氧作用时的稳定性。润滑剂用来防止塑料黏着在模具或其他设备上。固化剂能将高分子化合物由线型结构转变为立体交联结构。发泡剂是受热时会分解而放出气体的有机化合物，用于制备泡沫塑料等。

在工业生产中广泛应用的塑料即为“工程塑料”。塑料的品种很多，根据受热后的变化和性能的不同，可分为热塑性塑料和热固性塑料两大类。

热塑性塑料是以可经受反复受热软化（或熔化）和冷却凝固的树脂为基本成分制成的塑料，它的特点是遇热软化或熔融，冷却后又变硬，这一过程可反复多次。典型产品有聚乙烯、聚氯乙烯、聚苯乙烯、聚丙烯、聚酰胺、聚甲醛、聚碳酸酯、聚苯醚、聚四氟乙烯等。热固性塑料是以经加热转化（或熔化）和冷却凝固后变成不熔状态的树脂为基本成分制成的，它的特点是在一定温度下，经过一定时间的加热或加入固化剂即可固化，质地坚硬，既不溶于溶剂，也不能用加热的方法使之再软化，典型产品有酚醛塑料、氨基塑料、环氧塑料、呋喃塑料、有机硅塑料等。

塑料由于一般具有良好的耐腐蚀性能、一定的机械强度、良好的加工性能和电绝缘性能，价格较低，因此被广泛应用于工业生产中。

1. 聚乙烯

聚乙烯无毒、无味、无臭，具有良好的耐化学腐蚀性和电绝缘性，强度较低，耐热性不高，易老化，易燃烧等。

根据密度聚乙烯可分为低密度聚乙烯和高密度聚乙烯。低密度聚乙烯主要用于日用制品、薄膜、软质包装材料、层压纸、层压板、电线电缆包覆等；高密度聚乙烯主要用于硬质包装材料、化工管道、贮槽、阀门、高频电缆绝缘层、各种异型材、衬套、小负荷齿轮、轴承等。聚乙烯的物理、力学性能见表 2.2。

表 2.2 聚乙烯的物理、力学性能

密度/($g \cdot cm^{-3}$)	抗拉强度/MPa	抗弯强度/MPa	冲击强度/($J \cdot cm^{-2}$)	熔点/℃	维卡软化温度/℃
0.94～0.96	20～30	20～30	10～30	123～129	120～130

2. 聚氯乙烯

聚氯乙烯具有较高的强度和刚度，良好的电绝缘性和耐化学腐蚀性，有阻燃性，但热稳定性较差，使用温度较低。

根据增塑剂用量的不同聚氯乙烯可分为硬聚氯乙烯和软聚氯乙烯。软聚氯乙烯主要用于薄膜、人造革、墙纸、电线电缆包覆及软管等；硬聚氯乙烯主要用于工业管道系统、给排水系统、板件、管件、建筑及家居用防火材料、防腐设备及各种机械零件等。

硬聚氯乙烯的物理、力学性能见表 2.3。

表 2.3 硬聚氯乙烯的物理、力学性能

密度/($g \cdot cm^{-3}$)	抗拉强度/MPa	抗弯强度/MPa	线膨胀系数/($1 \cdot ℃^{-1}$)	维卡软化温度/℃
1.35～1.45	35～56	90	$(5 \sim 6) \times 10^{-5}$	65～80

3. 聚苯乙烯

聚苯乙烯无毒、无味、无臭、无色，具有良好的电绝缘性和耐化学腐蚀性，但不耐苯、汽油等有机溶剂，强度较低，硬度高，脆性大，不耐冲击，耐热性差，易燃烧。其主要用于日用、装潢、包装及工业制品，如仪器仪表外壳、灯罩、光学零件、装饰件、透明模型、玩具、化工储酸槽、包装及管道的保温层、冷冻绝缘层等。

4. 聚酰胺

聚酰胺又称尼龙或锦纶，具有较高的强度、韧性和耐磨性，电绝缘性、耐油性、阻燃性良好，耐热性不高。其主要用于制造机械、化工、电气零部件，如轴承、齿轮、凸轮、泵叶轮、高压密封圈、阀门零件、包装材料、输油管、储油容器、丝织品及汽车保险杠、门窗手柄等。

5. 聚甲醛

聚甲醛具有良好的强度、硬度、刚性、韧性、耐磨性、耐疲劳性、电绝缘性和耐化学腐蚀性，热稳定性差，易燃。其主要用于制造轴承、齿轮、凸轮、叶轮、垫圈、法兰、活塞环、导轨、阀门零件、仪表外壳、化工容器、汽车部件等，特别适用于无润滑的轴承、齿轮等。

6. 聚四氟乙烯(PTFE)

聚四氟乙烯具有优异的耐腐蚀性，能耐强腐蚀性介质(硝酸、浓硫酸、王水、盐酸、苛性碱等)腐蚀,耐腐蚀性甚至超过贵重金属金和银,有塑料王之称。其使用温度范围为－100～250 ℃。聚四氟乙烯常用来做耐腐蚀、耐高温的密封元件、密封带及高温管道。由于聚四氟乙烯有良好的自润滑性,其还可以用来做无润滑的活塞环。

7. 酚醛塑料

酚醛塑料具有良好的耐热性、耐磨性、耐腐蚀性及电绝缘性。以木粉为填料制成的酚醛塑料粉又称胶木粉或电木粉,是常用的热固性塑料。其制成的电器开关、插座、灯头等,不仅绝缘性好,而且有较好的耐热性,较高的硬度、刚度和一定的强度;以纸片、棉布、玻璃布等为填料制成的层压酚醛塑料,具有强度高及耐冲击、耐磨性优良等特点,常用以制造受力要求较高的机械零件,如齿轮、轴承、汽车刹车片等。

8. 氨基塑料

最常用的氨基塑料是脲醛塑料,用脲醛塑料压塑粉压制的各种制品,有较高的表面硬度,颜色鲜艳有光泽,又有良好的绝缘性,俗称“电玉”。常见的制品有仪表外壳、电话机外壳、开关、插座等。

2.3.4 有机非金属材料的腐蚀及其预防措施

有机非金属材料在现代工业、建筑、航空航天等领域具有广泛应用。然而,这些材料在使用过程中可能会受到各种环境因素的影响,导致腐蚀和性能下降。本部分将探讨有机非金属材料的腐蚀及预防措施。

1. 有机非金属材料的腐蚀

①化学腐蚀。有机非金属材料可能因接触到酸、碱、盐等化学物质而发生腐蚀。这些化学物质可能与材料发生化学反应,导致材料结构破坏、性能下降。

②物理腐蚀。高温、紫外线辐射、机械应力等物理因素也可能导致有机非金属材料的腐蚀。长时间暴露在高温环境下,材料可能会发生热解或氧化;紫外线辐射可能使材料老化、龟裂;机械应力可能导致材料疲劳、开裂。

③生物腐蚀。微生物、霉菌等生物因素在有水分和养分的条件下,可能对有机非金属材料产生腐蚀作用,导致材料表面污染、性能降低。

2. 有机非金属材料的腐蚀预防措施

①选用耐腐蚀材料:根据应用环境和需求,选择具有较好耐腐蚀性能的有机非金属材料。例如,在化学工业中,可选用耐酸碱、耐油的橡胶、塑料等材料。

②涂层保护:在有机非金属材料表面涂覆一层防腐蚀涂层,以隔绝材料与腐蚀性介质的直接接触。常用的防腐蚀涂层包括油漆、涂料、防锈油等。

③控制环境因素:通过控制环境温度、湿度、紫外线辐射等环境因素,降低有机非金属材料的腐蚀速度。例如,在高温环境中,可以采取降温措施;在室外环境中,可以使用遮阳设施减少紫外线辐射。

④定期检查与维护:对有机非金属材料进行定期检查,及时发现并处理腐蚀因素。对于已经出现腐蚀的部分,可以采取修补、更换等措施。同时,加强设备的维护保养,保持设备清洁干燥,以延长使用寿命。

⑤生物防治:在易受生物腐蚀的环境中,采取防霉、抗菌措施,如使用防霉剂、抗菌涂料

等，以减小生物因素对材料的腐蚀作用。

有机非金属材料的腐蚀问题是一个复杂且需要关注的问题。通过了解腐蚀原因，可以采取针对性的预防措施，如选用耐腐蚀材料、涂层保护、控制环境因素、定期检查与维护及生物防治等，从而降低有机非金属材料的腐蚀速度，延长其使用寿命。在实际应用中，需要根据具体情况选择合适的预防措施，确保有机非金属材料在各个领域的安全、稳定运行。

2.4 环保设备材料的选择标准

在选择环保设备材料时，性能是一个至关重要的考虑因素。正确的材料选择能够确保设备的稳定运行、延长使用寿命，并满足特定的环保标准。以下是一些关于环保设备材料性能选择的要点。

材料的分类及特征

1. 耐腐蚀性能

由于环保设备经常处理腐蚀性物质，如废水、废气等，因此材料的耐腐蚀性能至关重要。需要考虑材料对各种化学物质的抵抗能力，以确保设备在长期运行中不会因腐蚀而损坏。例如，不锈钢和某些特种塑料就因其出色的耐腐蚀性而被广泛应用于环保设备。

设计任何设备，在选材时都应认真进行调查与分析研究。例如，设计一个浓硫酸储罐，可选灰铸铁、高硅铸铁、碳钢、铬镍不锈钢和碳钢用瓷砖衬里等。考虑设备可能连续使用或间歇使用，则使用情况不同，腐蚀情况也不同。间歇使用，罐内硫酸时有时无，遇到潮湿天气，罐壁上的酸可能吸收空气中的水分而变稀，这样腐蚀情况要严重得多。从耐硫酸角度考虑，灰铸铁、高硅铸铁、碳钢和不锈钢都能使用。但灰铸铁、高硅铸铁抗拉强度低、质脆，不能铸造大型设备，故不宜采用。碳钢的机械强度高、质韧，焊接性能好，但稀硫酸对碳钢腐蚀严重，故也不能采用。不锈钢虽然各种性能都比较好，但价格比较贵，焊接加工要求较高。综合以上分析，碳钢做罐壳以满足强度、内衬非金属以解决耐腐蚀问题是较合适的材料选择方案。

2. 机械性能

材料的机械性能，如抗拉强度、抗压强度、硬度和韧性等，也是选择环保设备材料时的重要参考因素。这些性能决定了材料在受到外力作用时的反应，以及是否容易发生变形或断裂。对于需要承受高压或高负荷的环保设备部件，选择高强度、高硬度的材料是至关重要的。

3. 热稳定性能

许多环保设备需要在高温或低温环境下运行，因此材料的热稳定性成为一个重要的考量因素。需要选择那些能够在极端温度下保持性能稳定的材料，以防止设备因温度变化而失效。例如，硅酸铝和耐火砖等高温材料常用于需要承受高温的环保设备中。

4. 环保性能

在选择环保设备材料时，还需要考虑其对环境的影响。优先选择可再生、可回收或对环境影响较小的材料。此外，材料的生产过程也应符合环保标准，以减少对环境的污染。例如，使用可再生材料制造的墙板能够减少对自然资源的消耗，并有效降低碳排放量。

5. 加工性能

材料的加工性能也是一个重要的考虑因素。易于加工的材料可以降低生产成本，提高生产效率。因此，在选择材料时，需要考虑其可塑性、可焊性及其他加工特性。

6. 经济性能

在满足性能要求的前提下，还需要考虑材料的经济性，包括材料的成本、可获得性及维护成本等。性价比高的材料能够降低设备的总体成本，提高设备的市场竞争力。

在满足设备使用性能的前提下，选用材料应注意其经济效果。碳钢与普通低碳钢的价格比较低，在满足设备耐腐蚀性能和力学性能条件下应优先选用。同时，还应考虑国家生产与供应情况，因地制宜选取，品种应尽量少而集中，以便采购与管理。

产品的材料选择还必须考虑产品的使用寿命、更新周期、基本材料费、加工制造费、维护和检修费、停产损失、废品损失等费用。

一般对于长期运行的设备，为减少维修次数，避免停产、损失等，或者是为了满足特殊的技术要求、涉及人身安全、为保证产品质量，采用完全耐腐蚀材料是经济合理的。对于短期运行、更新周期短的产品，只用保证使用期间的质量，选用成本低、耐腐蚀性也较低的材料是经济合理的。

综合以上论述，可以得到正确选择材料的基本步骤。

①明确设备生产和使用的环境和腐蚀因素，这是选材的基本依据。因此，确定使用环境、调查项目和着手调查，是选材的第一步。

②查阅有关资料。应先查阅有关手册（如腐蚀与防护手册）上各种介质的选材图和腐蚀图中给出的耐腐蚀性数据和力学性能、物理性能数据，再深入查阅有关文献和会议资料。

③调查研究实际生产中材料的使用情况。由于材料的生产、加工制造和使用的条件是千变万化的，尤其是在成功的经验或发生事故的实例得不到及时发表的情况下，实地调查研究收集有关数据和资料（尤其是材料生产厂的数据）作为参考资料是十分重要的。

④做必要的实验室辅助试验。在新设备开发时，常会遇到查不到所需要的性能数据的情况，这时必须通过实验室中的模拟试验数据和现场试验的数据来筛选材料。这样，选材才能符合产品设计性能的耐腐蚀要求。

⑤在材料使用性能、加工性能、耐用性能和经济价值等方面做出综合评定。这里强调三点：一是选材的方案力争实现用较低的生产投资来生产出较长使用年限的产品，即产品要经济耐用；二是在不能保证经济耐用的情况下，要求保证可用年限而且经济；三是在苛刻条件下，宁可使用价格贵些的材料也要保证耐用，为了经济选用不耐用材料是最不可取的。

⑥为了延长产品使用年限，选材的同时应考虑行之有效的防护措施。对于选用经济而不耐腐蚀的材料，如果能采用既经济又合理的防护措施达到耐腐蚀和满足性能要求的目的，也是选材中可取的方案。

综上所述，在选择环保设备材料时，需要综合考虑其耐腐蚀性能、机械性能、热稳定性能、环保性能、加工性能及经济性能等多个方面。通过科学、合理的选择，可以确保所选材料能够满足设备的性能要求，同时降低生产成本和维护成本，为环保设备的稳定运行提供有力保障。

第 3 章　环保通用设备及安装

3.1　管　　道

目前市场上管道可分为金属管、非金属管、复合管三类。金属管主要有钢管、铸铁管和有色金属管；非金属管主要有塑料管、玻璃钢管和混凝土管；复合管主要有塑塑复合管、钢塑复合管和铝塑复合管。

管道的选型与安装

3.1.1　金属管

1. 钢管

钢管包括无缝钢管、焊接钢管和镀锌钢管。

(1)无缝钢管。

无缝钢管包括一般无缝钢管和不锈钢无缝钢管。一般无缝钢管用普通或优质碳素钢、普通低合金钢和合金结构钢轧制而成，可用于输送一般无腐蚀性液体介质，温度适用范围为 −40～475 ℃。不锈钢无缝钢管采用 GB/T 3089—2020《不锈钢极薄壁无缝钢管》中规定的不锈钢和耐酸钢轧制而成。不锈钢无缝钢管具有如下优点：耐腐蚀性能优良；自重轻，强度高，使用寿命长，安全无毒，清洁卫生，不影响水质，外表美观，废管子可以完全再生利用。环境工程通常选用不锈钢管输送废水、废气、粉末或颗粒状固体废物及其他腐蚀性介质。例如，选用不锈钢管制作配水管、曝气管等，因其优良的耐腐蚀性，几乎无须维护或更新，大大减少了构筑物和设备的日常维护管理工作，同时也降低了相关的运行管理费用。无缝钢管管径规格及其表示方法为：中外径×壁厚。在公称直径 10～150 mm 的范围内，无缝钢管在同一公称直径下有两种不同的外径和不同的壁厚，例如 $\phi 108\times 4.0$、$\phi 114\times 7.0$ 均表示 DN100 的无缝钢管；DN200 以上的无缝钢管，在同一公称直径下只有一种外径及壁厚。无缝钢管的管壁上没有接缝，所以能承受较高的压力，其公称压力的范围为 1.0～25 MPa。

(2)焊接钢管。

焊接钢管一般是由钢带材或钢板材先卷成管材，再进行焊接制成的。焊接钢管由于管壁上有焊接缝，因此不能承受高压，一般适用于公称压力小于 1.6 MPa 的管道。常用的焊接钢管包括低压流体输送用焊接钢管、螺旋缝电焊钢管和钢板卷制直缝电焊钢管。

(3)镀锌钢管。

镀锌钢管常用于给水、暖气、压缩空气、煤气、低压蒸汽和凝液及无腐蚀性物料的输送。镀锌钢管极限工作温度为 175 ℃，且不得用于输送爆炸性及毒性介质。它分为普通型(公称压力小于 1 MPa)和加强型(公称压力小于 1.6 MPa)两种。

2. 铸铁管

铸铁管耐腐蚀性优于钢管，因而常用作污水管，特别是当管道需要埋地铺设时，铸铁管比钢管更能耐受土壤对管道外壁的侵蚀。但铸铁管不能用于输送蒸汽及在有压力下输送爆炸性与有毒气体。其公称直径有 50 mm、75 mm、100 mm、125 mm、150 mm、200 mm、250 mm、300 mm、350 mm、400 mm、450 mm、500 mm、600 mm、700 mm、800 mm、900 mm和1 000 mm 等，连接方式有承插式、单端法兰式和双端法兰式 3 种，连接件和管子一起铸出。

3. 有色金属管

(1)铜及铜合金管。

铜的化学性能比较稳定，能很好地耐大气甚至海洋大气腐蚀，但不耐氨等的腐蚀。铜与锡、铅、铝、铁等元素以不同的比例结合，可得到具有不同性能的一系列铜合金。在火灾危险区内，不宜使用铜材料。

铜及其合金具有良好的韧性，易弯曲，易扭转，不易裂缝，不易折断，抗冻胀和抗冲击性能好，尤其是在耐温、耐压方面性能优越。但铜管对水质有较高的要求。如果水质不满足要求，它依然面临腐蚀、渗漏、生锈、结垢的传统问题。例如，铜管系统与泵、阀门、水嘴的连接，是铜质材料与钢或碳钢材料的连接，在供水系统中，会不可避免地发生腐蚀，这种腐蚀将首先使存在杂质的铜管发生穿孔，同时因为水中不可避免地含有杂质，亦会使铜管腐蚀。

铜管分黄铜管与紫铜管，多用作冷冻系统的低温管道、仪表的测压管线或传送有压力的液体的管道(譬如油压系统、润滑系统的管道)。

(2)铝及铝合金管。

铝具有质轻、塑性好、耐腐蚀等优点。铝与铜、镁、硅、锰按不同的比例组成多种力学性能和耐腐蚀性能不同的合金。

铝管用于输送脂肪酸、硫化氢、二氧化碳及低温介质；铝管的最高使用温度为 200 ℃，温度高于 160 ℃时，不宜在压力下使用。铝管还可用于输送浓硝酸、醋酸、甲酸、硫的化合物等；铝管不可用于输送盐酸、碱液，特别是含氯离子的化合物。

在火灾危险区内，不宜使用铝材料。铝与其他金属连接时，有电解液存在的情况下，应考虑产生腐蚀的可能性。

(3)钛及钛合金管。

钛密度小、强度高、耐腐蚀性好，在许多有腐蚀性介质的场合，特别是在有氧化性介质及含氯、氯化物等的条件下，耐腐蚀性远超过其他合金材料。因此，钛及钛合金管已被广泛用于输送腐蚀性介质。

3.1.2 非金属管

1. 塑料管

塑料管与传统金属管相比，具有自重轻、耐腐蚀、耐压、管壁光滑、过流性能好、密封性能好、使用寿命长、运输安装方便等特点。为此，近年来国内外都大力推广塑料管在工程中的应用，并形成一种势不可挡的发展趋势。

塑料管按管道的材质可分为聚四氯乙烯(PTFE)管、硬聚氯乙烯(UPVC)管、聚乙烯(PE)管、交联聚乙烯(PE－X)管、聚丙烯(PP)管、玻璃钢夹砂管、丙烯腈－丁二烯－苯乙烯共聚物(ABS)管等。按管壁构造其可分为实壁管、加筋管、双壁波纹管、螺旋缠绕管等。最常用的分类方法是按照管道的材质进行分类。

(1)聚四氟乙烯(PTFE)管。

PTFE是一种结晶型的高分子化合物,性能特点如下:

①具有极好的耐腐蚀性能。除了熔融碱金属、单体氟和三氟化氯外,几乎能抗一切强酸、强碱、有机溶剂、王水等腐蚀性介质的腐蚀。

②具有良好的耐热性和耐低温性能,在260 ℃时仍具有稳定的性能,长期适用温度可达到180 ℃;低温(−270 ℃)下仍具有一定的韧性,能长期在−196 ℃下使用。

③具有良好的润滑性和表面不黏性,摩擦系数极小,与钢发生相对滑动摩擦时,摩擦系数为0.1,几乎所有物质都不能黏附在其表面上。

④具有良好的耐大气老化性能。

(2)硬聚氯乙烯(UPVC)管。

UPVC管是以聚氯乙烯(PVC)为主要原料,添加稳定剂、润滑剂等后经加热在制管机中挤压而成的不同压力等级、各种规格型号的硬质管材。UPVC管质量轻、耐腐蚀性能好、强度较高、使用寿命长。UPVC管道主要有3种连接形式,即橡胶接口(R−R)、粘接(T−S)和法兰连接。

在世界范围内,UPVC管是各种塑料管中消费量最大的品种,亦是目前国内外都在大力发展的新型化学建材。采用这种管材,可缓解我国钢材紧缺、能源不足的局面,经济效益显著。

UPVC管的常用规格为:给水管管径16~710 mm,管壁厚1.8~20.7 mm;建筑排水管管径90~160 mm。

UPVC管的压力等级一般分为4种:Ⅰ型0~0.5 MPa,Ⅱ型0.5~0.63 MPa,Ⅲ型0.63~1.0 MPa,Ⅳ型1.0~1.6 MPa。使用温度范围为0~50 ℃。

下面介绍几种常见的UPVC管。

①UPVC双壁波纹管。UPVC双壁波纹管于20世纪90年代初在西方发达国家被开发成功并得到大量应用。双壁波纹管是同时挤出两个同心管,再将波纹管外管熔接在内壁光滑的铜管上而制成的,具有光滑的内壁和波纹状外壁,如图4.1所示。这种管材设计新颖、结构合理,突破了普通管材的“板式”传统结构,使管材质轻而强度高,且具有良好的柔韧性,较普通UPVC管节省40%原料,可广泛地应用在市政给排水管道系统、低压输水、农业灌溉、电线电缆套管等领域。

②UPVC芯层发泡管。UPVC芯层发泡管是采用三层共挤出工艺生产的一种新型管材。如图4.2所示的3层结构中,内外两层为密实的皮层,这与普通UPVC管相同;中间是相对密度为0.7~0.9的低发泡层。这种管材的环向刚性是普通UPVC管的8倍,而且在温度变化时稳定性好,隔热性好,特别是发泡芯层能有效阻隔噪声传播,更适用于高层建筑排水系统。我国对这种管材已经颁布了国家标准GB/T 16800—2008《排水用芯层发泡硬聚氯乙烯(UPVC)管材》。

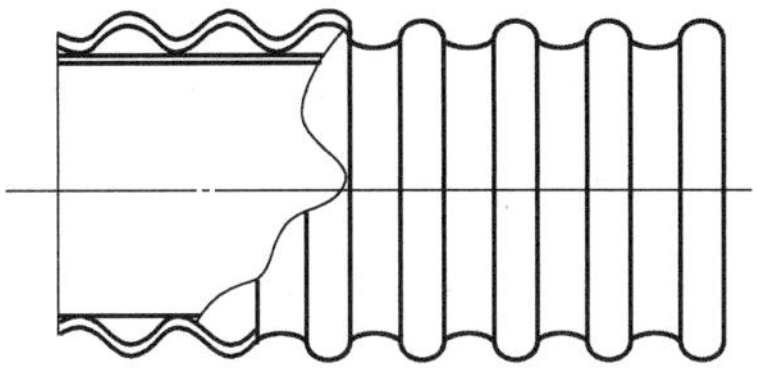

图 3.1 双壁波纹管结构示意图

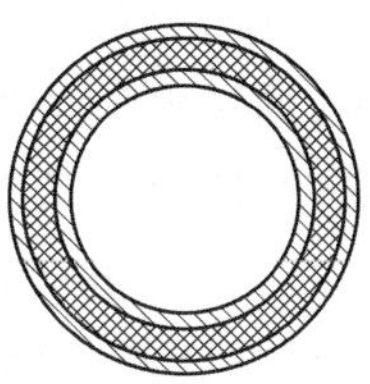

图 3.2 UPVC芯层发泡管结构示意图

③UPVC 消音管。UPVC 消音管内壁带有 6 条三角凸形螺旋线，使下水沿着管内壁自由连续呈螺旋状流动，排水旋转形成最佳排水条件，从而在立管底部起到良好的消能作用，降低噪声。同时，消音管的独特结构可以使空气在管中央形成气柱直接排出，没有必要像以往那样另外设置专用通气管，使高层建筑排水通气能力提高 10 倍，排水量增加 6 倍，噪声比普通 UPVC 排水管和铸铁管低 30～40 dB。UPVC 消音管与消音管件配套使用时，排水效果良好。UPVC 消音管主要用于排水管道系统，特别是高层建筑排水管道系统。

④UPVC 螺旋缠绕管。UPVC 螺旋缠绕管由带有 T 形肋的 UPVC 塑料板材卷制而成，板材之间由快速嵌接的自锁机构锁定。在自锁机构中加入黏结剂黏合。这种制管技术的最大特点是可以在现场按工程需要卷制出不同直径的管道，管径范围为 150～600 mm。其适用于城市排水、农业灌溉、输送工程和通信工程等。

⑤UPVC 径向加筋管。UPVC 径向加筋管是采用特殊模具和成型工艺生产的 UPVC 管，其特点是减薄了管壁厚度，同时提高了管子承受外压荷载的能力，管外壁上带有径向加强筋，起到了提高管材环向刚度和耐外压强度的作用。此种管材在相同外荷载能力下，较普通 UPVC 管可节约 30％左右的材料，主要用于城市排水。

(3)聚乙烯(PE)管。

PE 管以聚乙烯为主要原料。国际上聚乙烯材料先后已有 3 代产品：低密度聚乙烯(LDPE)、中密度聚乙烯(MDPE)、高密度聚乙烯(HDPE)。

HDPE 管以其优秀的化学性能、韧性、耐磨性及低廉的价格和安装费受到管道界的重视，它是仅次于聚氯乙烯，使用量占第二的塑料管道材料。

近年来，聚乙烯埋地排水用结构壁管使用量有增长的趋势，主要为聚乙烯双壁波纹管和聚乙烯缠绕熔接管(或称缠绕螺旋管)。HDPE 双壁波纹管是一种用料省、刚性高、弯曲性优良，具有波纹状外壁、光滑内壁的管材。在欧美等国家和地区中，HDPE 双壁波纹管在一定范围内取代了钢管、铸铁管、水泥管、石棉管和普通塑料管，广泛用作排水管、污水管、地下电缆管、农业排灌管。

(4)交联聚乙烯(PE－X)管。

PE－X 由于具有很好的卫生性和综合性能，被视为新一代的绿色管材。生产交联聚乙烯管的主要原料是 HDPE，以及引发剂、交联剂、催化剂等助剂，采用世界上先进的一步法(MONSOIL 法)技术制造，用普通聚乙烯原料加入硅烷接枝料，在聚合物大分子链间形成化学共价键以取代原有的范德瓦耳斯力，从而形成三维网状结构的交联聚乙烯，其交联度可达到 60％～89％，使其具有优良性能。

交联聚乙烯管在发达国家已获得广泛应用，与其他塑料管相比，其具有以下优点：不含增塑剂，不会霉变和滋生细菌；不含有害成分，可应用于饮用水传输；耐热性好；耐压性能好；

耐腐蚀性能好；隔热效果好；能够任意弯曲，不会脆裂；抗蠕变强度高，可配金属管，可省去连接管件，降低安装成本，加快安装周期，便于维修，使用寿命可达 50 年之久。

目前，在欧美国家，交联聚乙烯管道是运用较为广泛的塑料管道。在我国，交联聚乙烯管已被列入国家推广的新型建筑材料行列，并作为国家小康住宅推荐产品，已经在建筑、太阳能、城镇改水等领域得到广泛应用。

(5)无规共聚聚丙烯(PP－R)管。

无规共聚聚丙烯管是欧洲开发出来的新型塑料管道产品，原料为聚烯烃，其分子中仅有碳、氢元素，无毒性、卫生好。无规共聚聚丙烯管在原料生产、制品加工、使用及废弃全过程中均不会对人体及环境造成不利影响，与交联聚乙烯管同为绿色建材。

无规共聚聚丙烯管除具有一般塑料管材质量轻、强度好、耐腐蚀、使用寿命长等优点外，还有以下特点：①无毒卫生，符合 GB/T 18742.2—2017 要求；②具有较好的耐热保温性能；③连接安装简单、可靠，具有良好的热熔焊接性能，管材与管件连接部位的强度大于管材本身的强度，无须考虑在长期使用过程中连接处是否会渗漏；④弹性好、防冻裂，该材料优良的弹性使得管材和管件可防冻胀，从而不会被冻胀的液体胀裂；⑤环保性能好；⑥抗紫外线性能差，在阳光的长期直接照射下容易老化。

其管道连接方式有热熔连接、电熔连接、丝扣连接、法兰连接等，应按不同的施工场合、不同的施工要求合理选择。热熔连接和电熔连接适用于无规共聚聚丙烯管材与管件的连接，凡采用直埋布管形式的必须采用热熔或电熔连接。其中，电熔连接施工成本较高，适用于管道的最后连接或不方便使用施工工具的场合。丝扣连接和法兰连接适用于无规共聚聚丙烯管与金属管或金属用水器具的连接。一般小口径管适于用丝扣连接，大口径管适于用法兰连接。在管道拆装较多的场合使用带活接头的丝扣连接或法兰连接。

(6)聚丁烯(PB)管。

聚丁烯既有聚乙烯的抗冲击韧性，又有好于聚丙烯的抗应力开裂性和出色的抗蠕变性能，并稍带有橡胶的特性。

聚丁烯管除具有一般塑料管卫生性能好、质量轻、安装简单、使用寿命长等优点外，还具有以下特点：①耐热，热变形温度高，耐热性能好，90 ℃热水条件下可长期使用；②抗冻，脆化温度低(－30 ℃)，在－20 ℃以上结冰不会冻裂；③柔软性好；④隔温性好；⑤绝缘性能较好；⑥耐腐蚀(易被热而浓的氧化性酸所侵蚀)；⑦环保、经济，废弃物可重复使用，燃烧不产生有害气体。

聚丁烯管主要用于建筑物内的冷热水系统、采暖系统、饮用水供水系统、中央空调供回水系统等。

聚丁烯管的连接方式主要有两种：热熔连接和电熔连接。这两种方式用于管材与管材的连接，凡采用直埋安装方式时必采用热熔或电熔连接。电熔连接的施工成本较高，主要适用于最后连接或施工不方便的场合。聚丁烯管的两种次要连接方式是丝扣连接和法兰连接。丝扣连接适用于小口径，法兰连接适用于大口径，在水表及阀门等有可能需要拆卸的场合宜采用丝扣连接或法兰连接。

(7)ABS 管。

ABS 是在聚苯乙烯树脂改性的基础上发展起来的三元共聚物，ABS 是由丙烯腈、丁二烯、苯乙烯组成的。其名称中 A 代表丙烯腈，B 代表丁二烯，S 代表苯乙烯。

ABS 管是以 ABS 为主要原料，经挤出而成型的一种新型的耐腐蚀管道。ABS 塑料管在一定的温度范围内具有良好的抗冲击性和表面硬度，综合性能好，易于成型和机械加工，表面还可镀铬。由于它兼有 PVC 管的耐腐蚀性能和金属管的力学性能，适用于生活供水、污水、废气输送及灌溉系统等领域，也可用于输送多种化学介质，如作为水处理的加药管道、有强腐蚀性介质的工业管道等。

ABS 管外径为 15～300 mm，管壁厚为 2.5～13.5 mm，工作压力为 0.6 MPa、0.9 MPa、1.6 MPa。ABS 管多采用胶黏承插连接，也可采用螺纹连接等形式。

(8)氯化聚氯乙烯(CPVC)管。

CPVC 管具有刚性高、耐内压强度高、耐热性好、耐腐蚀、阻燃性能好、热性膨胀系数低等优点，因此可用于明管排设，需要的支撑少，采用溶剂粘接，安装方便。但 CPVC 管的加工难度较大，加工过程中须加入重金属盐稳定剂，用于上水管时要着重考察其卫生性能。

CPVC 是 PVC 的氯化改性产品，它有效地提高了 PVC 的使用温度、耐化学稳定性、抗老化性及阻燃消烟性，综合性能超过了一般的 ABS，特别适用于一些对温度及消防有特殊要求的场合，其发展前景十分广阔。CPVC 管可用于建筑内冷热水管系统，化工、环保管道或电力电缆套管。

2. 玻璃钢管

玻璃钢是以各种树脂(如环氧树脂、不饱和聚酯树脂等)为基体材料，以玻璃纤维织物为骨架材料，由特殊的工艺固化而成的非金属材料。其抗拉强度较高，轴向抗拉强度可达 140 MPa 以上，故使用的管子规格可达 DN900；其耐腐蚀性不如塑料和橡胶，但价格便宜，常用于循环水、海水、气体和一些弱腐蚀性介质的输送。

最常用的玻璃钢材料为不饱和聚酯玻璃钢，使用温度一般小于 150 ℃。管道用玻璃钢可依照 HG/T 20610—2009《钢制管法兰用缠绕式垫片(PN 系列)》规定选用。

3. 混凝土管

混凝土管有普通、轻型和重型 3 种。混凝土管制造容易，价格便宜，但不承压。混凝土管常被用作城市污水、工业废水和雨水的大口径输送管道。

3.1.3 复合管

复合管主要有塑塑复合管、钢塑复合管、铝塑复合管(PAP)。

1. 塑塑复合管

由两种不同品种或不同性质的塑料复合制成的管子称为塑塑复合管，其包括两大类：缠绕增强热塑性复合管和热塑性塑料复合管。

(1)缠绕增强热塑性复合管。

缠绕增强热塑性复合管是用玻璃钢缠绕在各种热塑性管(如 PVC、PP、PE 管)外表面制成的，也被称为 FRP 缠绕增强热塑性管。此类复合管包括玻璃钢缠绕增强聚氯乙烯塑料管(FRP/PVC 复合管)、玻璃钢缠绕增强聚丙烯塑料管(FRP/PP 复合管)、玻璃钢缠绕增强聚乙烯管(FRP/PE 复合管)、玻璃钢缠绕增强聚偏氟二烯塑料管(FRP/PVDF 复合管)等。

(2)热塑性塑料复合管。

热塑性塑料复合管包括 UPVC－PE 复合管、PE 基塑料复合管、PE－X 阻隔管、HDPE 保温管等种类。其中,UPVC－PE 复合管外层为 UPVC,与水接触的内层为 PE,用作给水管,以提高管材的卫生性;HDPE 保温管的内管和外管均为 HDPE,中间为聚氨酯硬质泡沫塑料,可用于高寒、高热地区输送冷水,以及用于空调系统。

2. 钢塑复合管

钢塑复合管是国内近年来发展起来的一种新型管道材料。金属与塑料的复合管是一种金属/高聚物的宏观复合体系,金属基体通过界面结合承受管材内外压力,塑料基体在防腐蚀方面发挥作用。它既有金属的坚硬、刚直不易变形、耐热、耐压、抗静电等特点,又具有塑料的耐腐蚀、不生锈、不易产生垢渍、管壁光滑、容易弯曲、保温性好、清洁无毒、质量轻、施工简易、使用寿命长等特点。

钢管与 UPVC 塑料管复合管材,使用温度的上限为 70 ℃,用聚乙烯粉末涂覆于钢管内壁的涂塑钢管可在－30～55 ℃范围内使用。环氧树脂涂塑钢管的使用温度高达 100 ℃,可用作热水管道。钢塑复合管可代替不锈钢管广泛应用于石油化工、冶金、医药、食品加工等部门,是输送腐蚀性气、液体的理想管道,它的价格仅为不锈钢管的 1/5 左右,故其经济效益显著。

3. 铝塑复合管

铝塑复合管是一种集金属与塑料优点于一体的新型管材。铝塑复合管是一种 5 层结构的复合管。最外层和里层是中、高密度聚乙烯或交联聚乙烯,中间层(即第三层)为一层约 0.3 mm 厚的薄铝板焊接管,铝管与内外层聚乙烯之间各有一层黏结剂。铝塑复合管的结构决定了这种管材兼有塑料管与金属管的特点。塑料在外层,强度较好的金属层在中间位置,一方面可耐腐蚀,另一方面可增强管材的强度和塑性。

铝塑复合管主要应用领域:①自来水、采暖及饮用水供应系统用管;②煤气、天然气及管道石油气室内输送用管;③化工,各种酸、碱溶液的输送用管;④医药,各种气体、液体输送用管;⑤石化,煤油、汽油等流体的输送用管;⑥船用管材,水上运输工具内各种管道系统用管;⑦食品工业,酒、饮料等输送用管;⑧压缩空气等工业气体的输送用管。

表 3.1 列举比较了 6 种常见管材的特点。

表 3.1　6 种常见管材的特点比较

比较项目	聚氯乙烯管	高密度聚乙烯管	无规共聚聚丙烯管	镀锌钢管	铝塑复合管	镀锌钢塑管(内层 PVC)
价格比	1.0	1.4	1.6～2.0	1.3	2.2	1.6～1.8
安全卫生	一般	好	好	差	好	一般
安装难度	易	易(时间长)	易	一般	易	一般
安装可靠性	较好	好	好	一般	一般	一般
尺寸稳定性	低	低	较高	高	高	高
抗冲击及耐压力性	一般	强	较强	很强	强	很强

续表 3.1

比较项目	聚氯乙烯管	高密度聚乙烯管	无规共聚聚丙烯管	镀锌钢管	铝塑复合管	镀锌钢塑管(内层 PVC)
使用年限	较长	较长	长	短	长	中
维修	较方便	较方便	较方便	方便	不方便	方便
主要缺点	硬度低、耐热性差、易老化、膨胀系数大	刚性差、抗老化性能差	硬度低、刚性差,长时间暴晒成分易分解。室外明敷须采取保护措施	易腐蚀、不卫生,属于淘汰产品,国家已限时禁用	管道连接采用铜管件,水头损失大,使用时应尽量减少管件数量;管件易漏水	不美观,外壁碰伤易腐蚀;内保护层质量不稳定

注:价格比是以聚氯乙烯管为基准(1.0)参比。

3.2 阀　门

阀门是流体输送系统中的控制部件,它用于接通或切断管路中的流通介质,或者用于改变介质的流动方向,或者用于控制介质的压力和流量,或者用于保护管路和设备的安全运行。阀门种类繁多,分类方法多。通常按阀门的用途可将其分为以下几大类。

阀门的选型与安装

(1)截断阀类。截断阀类用来接通或切断管路介质流,如闸阀、截止阀、蝶阀、旋塞阀、球阀、隔膜阀、柱塞阀、针型仪表阀等。

(2)止回阀类。止回阀类用来防止介质倒流,包括各种结构的止回阀。

(3)调节阀类。调节阀类用来调节介质的压力和流量,如调节阀、节流阀、减压阀、水位调整器及疏水器等。

(4)安全阀类。在介质压力超过规定值时,用来排放多余的介质,保证管路系统及设备安全,如安全阀、事故阀。

(5)其他特殊用途。如放空阀、排污阀等。图 3.3 为典型的流体工程设备安装示意图。

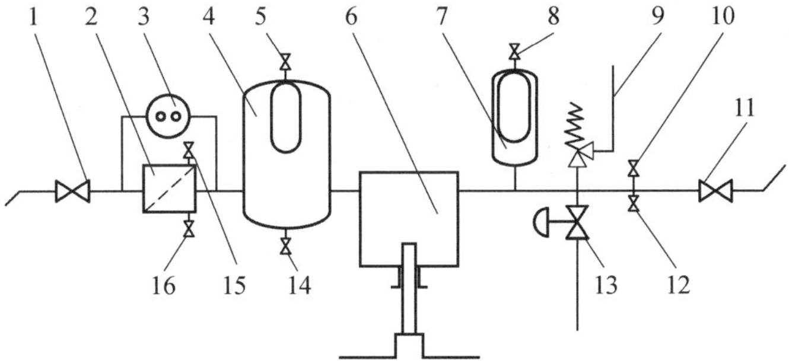

图 3.3 典型的流体工程设备安装示意图

1—截止阀;2—循环泵;3—容积泵;4—稳定塔;5,8,10,15—排气阀;6—过滤池;7—压缩机;9—安全阀;11—控制阀;12,13,14,16—疏水阀

3.2.1 典型阀门

1. 闸阀

闸阀，又称闸板阀，是利用在阀体内与通路垂直的平面闸板的升降来控制阀的启闭的。闸阀只作为截断装置，或者完全开启，或者完全关闭，不能做调整流量之用。

(1)闸阀的分类。

①按闸板形状的不同，可分平行式闸阀、楔式闸阀。

②按阀杆的构造不同，可分为明杆(升降杆)式闸阀和暗杆(旋转杆)式闸阀。

(2)闸阀的特点。

闸阀有以下优点：

①与截止阀相比，流体阻力小，密封性能好，密封面受工作介质的冲刷和侵蚀小。

②开闭所需外力较小。

③介质的流向不受限制。

④结构比较简单，结构长度短，铸造工艺性较好。

由于闸阀具有许多优点，因此使用范围很广。通常公称直径不小于 50 mm 的管路切断介质的装置都选用闸阀，甚至在某些小口径的管路上(如公称直径 15～40 mm)，目前仍保留了一部分闸阀。

闸阀有以下不足之处：

①外形尺寸和开启高度都较大，所需安装的空间亦较大。

②开闭过程中，密封面间有相对摩擦，磨损较大，甚至在高温时容易引起擦伤现象。

③闸阀一般都有两个密封面，给加工、研磨和维修增加了一些困难。

④开启需要一定的空间，开阀时间长。

(3)闸阀选用。

闸阀在环境工程的设备和管道中一般只适用于全开或全闭，不宜用于调节流量。闸阀适用于低温、低压也适用于高温、高压，并可根据阀门的不同材质用于不同的介质。但闸阀一般不用于输送泥浆等介质的管路中。

选择楔式闸阀一般依据下面的原则：

①流体阻力小、流通能力强、密封要求严的工况选用楔式闸阀。

②高温、高压介质，如高压蒸汽，选用楔式闸阀。

③当安装高度受限制时，用暗杆楔式闸阀；当安装高度不受限制时，用明杆楔式闸阀。

④开启和关闭频率较低的场合，宜选用楔式闸阀。

闸阀适合用于大口径管道上的大口径阀门，但该种阀外形尺寸较大，密封面易磨损，目前正在不断改进中。

2. 截止阀

截止阀是关闭件(阀瓣)沿阀座中心线移动的阀门。截止阀的阀杆轴线与阀座密封面垂直。

(1)截止阀的分类。

①根据阀杆上螺纹的位置，可分上螺纹阀杆截止阀和下螺纹阀杆截止阀。

②根据截止阀的通道形状和密封面形式，可分为直通式、直流式和柱塞式。

(2)截止阀的特点。

①在开启和关闭过程中，由于阀瓣与阀体密封面间的摩擦力比闸阀小，因此耐磨。

②开启高度一般仅为阀座通道直径的 1/4，因此比闸阀小得多。

③通常在阀体和阀瓣上只有一个密封面，因而制造工艺性比较简单，便于维修。

截止阀的缺点主要是流体阻力系数比较大，因此造成阻力损失，特别是在液压装置中，这种阻力损失尤为明显。

(3)截止阀的选用。

截止阀使用较为普遍，广泛用于各种环保设备和管道中截流、切换流道和调节流量，但由于截止阀的流体阻力损失较大，为防止堵塞或磨损，不能用于输送含有悬浮物和黏度较大的介质。截止阀由于开闭力矩较大，结构长度较长，一般公称直径不大于 200 mm。

高温、高压介质的输送管路或装置上宜选用截止阀。对流体阻力要求不严格的管路，可考虑用截止阀。小型阀可选用截止阀。有流量调节或压力调节需求，但对调节精度要求不高，而且管路直径又比较小，如公称直径不大于 50 mm 的管路，宜选用截止阀或节流阀。

3. 蝶阀

蝶阀的启闭件是一个圆盘形的蝶板，在阀体内绕内轴线旋转，从而启闭或调节。蝶阀的蝶板安装于管道的直径方向。当圆盘形的蝶板旋转至与流体流动方向平行时，阀门开启；当蝶板旋转至与流体流动方向垂直时，阀门关闭。

(1)蝶阀的结构。

蝶阀主要由阀体、阀杆、蝶板、密封圈和驱动机构组成，靠驱动机构带动转轴及蝶板旋转以实现启闭和控制流量的目的。蝶阀结构图如图 3.4 所示，蝶阀实物如图 3.5 所示。

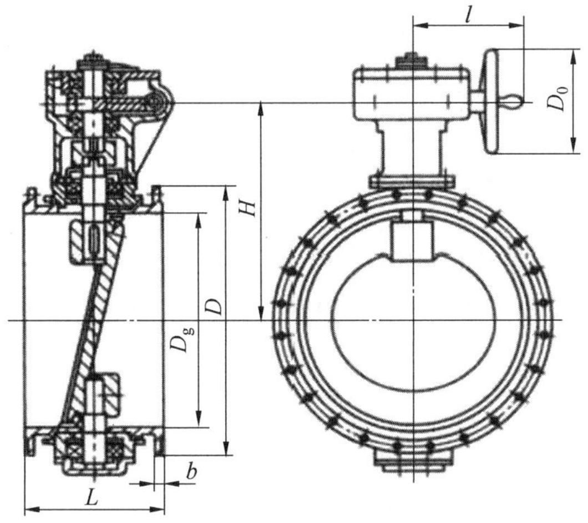

图 3.4　蝶阀结构图

图 3.5　蝶阀实物图

①阀体。阀体呈圆筒状，上下部分各有一个圆柱形凸台，用于安装阀杆。蝶阀与管道多采用法兰连接；如采用对夹连接，其结构长度最小。

②阀杆。阀杆是蝶板的转轴，轴端采用填料函密封结构，可防止介质外漏。阀杆上端与传动装置直接相接，以传递力矩。

③蝶板。蝶板是蝶阀的启闭件。根据蝶板在阀体中的安装方式，蝶阀可以分成中心对

称板式、斜板式、偏置板式、杠杆式。

蝶阀全开到全关蝶板旋转角度通常小于90°，蝶阀和阀杆本身没有自锁能力，为了蝶板的定位，要在阀杆上加装蜗轮减速器。采用蜗轮减速器，不仅可以使蝶板具有自锁能力，使蝶板停止在任意位置上，还能改善阀门的操作性能。

(2)蝶阀的分类。

①按结构形式蝶阀可分为偏置板式、垂直板式、斜板式和杠杆式。

②按密封形式蝶阀可分为软密封型和硬密封型两种。软密封型一般采用橡胶环密封，硬密封型通常采用金属环密封。采用金属环密封的阀门一般比采用橡胶环密封的阀门寿命长，但很难做到完全密封。金属环密封能适应较高的工作温度，橡胶环密封则具有受温度限制的缺陷。

③按连接形式蝶阀可分为对夹式蝶阀和法兰式蝶阀两种。对夹式蝶阀是用双头螺栓将阀门连接在两管道法兰之间；法兰式蝶阀是阀门上带有法兰，用螺栓将阀门上两端法兰连接在管道法兰上。

④按传动方式蝶阀可分为手动、齿轮传动、气动、液动和电动等。

(3)蝶阀的特点。

蝶阀的优点如下：

①结构简单，外形尺寸小，由于结构紧凑，结构长度短，体积小，质量轻。

②流体阻力小。全开时阀座通道有效流通面积较大，因而流体阻力较小。

③启闭方便迅速，调节性能好，蝶板旋转即可完成启闭，通过改变蝶板的旋转角度可以分级控制流量。

④启闭力矩较小。由于转轴两侧蝶板受介质作用力基本相等，而产生转矩的方向相反，因此启闭较省力。

⑤低压密封性能好。密封面材料一般采用橡胶、塑料，故密封性能好。

蝶阀的缺点：受密封圈材料的限制，蝶阀的使用压力和工作温度范围较小。

(4)蝶阀的选用。

蝶阀在石油、煤气、化工、水处理等领域中用于输送和控制的介质有凝结水、循环水、污水、海水、空气、煤气、液态天然气、干燥粉末、泥浆、果浆及带悬浮物的混合物。

蝶阀选用过程中应注意如下事项：

①由于蝶阀相对于闸阀、球阀压力损失比较大，故适用于压力损失要求不严的管道系统。

②由于蝶阀不易和管壁严密配合密封，故不能用于切断管道。

③由于蝶阀可以用于流量调节，故在需要进行流量调节的管道中宜于选用。如空气和烟气输送管路中常用蝶阀调节流量。同时，如果要求蝶阀用于流量控制，要正确选择阀门的尺寸和类型。

④由于蝶阀的结构和密封材料的限制，不宜用于高温、高压的管道系统。

⑤大型高温蝶阀采用钢板焊接制造，主要用于高温介质的烟风道和煤气管道。

⑥由于蝶阀结构长度比较短，且又可以做成大口径，故在结构长度要求短的场合或是大口径阀门(如公称直径在1 000 mm以上)宜选用蝶阀。

⑦由于蝶阀仅旋转不到90°就能开启或关闭，因此在启闭要求快的场合宜选用蝶阀。

⑧目前国产蝶阀参数：公称压力为 0.25～4.0 MPa；公称直径为 100～3 000 mm；工作温度不大于 425 ℃。

4. 旋塞阀

旋塞阀是启闭件呈柱塞状的旋转阀，通过旋转 90°使阀塞上的通道口与阀体上的通道口相通或切断，实现开启或关闭。旋塞阀在管路中主要用于切断、分配和改变介质流动方向。

旋塞阀是历史上最早被人们采用的阀件。由于该类阀门结构简单，开闭迅速（塞子旋转 1/4 圈就能完成开闭动作），操作方便，流体阻力小，至今仍被广泛使用。其阀塞的形状可制成圆柱形或圆锥形。其应用在城市煤气、食品、医药、给排水、化工等行业。

旋塞阀按通道形式可分为直通式、三通式和四通式 3 种；按结构形式可分为紧定式、填料式、自封式和油封式 4 种。

（1）紧定式旋塞阀。

紧定式旋塞阀通常用于低压直通管道，密封性能完全取决于塞子和塞体之间的吻合度，其密封面的压紧是依靠拧紧下部的螺母来实现的，一般公称压力不大于 0.6 MPa。

（2）填料式旋塞阀。

填料式旋塞阀是通过压紧填料来实现塞子和塞体密封的。由于有填料，因此密封性能较好。通常这种旋塞阀有填料压盖，塞子不用伸出阀体，因此减少了一个工作介质的泄漏途径，一般公称压力不大于 1 MPa。

（3）自封式旋塞阀。

自封式旋塞阀是通过介质本身的压力来实现塞子和塞体之间的压紧密封的。塞子的小头向上伸出阀体，介质通过进口处的小孔进入塞子大头，将塞子向上压紧，此种结构一般用于气体介质。

（4）油封式旋塞阀。

近年来旋塞阀的应用范围不断扩大，出现了带有强制润滑的油封式旋塞阀。由于强制润滑使塞子和塞体的密封面间形成一层油膜，密封性能更好，开闭省力，可防止密封面受到损伤。

旋塞阀不适用于输送高温、高压介质（如蒸汽），只适用于温度较低、黏度较大的介质和要求开关迅速的部分，不宜调节流量。旋塞阀只适用于公称直径为 15～20 mm 的小口径管路，以及温度不高、公称压力在 1 MPa 以下的管路。

5. 球阀

球阀是由旋塞阀演变而来的。球阀的启闭件是一个有孔的球体（图 3.6），可绕中心线旋转，从而达到开启、关闭的目的。球阀在管路中主要用来切断、分配和改变介质的流动方向。

（1）球阀的分类。

按连接方式球阀可分为螺纹连接球阀、法兰连接球阀和焊接连接球阀 3 种。按结构形式球阀可分浮动球球阀、固定球球阀、弹性球球阀 3 种。

①浮动球球阀。浮动球球阀的球体是浮动的，在介质压力作用下，球体能产生一定的位移并紧压在出口端的密封面上，保证出口端密封。浮动球球阀的结构简单，密封性好，但球体承受工作介质的载荷全部传给了出口密封圈，因此要考虑密封圈材料能否承受球体介质的工作载荷。这种结构广泛用于中低压球阀。

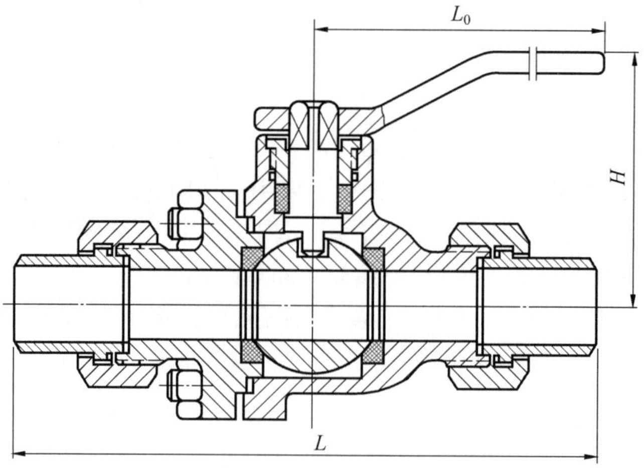

图 3.6　球阀

②固定球球阀。固定球球阀的球体是固定的，受压后不产生移动。固定球球阀都带有浮动阀座，受介质压力后，阀座产生移动，使密封圈紧压在球体上，以保证密封。通常在球体的上、下轴上装有轴承，操作扭矩小。为了减小球阀的操作扭矩和增加密封的可靠程度，近年来又出现了油封球阀，即在密封面间压注特制的润滑油，以形成一层油膜，既增强了密封性，又减小了操作扭矩，更适合高压大口径的系统。

③弹性球球阀。弹性球球阀的球体是有弹性的。球体和阀座密封圈都采用金属材料制造，密封比压很大，依靠介质本身的压力已达不到密封的要求，必须施加外力。这种阀门适用于高温、高压介质。弹性球体是在球体内壁的下端开一条弹性槽而获得弹性。当关闭通道时，用阀杆的楔形头使球体胀开与阀座压紧达到密封。在转动球体之前先松开楔形头，球体随之恢复原形，使球体与阀座之间出现很小的间隙，可以减少密封面的摩擦和操作扭矩。

(2)球阀的特点。

球阀是近年来被广泛采用的一种新型阀门，它具有以下优点：

①流体阻力小。

②结构简单、体积小、质量轻。

③紧密可靠，目前球阀的密封面材料广泛使用塑料，密封性好，在真空系统中也已被广泛使用。

④操作方便，开闭迅速，从全开到全关只要旋转 90°，便于远距离的控制。

⑤维修方便，密封圈一般都是活动的，拆卸和更换都比较方便。

⑥在全开或全闭时，球体和阀座的密封面与介质隔离，介质通过时不会引起阀门密封面的腐蚀。

⑦适用范围广，从高真空至高压力都可应用。

球阀的主要缺点：

①使用温度不高。

②节流性较差。

(3)球阀的选用。

球阀结构比闸阀、截止阀简单，密封面比旋塞阀易加工且不易擦伤。其适用于低温、高压及黏度大的介质,不能调节流量。目前因密封材料问题尚未解决,其不能用于温度较高的介质。

6. 隔膜阀

隔膜阀是一种特殊形式的截断阀,发明于20世纪中期。它的启闭元件是一块软质材料制成的隔膜片,把阀体内腔与阀盖内腔及驱动部件隔开,故称为隔膜阀,其结构示意图如图3.7所示。隔膜片中间突出部分固定在阀杆上,阀体内衬有橡胶(或其他材料),由于介质不进入阀盖内腔,因此不需要填料箱。

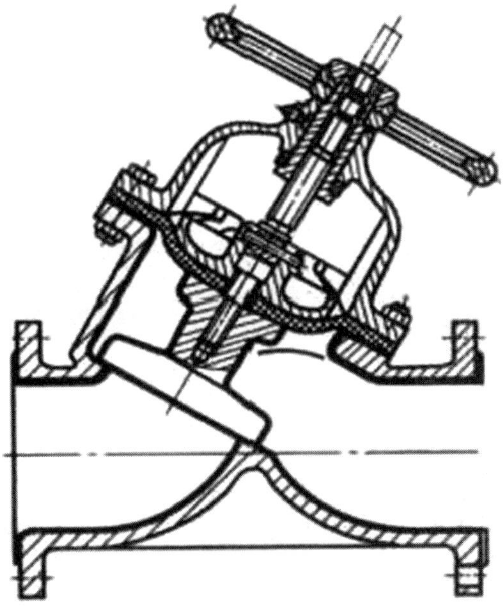

图3.7 隔膜阀结构示意图

隔膜阀最突出的特点是隔膜片把下部阀体内腔与上部阀盖内腔隔开,使得位于隔膜片上方的阀杆压块等零部件不直接与介质接触,省去了附加的阀杆密封结构,而且不会产生介质外漏。

隔膜片是隔膜阀的关键部件。在不同的工况下选择合适材质的隔膜片是相当重要的。如在温度较高的情况下,隔膜片的耐热性是相当重要的。因为隔膜片材质是相对较软的、具有弹性的塑料,受热一定时间后,其抗变形性能降低,启闭寿命缩短。目前常用的隔膜片材质有三元乙丙橡胶(EPDM)、氟橡胶(FPM)、聚四氟乙烯(PTFE)、硅胶、丁腈橡胶(NBR)、氯磺化聚乙烯(CSM)等。采用橡胶或塑料等软质密封材料制作的隔膜片,密封性较好,抗磨损能力强。但由于隔膜片毕竟为易损件,所以应视介质特性和具体工况(如温度、压力等)而定期更换。

根据阀体材质和管道直径的不同,隔膜阀的驱动方式可以选用手动、气动和电动。一般情况下,各阀门厂家为了减少驱动装置的备库量,一种型号的驱动装置可以适用于几种不同的阀体材质和阀体管道直径。

隔膜阀按结构形式可分为屋脊式、直流式、截止式、直通式、闸板式和直角式6种。根据阀体材质和管道直径的不同,隔膜阀接口方式也有所不同,通常采用法兰连接。隔膜阀结构较简单,便于检修,流体阻力小,适用于输送酸性介质和带悬浮物的介质。隔膜阀受隔膜片材料的限制，适用于低压和温度相对不高的场合，可用于真空工况。但是，隔膜阀不适用于温度高于 60 ℃的介质及有机溶剂和强氧化剂等介质。

7. 止回阀

止回阀(图 3.8)又称逆流阀、单向阀。这类阀门是靠管路中介质本身流动产生的力而自动开启和关闭的，属于一种自动阀门。止回阀的主要作用是防止介质倒流、防止泵及其驱动电机反转，以及防止容器内介质的泄放。当处理工艺管路只允许流体向一个方向流动时，需要使用止回阀。

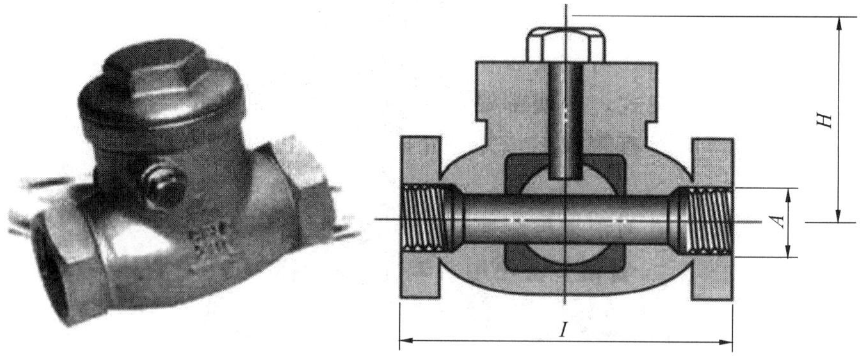

图 3.8　止回阀结构示意图

(1)止回阀的分类。

止回阀根据其结构可分为升降式、旋启式、蝶式和隔膜式等类型。升降式止回阀可分为立式和卧式两种。旋启式止回阀分为单瓣式、双瓣式和多瓣式 3 种。蝶式止回阀为直通式。

底阀是止回阀的一种，起着防止水倒流的作用。底阀由阀体、阀盖、阀瓣、密封圈和垫片等部件组成。底阀在接入管路后，液体介质从阀盖方向进入阀体，液体的压力作用于阀瓣，使得阀瓣被打开，允许介质流过；当阀体内的介质压力发生变化或消失时，阀瓣关闭，阻止介质倒流。

隔膜式止回阀有多种形式，均采用隔膜作为启闭件。其密封原理是：当介质正向流动时，靠介质压力冲开隔膜，介质通过，达到开启隔膜式止回阀的目的；当停泵时，没有介质正向流动，隔膜紧抱阀芯，达到关闭隔膜式止回阀的目的。关闭后的隔膜式止回阀，再靠介质逆流时的压力使隔膜压紧阀芯，产生密封力，达到密封的目的。工作介质压力越高，其密封性能越好。由于隔膜式止回阀的隔膜是用橡胶或工程塑料制成的，因此不能使用在工作压力较高的管路上，一般公称压力在 1.6 MPa 以下，过高的工作压力会损坏隔膜，使止回阀失效。隔膜式止回阀的隔膜材料还受温度的限制，一般隔膜式止回阀的介质工作温度不能超过 150 ℃，否则会使隔膜损坏，止回阀失效。

由于隔膜式止回阀防水击性能好，结构简单，制造成本较低，近年来发展较快，应用范围较广。

(2)止回阀的选用。

一般在各种泵和压缩机的出口管上都要安装止回阀，其目的是防止介质倒流，使泵和压缩机反转。止回阀一般适用于清净介质，对有固体颗粒和黏度较大的介质不适用。

对于公称直径 50 mm 以下的高中压止回阀，宜选用立式升降式止回阀。

对于公称直径50 mm以下的低压止回阀，宜选用蝶式止回阀、立式升降式止回阀。

对于公称直径大于50 mm、小于600 mm的高中压止回阀，宜选用旋启式止回阀。

对于公称直径大于200 mm、小于1 200 mm的中低压止回阀，宜选用无磨损球形止回阀。

对于公称直径大于50 mm、小于2 000 mm的低压止回阀，宜选用蝶式止回阀和隔膜式止回阀。

对于水泵进口管路，宜选用底阀。

旋启式止回阀公称压力可达到42 MPa，而且公称直径也可做到很大，最大可达2 000 mm以上。根据壳体及密封件的材质不同，其可以适用任何工作介质和任何工作温度范围。其适用介质为水、蒸汽、气体、腐蚀性介质、油品、食品、药品等。其适用介质工作温度范围为−196～800 ℃。

卧式升降式止回阀宜装在水平管线上，立式升降式止回阀应装在垂直管线上。旋启式止回阀的安装位置不受限制，通常安装于水平管线上，对小口径管道也可安在垂直管线上。蝶式止回阀的安装位置不受限制，可以安装在水平管线上，也可以安装在垂直管线或倾斜管线上。蝶式止回阀可以做成对夹式，一般都安装在管路的两个法兰之间，采用对夹连接的形式。底阀一般只安装在泵进口的垂直管线上，并且介质自下而上流动。

8. 节流阀

节流阀是指通过改变通道面积来控制或调节介质流量与压力的阀门。节流阀在管路中主要用于节流。节流阀通过启闭件改变通道截面积来达到调节流量和压力的目的。节流阀典型结构如图3.9所示。

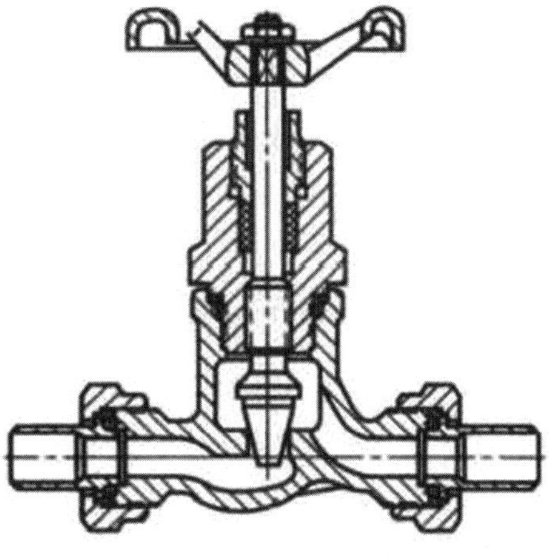

图3.9 节流阀典型结构

节流较为常见，但改变截止阀或闸阀开启高度来节流是极不合适的，因为介质在节流状态下流速很高，必然会使密封面冲蚀磨损，失去切断密封作用。同样，用节流阀做切断装置也是不合适的。

节流阀的外形尺寸小，质量轻，公称直径较小，一般在25 mm以下。节流阀调节性能较盘形截止阀和针形阀好，但调节精度不高，由于流速较大，易冲蚀密封面。节流阀适用于温度较低、压力较高的介质，以及需要调节流量和压力的部位，但不适用于黏度大和含有固体颗粒的介质。

9. 安全阀

安全阀是防止介质压力超过规定数值，起安全作用的阀门。安全阀用在受压设备、容器或管路上，作为超压保护装置。当设备、容器或管路内的压力升高超过允许值时，阀门便自动开启，排放出多余介质；而当工作压力恢复到规定值时，其又会自动关闭。

安全阀的分类如下。

(1)根据安全阀的结构，可分为杠杆重锤式、弹簧式、脉冲式3种。

①杠杆重锤式安全阀。杠杆重锤式安全阀用杠杆和重锤来平衡阀瓣的压力。杠杆重锤式安全阀靠移动重锤的位置或改变重锤的质量来调整压力。它的优点在于结构简单，缺点

是对振动较敏感,且回座性能较差。这种结构的安全阀只能用于固定的设备上,重锤的质量一般不应超过 60 kg,以免操作困难。

②弹簧式安全阀。弹簧式安全阀利用压缩弹簧的力来平衡阀瓣的压力,并使其密封。它的优点在于比重锤式安全阀体积小、轻便、灵敏度高,安装位置不受严格限制;缺点是作用在阀杆上的力随弹簧变形而发生变化。同时必须注意弹簧的隔热和散热问题。

③脉冲式安全阀。脉冲式安全阀由连在一起的主阀和辅阀组成,通过辅阀的脉冲作用带动主阀动作。脉冲式安全阀通常用于大口径管路、大排量及高压系统。

(2)根据安全阀阀瓣最大开启高度与阀座直径之比,可分为微启式和全启式两种。

①微启式安全阀。微启式安全阀的阀瓣开启高度为阀座直径的 1/20～1/10,即安全阀阀瓣的开启高度很小,适用于液体介质和排量不大的场合。由于液体介质是不可压缩的,少量排出即可使压力下降。

②全启式安全阀。全启式安全阀的阀瓣开启高度为阀座直径的 1/4～1/3。全启式安全阀是借助气体介质的膨胀冲力,使阀瓣达到足够的高度和排量的。此种结构灵敏度高,使用范围广,但上、下调节环的位置难以调整,使用须仔细。

(3)根据安全阀阀体构造,可分全封闭式、半封闭式和敞开式 3 种。

①全封闭式安全阀。此种安全阀开启排放时,介质不会向外界泄漏,而全部通过排泄管排放掉。这种结构适用于易燃、易爆、有毒介质。

②半封闭式安全阀。此种安全阀排放介质时,一部分通过排泄管排放,另一部分从阀盖与阀杆配合处向外泄漏。这种结构的安全阀适用于一般蒸汽和对环境有污染的介质。

③敞开式安全阀。此种安全阀开启排放时,介质不引到管道或容器内,而直接由阀瓣上方排放到大气中。这种安全阀适用于对环境无污染的介质。

3.2.2 阀门选择

阀门选择十分重要。不合适的阀门会造成系统流体泄漏、产品偏离规格、停工检修、工作场所不安全,以及对环境有危害。选择阀门过程中,应注意如下事项。

(1)输送介质性质。

在选择阀门前,应考虑一下系统输送的是什么样的流体介质,流体介质是稠还是稀,是气体还是液体,是腐蚀性的还是惰性的。这些不确定的因素对系统的元件和运行都会造成影响。

比如,流体中有些物质具有极强的腐蚀性,有的相当危险,如果忽视其中的物质,比如硫化氢之类的化合物,而选择不合适的金属材料,必将缩短阀门的寿命;同时,如果选用了不合适的密封机理,也很可能造成有毒物质泄漏。流体中的固体是一个不可忽视的因素,如果忽视流体中的微小凝结固体,阀门的磨损就会加剧。

(2)系统运行条件。

系统运行条件,如温度和压力等是选择阀门的重要因素。比如,在高温或低温条件下,要考虑材料的选用;各元件材料的膨胀率不同,也会造成流体泄漏。塑料元件可能收缩和渗漏,或者由于吸收水和其他系统介质,在低温时变脆。合成橡胶也可能在低温的工作条件下变硬和破裂。不同的压力也可能影响密封能力。

例如，大流量、低压力的水和空气等介质，使用蝶阀比较方便和经济。蝶阀不仅可以作为闭路阀门，也可以调节流量。

高压阀门以截止阀，尤其是直角式截止阀为多。目前也开始用高压球阀。

(3)阀门的材质。

制造阀门零件的材料很多，包括各种不同牌号的黑色金属和有色金属及其合金、各种非金属材料等。制造阀门零件的材料选择不仅取决于工作介质的压力、温度、特性，还取决于零件的受力情况及在阀门结构中所起的作用，要保证阀门安全可靠、经济合理。

①阀体、阀盖和闸板（阀瓣）是阀门主要零件之一，直接承受介质压力，所用材料必须符合阀门的压力与温度等级的规定。

②阀门密封面质量的好坏关系到阀门的使用寿命。通常密封面必须选用耐腐蚀、耐冲刷、抗磨蚀和抗氧化的材料。密封面材料通常分两大类：一是软质材料，包括橡胶（丁腈橡胶、氟橡胶等）、塑料（聚四氟乙烯、尼龙等）；二是硬质材料，包括铜合金（用于低压阀门）、铬不锈钢（用于普通高中压阀门）、司太立合金（用于高温、高压阀门及强腐蚀阀门）和镍基合金（用于腐蚀性介质）。

③阀杆在阀门开启和关闭过程中，承受拉、压和扭转作用力，并与介质直接接触，同时和填料之间还有相对的摩擦运动，因此阀杆材料必须保证在规定温度下有足够的强度和冲击韧性，有一定的耐腐蚀性和抗擦伤性，以及良好的工艺性。常用的阀杆材料有碳素钢、合金钢、不锈耐酸钢和耐热钢等。

④阀杆螺母在阀门开启和关闭过程中，直接承受阀杆轴向力，因此必须具备一定的强度。同时它与阀杆是螺纹传动，要求摩擦系数小，不生锈和可避免咬死现象。选用钢制阀杆螺母时，要特别注意螺纹的咬死现象。

⑤紧固件在阀门上直接承受压力，对防止介质外流起关键作用，因此选用的材料必须保证在使用温度下有足够的强度与冲击韧性。例如，选用合金钢材料时必须经过热处理。若对紧固件有特殊耐腐蚀要求，可选用 Cr17Ni2、2Cr13、1Cr18Ni9 等耐酸不锈钢。

⑥在阀门上，填料用来充填阀盖填料室的空间，以防止介质经由阀杆和阀盖填料室空间泄漏。填料不仅耐腐蚀、密封性好，而且摩擦系数小。常根据介质、温度和压力来选择填料。常用的填料包括油浸石棉绳、橡胶石棉绳、石墨石棉绳、聚四氟乙烯。其中，聚四氟乙烯是目前使用较广的一种填料，特别适用于腐蚀性介质，但温度不得超过 200 ℃，一般压制或采用棒料车制而成。

⑦垫片是用来充填两个结合面（如阀体和阀盖之间的密封面）间所有凹凸不平处，以防止介质从结合面间泄漏。垫片材料在工作温度下应具有一定的弹性和塑性及足够的强度，以保证密封，同时要具有良好的耐腐蚀性。垫片可分为软质和硬质两种。软质垫片一般为非金属材料制成，如硬纸板、橡胶、石棉橡胶板、聚四氟乙烯、柔性石墨等。硬质垫片一般为金属材料或者金属包石棉、金属与石棉缠绕等制成。金属垫片的材料一般用 08、10、20 优质碳素钢和 1Cr13、1Cr18Ni9 不锈钢，加工精度较高，适用于高温、高压阀门；非金属垫片材料一般塑性较好，用不大的压力就能达到密封，适用于低温、低压阀门。

(4)阀门的结构形式。

阀门的结构形式多种多样,用哪种好呢?应首先了解每种类型阀门的结构特点和它的性能。阀门启闭件有 4 种运动方式,即滑动式、闭合式、旋转式、夹紧式,每种方式都有其优缺点。各种运动方式的优缺点见表 3.2。

表 3.2　各种运动方式的优缺点

运动方式	阀门类型	图示	优点	缺点
滑动式	闸阀	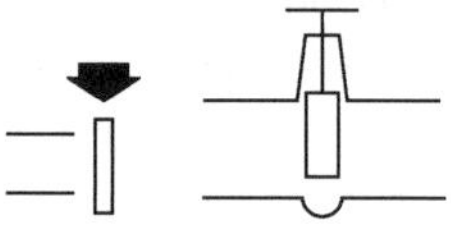	直流	动作缓慢、体积大
闭合式	截止阀	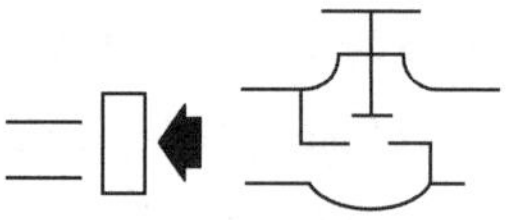	切断和调节性能最佳	压力损失大
旋转式	旋塞阀	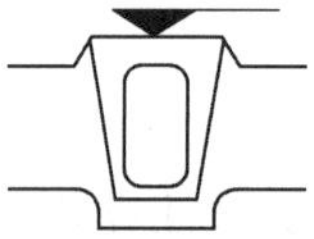	快速动作、直流	温度受聚四氟乙烯阀门衬套的限制,而且需要注意阀门的润滑
	球阀	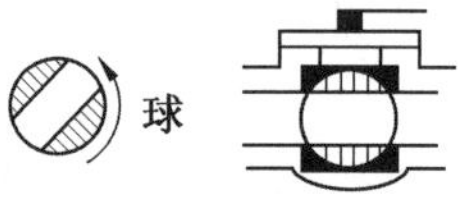	快速动作、直流、易于操作	温度受阀座材料的限制
	蝶阀	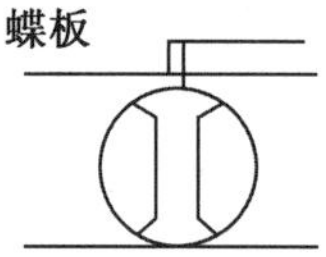	快速动作、切断性能良好、结构紧凑	金属密封型阀,切断时不能严密断流。弹性阀座的阀门,工作温度受阀座材料的限制
夹紧式	隔膜阀	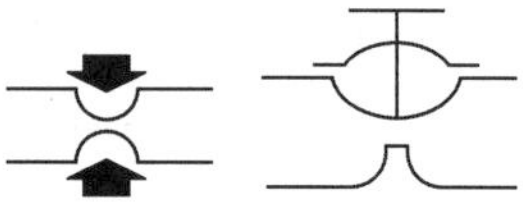	无填料、对污液断流可靠	压力和温度受隔膜材料的限制

①截止和开放介质用的阀门通常应选择截止后密封性能好,开启后流体阻力较小的阀门。流道为直通式的阀门作为截止和开放介质用阀门最适宜。截止阀由于流道曲折、流体阻力比其他阀门高,故较少选用。但允许有较高流体阻力的场合选用截止阀也未尝不可。对流体阻力要求严格的工况可选用闸阀、全通径球阀、旋塞阀等;对于受安装位置限制,对流体阻力要求不严格的场合可选用蝶阀、缩径球阀等。

②控制流量用的阀门通常选择易于调节流量的阀门,比如调节阀、节流阀。闸阀通常不用于控制流量。V 形开口的球阀和蝶阀有较好的控制流量特性,一般粗调时可以选用。对于要求流量和开启高度呈正比例关系的严格场合,应选专用的调节阀。精确地调节小流量,必须采用节流阀,而截止阀和闸阀都不行。

③换向分流用的阀门根据换向分流需要,可有 3 个或更多的通道。旋塞阀和球阀较适用于这一目的。

④刀形平板闸阀、直流式泥浆用截止阀、球阀等阀门适用于输送含悬浮颗粒的介质。

⑤凡是需要双向流通的管路，都不宜使用截止阀，因为截止阀是有方向性的，倒过来会影响效能和寿命。

⑥压力不太高的大阀门，常做成闸阀，因为结构长度小，比较省料和便于拆装。

⑦使用于腐蚀性介质的阀门，虽然主要问题是材质选择，但结构选择也不能忽视，例如闸阀中，暗杆双闸板式就不利于防腐蚀，明杆单闸板式则适合于防腐蚀，选型时必须注意。

⑧某些化工介质有析晶现象，或含有不可留存的沉淀物质，输送这类介质时，不应该选用截止阀和闸阀（因为它们都有留存介质的角落），而应选用球阀或旋塞阀。

⑨阀门处于高空、远距离、高温、危险或其他不适合亲手操作的位置，应采用电动或电磁驱动。对易燃、易爆部位，为防止出现火花，则应采用液动或气动。手力不及和需要快速开闭的阀门，也应采用电动、气动或液动。

(5)阀门的密封性。

阀门的密封性能是考核阀门质量优劣的重要指标之一。阀门的密封性能主要包括两个方面，即内漏和外漏。内漏是指阀座与启闭件之间介质的泄漏。外漏是指阀杆填料部位的泄漏、密封垫片部位的泄漏及阀体因铸造缺陷造成的渗漏。外漏是根本不允许的，如果介质不允许排入大气，则外漏的密封比内漏的密封更为重要。阀门的密封性能对于输送可燃、有毒、危险的流体极其重要。

因此，阀门起到密封作用是对阀门的基本要求。在选择阀门时，一定要注意阀门的密封形式，并结合实际应用情况，检查阀门的密封效果。

在实际应用中，密封有多种形式，如软密封、硬密封、阀杆密封、阀体密封、面密封、线密封等。软密封使接触面容易配合，使阀门能达到极高程度的密封性，而且这种密封性可以重复达到。但软密封材料受到介质适应性及使用温度的限制。例如，软密封蝶阀密封面通常采用丁腈橡胶及三元乙丙橡胶等。阀杆的密封通常用压缩填料，使阀杆周围密封。

很多阀门使用填料密封做旋转运动的阀杆和做直线运动的阀杆，填料密封形式取决于流体的性质，有时需要加水封装置、气封装置或加中间引漏孔。对于具有危险性的流体，有时使用隔膜阀或管夹阀替代有填料函的阀门效果更好。

(6)阀门的安全性。

在选择阀门时，应检查阀门是否含有污染流体的成分。阀门直接与流体接触的部分主要是阀体内侧、密封部分等，目前许多厂家生产的阀门密封部分采用橡胶材料。丁腈橡胶（NBR）、氯丁橡胶（CR）或三元乙丙橡胶（EPDM）等常用的橡胶材料中含有防老化剂等添加剂，会污染流体。

为了保障设备或管路的安全，一般采用弹簧式安全阀。但须知，弹簧式安全阀的不同公称压力各有对应的压力段，用不同弹力的弹簧来区分，选型时不但要选准公称压力，还必须选准压力段，否则阀门不灵，不能保障安全。

(7)阀门的压力损失。

阀门的压力损失对整个系统将造成巨大的影响。泵需要足够的压力把流体输送到管道中，如果阀门压力损失过大，压缩机必须超负荷工作，系统的寿命将大大缩短。

大部分阀门与被连接管道有相似的直线圆孔，但也有一些阀门的通道不是圆形的，有的阀门还是缩径的。阀门流道的形状和尺寸直接影响阀门的压力损失。

3.3 管 件

管件用于管道连接、转向、汇合或分流。管件包括法兰、管托、管道的支架、吊架、弯头、三通、四通和管道补偿器等部件。

3.3.1 法兰及其选用

法兰连接是管路中最常用的连接方式。法兰连接拆装方便,密封可靠,适用的压力、温度和管径范围大。法兰的材料有钢、铝、不锈钢、硬聚氯乙烯等。常用的法兰类型有板式平焊法兰、带颈平焊法兰、带颈对焊法兰、承插焊法兰、平焊环松套板式法兰、翻边松套板式法兰、法兰盖7种,如图3.10所示。

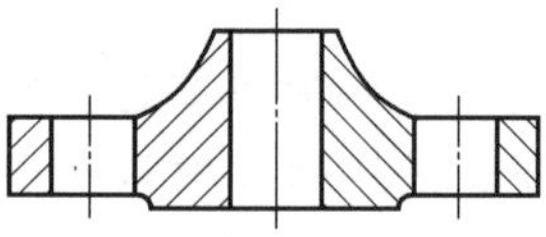

(a) 板式平焊法兰

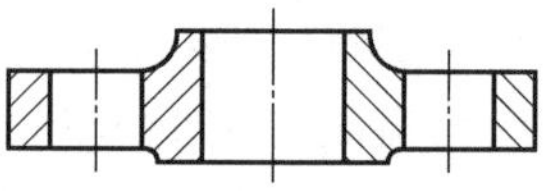

(b) 带颈平焊法兰

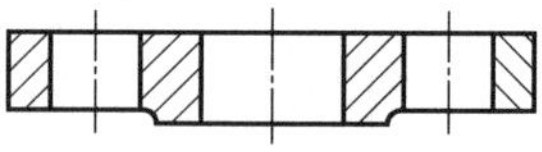

(c) 带颈对焊法兰

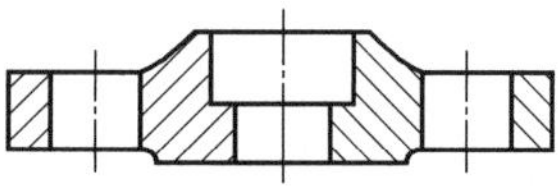

(d) 承插焊法兰

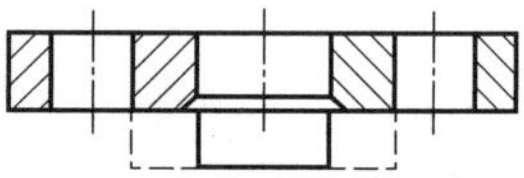

(e) 平焊环松套板式法兰

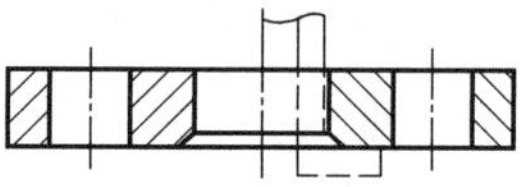

(f) 翻边松套板式法兰

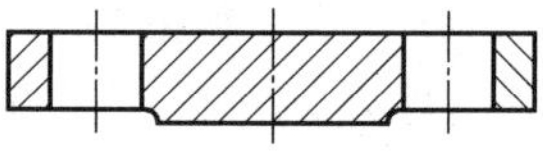

(g) 法兰盖

图3.10 法兰的类型

板式平焊法兰在环境工程中应用较为普遍。这种法兰由于刚度较低,在螺栓压紧力的作用下易发生变形而导致泄漏,所以仅适用于中低压容器(公称压力不大于1.0 MPa),并适用于有毒、易燃、易爆及真空度要求较高的场合。

带颈平焊法兰和带颈对焊法兰不仅在法兰平板上增加了一个短颈,大大增加了法兰的刚度,而且有多种密封面,适用的压力范围较广。带颈对焊法兰由于法兰的颈较高,且与钢管的连接处采用对接焊,因此有很高的承载能力,适用压力范围更广,可用于中高压场合。

承插焊法兰在法兰和钢管之间仅有单面填角焊,承载力较差,只适用于公称直径不大于50 mm的小口径管道,且公称压力不得大于1.0 MPa。

平焊环松套板式法兰和翻边松套板式法兰是松套法兰的两种主要形式。这两种松套法兰套在管子的翻边或套环外侧,拧紧法兰的螺栓时,法兰将管子的翻边或套环压紧,使管子连接起来,承受压力时法兰力矩完全由翻边或套环来承担。该类法兰适用于腐蚀性介质或有色金属管道系统。

翻边松套板式法兰和平焊环松套板式法兰由于都采用平板式,适用于公称压力小于1.6 MPa的场合,且前者适用的公称压力和公称直径较后者更小。

法兰盖主要用于管道端头及人孔、手孔的封头。

选择标准法兰时，首先根据公称压力、工作温度和介质性质，选出所需法兰的类型、标准号及其材料牌号；然后根据公称压力和公称直径，按已选出的法兰标准号，确定法兰的结构尺寸和螺栓数目与尺寸。

按公称压力选择标准法兰时，应注意下列问题：

①当选择与设备或阀件相连接的法兰时，应按设备或阀件的公称压力来选择，否则将造成所选用的法兰与设备或阀件上的法兰尺寸不相符合。

②对气体管道上的法兰，当公称压力小于 0.25 MPa 时，一般应按 0.25 MPa 等级选用。

③对液体管道上的法兰，当公称压力小于 0.6 MPa 时，一般应按 0.6 MPa 等级选用。

④真空管道上的法兰，一般按公称压力不小于 1 MPa 时的等级选用凸凹式法兰。

⑤易燃、易爆、有毒性和刺激性介质管道上的法兰，其公称压力等级应不小于 1 MPa。

3.3.2 法兰垫片及其选用

为了法兰结合面的密封，在结合面之间都置有垫片，法兰垫片是法兰连接必须使用的管件附件。在管路设计中选择法兰垫片主要是选择适合的垫片材料。垫片材料取决于管道输送介质的性质、最高工作温度和最大工作压力。法兰连接用的垫片一般分软垫片、金属垫片、石棉缠绕式垫片三类。软垫片适用于中低压管道的法兰；金属垫片适用于高压管道的法兰；石棉缠绕式垫片适用于大直径法兰，或者管道输送的介质温度和压力变化波动较大的情况。软垫片是用整块的平板制成的，常用的平板有橡胶板、橡胶石棉板、耐酸石棉板和耐油橡胶板。表 3.3 列举了法兰垫片材料及其适用范围。

表 3.3 法兰垫片材料及其适用范围

垫片材料	适用介质	最高工作压力/MPa	最高工作温度/℃
橡胶	水、压缩空气、惰性气体	0.6	60
夹布橡胶板	水、压缩空气、惰性气体	1.0	60
低压橡胶石棉板	水、压缩空气、惰性气体、蒸汽、煤气	1.6	200
中压橡胶石棉板	水、CO_2、O_2、Cl_2、酸/碱稀溶液、氨等	4.0	350
高压橡胶石棉板	压缩空气、惰性气体、蒸汽、煤气	10.0	450
耐酸石棉板	有机溶液、碳氢化合物、浓无机酸（硝酸、硫酸、盐酸）、强氧化性盐溶液	0.6	50
浸渍过的石棉板	具有氧化性的气体	0.6	300
软聚氯乙烯板	水、压缩空气、酸/碱稀溶液、具有氧化性的气体	4.0	350
耐油橡胶石棉板	油品、溶剂	4.0	350
耐油橡胶板	油品、溶剂	1.0	60

3.3.3 弯头

弯头是管道中常用的管件。如图 3.11 所示，管道中安装各种不同角度（常见 90°、45°、

60°等)的弯头,用于改变管道的走向和位置。弯头根据制造方法的不同,可分为冷弯弯头、热弯弯头、冲压弯头和焊接弯头等。

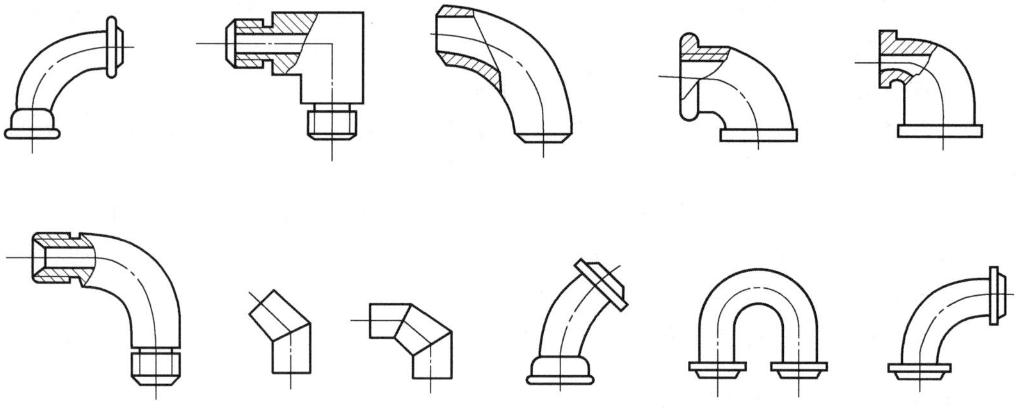

图 3.11 弯头

3.3.4 三通、四通、Y 形管

三通、四通、Y 形管是管道中常见的管件,用在有分支管的地方。图 3.12 所示为三通、四通、Y 形管。

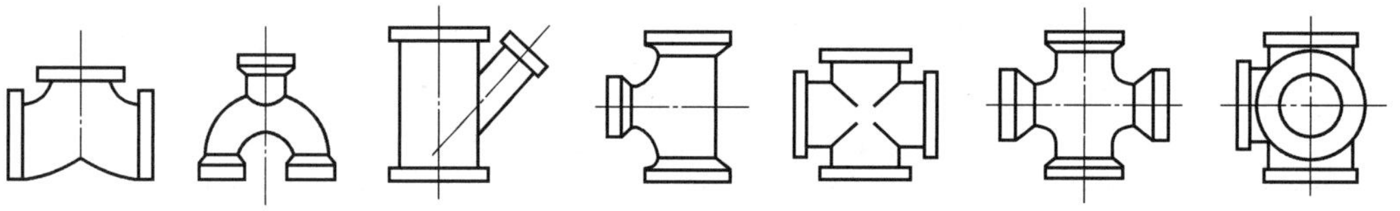

图 3.12 三通、四通、Y 形管

3.3.5 管托

管托主要用于圆形管道与支架间的固定连接。

3.3.6 管道支吊架

管道在环境工程中往往都要加以支撑和固定,这些支撑和固定管道的机构设施,就叫管道支吊架。管道支吊架的功能如下:

(1)承受管道的自重和管道的各种附件、保温层及管道内介质的质量。

(2)对热力管道热变形进行限制和固定。

(3)减小由管道热膨胀所引起的应力对设备、装置的推力和力矩,并防止或减缓管道的振动等。

管道支吊架设计得好坏,其结构形式选用得恰当与否,对管道的应力状况和安全运行有着很大的影响。

支架按其固定方式可分为固定支架、活动支架、导向支架、弹簧支架等。

图 3.13 为固定支架安装在墙体上的两种形式,图 3.13(a)为角钢墙架通过墙体上的预埋螺栓固定在墙体上,图 3.13(b)为角钢墙架通过膨胀螺栓固定在墙体上。

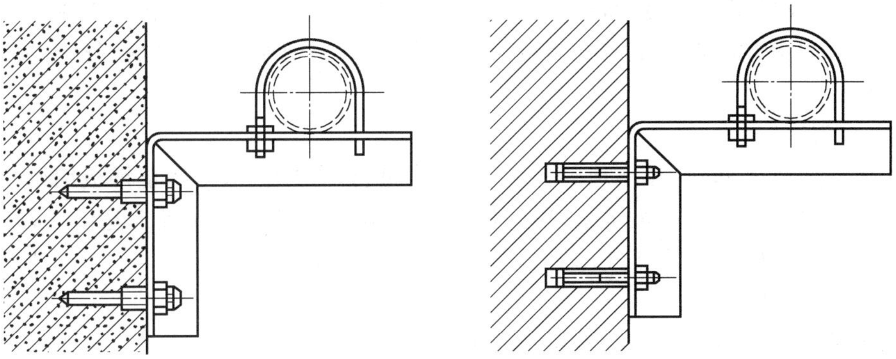

(a) (b)

图 3.13 固定支架

图 3.14 为活动支架安装在墙体上的两种形式，图 3.14(a)为角钢墙架与墙体上的预埋件采用焊接连接，图 3.14(b)为角钢墙架插入墙体上的预留孔中，然后在孔中填入混凝土(称为“二次灌浆”)加以固定。

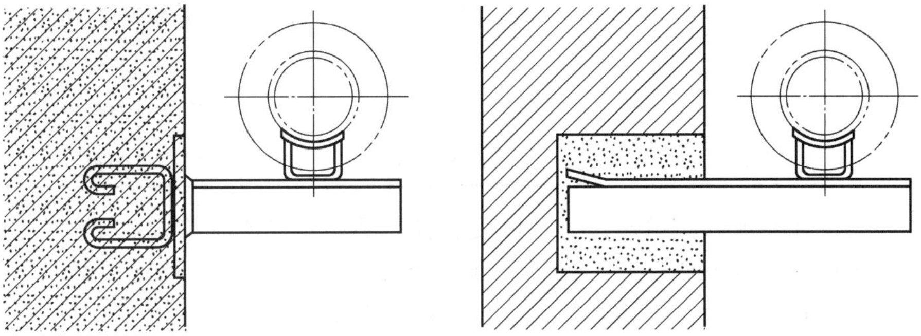

(a) (b)

图 3.14 活动支架

吊架主要用于室内架空管道的支撑。上端固定在建筑物的梁底或楼板底部，下端是用以固定管子的管箍，中间是可以调节长度的活动吊杆。

3.4 水 泵

3.4.1 离心泵的安装及调试

(1)安装前检查项目。

安装前检查项目应符合的要求如下：

①地脚螺栓的不垂直度小于 10/100。

②地脚螺栓底端不应碰预留孔底，且间隙大于 30 mm。

③地脚螺栓清洁度。应将地脚螺栓上的油脂和污垢清除干净。

④螺母、垫圈、设备底座接触面平整。不得有毛刺、杂物。

⑤地脚螺栓的紧固。应在混凝土达到规定强度的 75%后进行，拧紧螺母，螺栓必须露出螺母 1.5～5 倍螺距。

(2)用汽车及吊车将经检验合格的潜水泵、钢管、管件、阀门等运至安装现场,在地上铺上枕木,吊点、起吊方法需严格按安装说明书要求进行,或听从生产厂家指导,并检查泵的内部有无异物。

(3)水泵支座安装。

将水泵支座放上基础,穿上地脚螺栓,初调后进行一次灌浆,再用垫钢板细调水泵支座,调整支座端面水平面时应尽量垂直,以确保安装及运行质量。其混凝土基础顶面水平度偏差不得大于 5/1 000,全长小于 10 mm。

(4)出水管安装。

①出水管应有合格证和焊缝质量检验证书。

②出水管表面质量应符合下列规定:表面光洁,无裂纹、夹渣、折叠、重皮、超过壁厚允许偏差的局部凹陷、碰伤。

③出水管加工允许偏差应符合规定。

出水管加工允许偏差见表 3.4。

表 3.4　出水管加工允许偏差

项目	允许偏差	检验方法
周长	±7 mm	用卷尺测量
椭圆度	≤4 mm	用卷尺测量
平直度	≤1 mm/m	用卷尺测量

④首先按设计要求,装好管箍,在屋顶梁上装上手动葫芦或是固定好滑轮,用卷扬机将管吊起或使用桥式起重机吊放到安装位置,自下而上进行安装,垂直管的安装垂直度偏差为 1/1 000,全长小于 10 mm。管子安装前应用水冲洗干净。

⑤立管包箍的形式、材质、加工尺寸应符合设计要求和规范规定;其外形应整齐、美观;焊接牢固,无漏焊、裂纹等缺陷。

⑥出水管水平段与钢套管的间隙应均匀。钢套管应符合设计要求。

⑦每对连接法兰应平行,并保持同轴性,允许偏差均应小于 0.5 mm,保证螺栓能自由穿入。

⑧螺栓连接应符合下列规定:每对连接法兰应使用相同规格、型号的螺栓,安装方向一致,紧固力矩相同,松紧适度。

⑨法兰间的垫片质地柔韧,无老化、变质,表面无分层和折损。

⑩钢丝绳导向装置(导轨)的安装应符合泵安装使用说明书的要求,每根钢丝绳的张紧力应为 7 500 N。

(5)拍门的安装。

①拍门在安装前应检查其制造质量,制造质量与设计质量误差应不超过±5%。

②拍门止水橡皮安装的允许偏差,应符合规范的规定。

③拍门采用金属止水时,表面应进行机械加工,安装时应保证接触面密封良好。如设计另有要求时,应满足设计图样的规定。

④采用平衡重式拍门,平衡铁块质量应符合设计要求,其误差不应超过±2%。

⑤拍门安装后的开启角度偏差,应符合设计图样规定,拍门中心与流道中心允许偏差不

应大于 3.0 mm。

(6)泵体水平度、铅垂度的允许偏差每米不得大于 0.1 mm,泵体安装的允许偏差及检验方法见表 3.5。

表 3.5 泵体安装的允许偏差及检验方法

项目	允许偏差/mm	检验方法
建筑物轴线距离	±20	用钢卷尺检查
安装基准线平面位置	±10	用钢卷尺检查
设备标高	±20	用钢卷尺检查

(7)用人字架、卷扬机或桥式起重机、吊车将泵轻轻吊起,使泵体沿导向装置下降,利用其自重自行与泵支座扣紧,接触应紧密。

(8)电气接线应符合说明书中电气接线图和回路图的规定。

(9)检查绝缘电阻应不小于 5 MΩ,否则电缆和电机须分别检查,接地电阻应小于 1 Ω。

(10)按说明书图示要求,将动力电缆向上拉直,并将其固定。

(11)调试。

①用万用表检查电动机绝缘,电机尾轴应无卡阻现象,各接线端连接牢固,无碰线现象,接线应完全正确。

②检查油腔内油品、油质、油位,应无漏油现象。

③送上控制箱电源,检查电气指示是否显示正确,在最短时间内启动电动机,使污水(泥)泵空转几圈。

④检查叶轮旋转,方向应正确,并无异常声音,无卡阻现象,叶轮转动应灵活。

⑤空负荷试车无问题后按使用说明书要求注入足够水,带负荷运行 4 h。

⑥带负荷试车无异常,即停止电机切断电源。

⑦检查轴承、电机温升是否符合厂家技术要求。

⑧整机应稳定。

3.4.2 潜水式轴流泵的安装

1. 安装工作顺序

安装前准备工作→井筒安装→泵体安装。

2. 安装前准备工作

(1)测量检查施工现场轴流泵的安装位置并测量放线,确定轴流泵的安装坐标及井筒轴心基准线。

(2)进行开箱验收,检查轴流泵及井筒的外观质量,零部件及随机资料应齐全。

(3)用人工配合吊机、大卡车将经开箱检验的轴流泵、井筒及零部件运到施工现场。

3. 井筒安装

(1)根据设备放线的基准点,先安装井筒的固定支座。

(2)用人工配合吊机将井筒吊装就位,若井筒较长,在吊装过程中应避免井筒与其他物体发生碰撞而使井筒损坏。

(3)井筒吊装就位后,将井筒固定,进行扶正调平,保证井筒的垂直度小于1/1 000,全长不大于3 mm(用线坠与直尺检查)。

4.泵体安装

(1)将井筒安装固定,经扶正调平符合允许偏差值要求后,进行轴流泵的安装工作。

(2)用人工配合吊机将轴流泵吊装至井筒口,然后将轴流泵顺着井筒慢慢地下降到井筒底部的支座上,将轴流泵扶正调平,再拧紧固定螺栓。

(3)轴流泵的安装允许偏差及检验方法(表3.6)。

表3.6 轴流泵的安装允许偏差及检验方法

项目	允许偏差	检验方法
安装基准线与建筑轴线距离	±10 mm	尺量检查
设备平面位置	±5 mm	仪器检验
设备标高	±5 mm	仪器检验
井筒垂直度(纵向)	<1/1 000;全长不大于3 mm	用线坠与直尺检查

5.检查和验收

(1)所有水泵和电机都应在制造厂进行性能测试,以符合ISO 2548的C级标准为合格。

(2)泵壳及其他承压部件应进行水压试验,试验压力为水泵额定压力的1.5倍。

(3)水泵的转动部件必须做动、静平衡试验。

(4)现场安装后应按国家标准进行负载试验,以证明水泵符合技术要求。

(5)每一台水泵的试验结果和记录应包括$Q—H$、$Q—P$、$Q—\eta$曲线,并提交相关部门确认保存。

3.4.3 螺旋桨泵(混合液回流泵)的安装

1.安装工作顺序

安装前准备工作→泵体基础浇筑→泵体基础检查→泵支座及提升装置安装→泵体安装。

2.安装前的准备工作

(1)螺旋桨泵安装前,测量检查安装位置并进行测量放线,确定螺旋桨泵提升装置及池内螺旋桨泵支座的安装坐标及高程基准点。

(2)与有关单位及设备厂家到现场先对螺旋桨泵体进行开箱检查验收,检查设备的质量有无缺陷,零配件是否齐全,并收集设备合格证及说明书。

(3)将经开箱验收合格的螺旋桨泵运到施工现场,用枕木垫好,防止泵的碰撞、摩擦导致破损。

3.泵体基础浇筑

根据设计图纸及设备安装说明书的要求,在螺旋桨泵的安装位置经测量放线后,对设备基础进行浇筑,预留地脚螺栓孔的位置应正确无误,基础混凝土的强度等级应符合设计要求。

4. 泵体基础检查

对泵体基础按设备基础图浇筑完毕，并在养护期(一般为 7 d)后对基础进行测量复核，主要检查设备基础的坐标及高程，预留孔洞的坐标尺寸及孔洞深度应符合设计及设备安装说明书要求。

5. 泵支座及提升装置安装

螺旋桨泵泵体基础经测量复核无误后，按照螺旋桨泵泵体设备安装说明书的要求，先安装泵支座及提升装置和导杆，并进行扶正调平。导杆垂直度纵向小于 1/1 000，全长不大于 3 mm，用线坠与直尺检查。

螺旋桨泵泵体安装允许偏差及检验方法见表 3.7。

表 3.7　螺旋桨泵泵体安装允许偏差及检验方法

项目	允许偏差/mm	检验方法
安装基准线与建筑轴线距离	±10	尺量检查
设备平面位置	±5	仪器检验
设备标高	±5	仪器检验

6. 泵体安装

螺旋桨泵支座及提升装置安装完毕，安装精度经测量复核符合允许偏差值后，方可进行螺旋桨泵泵体的安装。

(1)用人工配合吊机将螺旋桨泵吊装到螺旋桨泵提升装置旁的走道板上。

(2)吊装时派专人指挥，防止螺旋桨泵与其他物体发生碰撞而损坏。

(3)按照设备安装说明书要求，将提升链安装在提升装置上，并用链条将螺旋桨泵扣住。

(4)用人工配合螺旋桨泵的提升装置，将泵慢慢下降到支座上，进行扶正调平后，将螺旋桨泵泵体与支座扣紧固定。

(5)对已安装完毕的螺旋桨泵泵体进行测量复核，保证安装精度符合规范要求。

7. 检查和验收

(1)螺旋桨泵(回流泵)应在制造厂进行性能测试。

(2)螺旋桨泵(回流泵)的叶轮必须做动、静平衡试验。

(3)现场安装后应进行 2 h 的负载试验，以证明泵体符合技术要求。

(4)试验结果和记录提交给相关部门确认保存。

(5)每一台泵的试验结果和记录应包括 $Q—H$、$Q—P$、$Q—\eta$ 曲线，并提交给业主确认保存。

3.5　鼓　风　机

3.5.1　安装前的准备工作

(1)用平板车及吊车将鼓风机卸至安装现场，精密贵重鼓风机部件应轻吊、轻放，地面上应铺枕木，将鼓风机部件平稳地放置其上，然后利用桥式起重机将鼓风机各部件轻放在安装部位进行安装。

(2)安装鼓风机的基础平面必须平整，其纵横向水平度偏差不超过 2/1 000。鼓风机进、排气口全封闸板法兰固定完好，清除机内全部杂物。

(3)鼓风机安装前必须检查和确认主电机正确的旋转方向。从鼓风机进气口方向观察，主电机必须逆时针方向旋转。弹性联轴器的径向跳动和不平行度均不得超过 0.10 mm。进、排气管路安装前必须清洗吹扫干净，无浮渣、污垢和杂物。

3.5.2 安装的技术要求

(1)鼓风机应按预留孔的实际坐标位置确定安装基准。鼓风机安装的水平位置和中心标高，相对于设计坐标位置的偏差均应小于±10.0 mm。

(2)鼓风机机座下部防震垫的安装应符合鼓风机安装大样图的规定，放置防震垫的基础平面应平整，其相互高程偏差应小于 2.0 mm，水平度偏差应小于 2/1 000，否则应铲平修整至合格。

(3)润滑系统应油路清洁畅通，油箱、油泵等拆洗干净，润滑系统不应有渗漏现象。

(4)轴承座与底座接触紧密、均匀。局部间隙应小于 0.10 mm，水平度应小于 1/1 000。主动轮与各从动轮中心面应在同一平面上，中心线轴承座纵横方向水平度小于 0.20 mm/m，重合度偏差小于±2.0 mm。轴承座安装位置正确，固定牢固。

(5)气通风箱及支架集气管严格按设计图纸及规范要求制作施工，进风口通风廊道的密封门按设计要求进行安装。

(6)鼓风机排气口膨胀接头的安装应符合下列规定。

①膨胀接头安装后的高度误差为±2.0 mm。

②膨胀接头不得承受除自重以外的任何外力或力矩。

(7)排气口的变直径连接管及其下游水平管段应有独立的支撑。

(8)进气消声器的安装应符合下列规定。

①进气消声器安装后的实际中心线应与鼓风机组中心线等高。

②进气消声器支腿底板的混凝土支撑面应平整，否则应铲平。允许在底板下面垫放厚为 1 mm 的调整垫片，以调整消声器的纵横向水平度，但垫片不应超过 3 层。

(9)旁通阀出口消声器的安装应符合下列规定。

①旁通阀出口消声器法兰与旁通阀法兰的对中和平行度偏差均应小于 0.2 mm。

②旁通阀出口消声器的吊杆与预埋件焊接应牢固。

(10)鼓风机组隔声罩的组装应符合鼓风机技术文件的规定。

(11)叶轮进风口、机壳进风口安装轴向间隙小于叶轮直径的 1/1 000，主轴与轴瓦顶轴向间隙在 1.5/100～2.5/1 000 范围内。

(12)止回阀的安装应符合下列规定。

①在水平管路上安装时，阀门板的轴应处于垂直位置。

②止回阀上游的直管段长度应大于 6 倍管径；下游的直管段长度应大于 2 倍管径。

(13)法兰的螺栓连接应符合下列规定：每对法兰应使用相同规格、型号的螺栓，安装方向一致，紧固力矩相同，松紧适度。

(14)法兰间的垫片应质地柔韧，无老化、变质，无表面分层和折损。

3.5.3 调试

(1)电源电压、频率与鼓风机主电机的额定电压和频率一致。

(2)接地正确,接地电阻符合规定。

(3)主电机定子绕组的绝缘电阻符合规定,主电机转向符合规定。

(4)压力、温度、压差等继电器,已调整到鼓风机技术文件规定的整定值。

(5)主电机轴承已按鼓风机技术文件的规定加好润滑脂。

(6)机组油箱内已按鼓风机技术文件的规定加入工作油,并达到规定油位。

(7)用手盘动鼓风机,无摩擦声和杂声。

(8)各连接部位不松动。无泄漏现象。

(9)仪表和电气设备调整正确。

(10)关闭进口导叶,开启旁通阀使鼓风机排气口与大气相通。

(11)启动油泵,调节润滑系统使其正常工作。

(12)启动鼓风机,运行 30 min,并观察油温、油压、各摩擦部位的温升,机组有无异常声响,振动是否正常。如一切正常,再继续运行 2 h。

(13)带负荷运行 48 h,注意观察各仪表指示灯是否正常。

(14)检查其各安装尺寸是否满足设计及使用要求。

(15)滑动轴承最高温升小于 35 ℃,最高温度小于 70 ℃。滚动轴承最高温升小于 40 ℃,最高温度小于 80 ℃。

3.5.4 鼓风机送风主干管严密性试验

(1)鼓风机房送风主干管安装完毕后应进行气压试验。

(2)试验压力:气压试验分 2 次进行,预先试验压力为 0.6 MPa,严密性试验压力为 0.3 MPa;最后试验压力为 0.6 MPa,严密性试验压力为 0.3 MPa。

(3)管道试压时间为 6 h,试验时间内的允许压降为 60 mmH_2O($1\ mmH_2O=9.806\ 65\ Pa$)。

(4)验收标准及试验程序均应按有关规范及手册要求进行。

(5)管道气压试验时应设置防护区,管道进气期间及管道在试验压力的恒压时间内,任何人不得在防护区内停留,并严禁在管道受压期间对其进行敲打、修补和拧紧螺栓等工作。

第 4 章　污水处理设备

4.1　预处理设备

污水处理设备中的预处理设备主要用于去除污水中的大颗粒物和悬浮物，以减轻后续生物处理设备的负荷。这些预处理设备在污水处理过程中起着至关重要的作用。

预处理设备主要包括格栅、沉砂池(grit chamber)和沉淀池等。格栅是最常见的预处理设备之一，它通过设置金属条或直板等，将污水中的固体物质如树叶、塑料片、纸张等挡在格栅上，然后定期进行清理。这样可以有效防止这些大颗粒物进入后续处理系统，造成堵塞或损坏设备。

沉砂池利用重力沉降原理，将污水中的沙子、砾石等无机颗粒物沉淀到池底，然后通过特定的排砂设备将其排除。这一步骤对于保护后续处理设备和提升整体处理效果具有重要意义。

作为污水处理设备中的预处理设备，沉砂池通常设置在泵站、倒虹管、沉淀池之前，将进入沉砂池的污水流速控制在只能使密度大的无机颗粒(如泥沙、煤渣等)下沉，而有机悬浮物则被水流带走，以缩小污泥处理构筑物的容积，降低水泵和管道的磨损，提高污泥有机组分的含量。沉砂池的结构材料常用钢筋混凝土或钢板。考虑到污水的腐蚀性及设备的经济性，以钢筋混凝土材料居多。常用的沉砂池有平流式沉砂池、竖流式沉砂池、曝气沉砂池、多尔沉砂池及钟式沉砂池等类型。

沉淀池通过延长污水停留时间，使污水中的悬浮物在重力作用下更好地沉降下来。沉淀池可以进一步去除污水中的细小悬浮物，为后续的生物处理提供更优质的水质条件。

总的来说，预处理设备在污水处理过程中扮演着“守门人”的角色，它们能够有效地去除污水中的大颗粒物和悬浮物，为后续的生物处理和深度处理提供更为有利的条件。这些设备的正常运行和维护对于整个污水处理系统的稳定运行和出水水质的保障至关重要。

4.2　物理化学处理设备

污水处理设备中的物理化学处理设备在污水处理过程中起着关键作用，它们主要通过物理和化学的综合作用来去除污水中的污染物质，提高水质并保护环境。

4.2.1　混凝设备

这类设备主要用于向污水中投加混凝剂，如硫酸铝、聚合氯化铝等，使污水中的微小悬浮物或胶体粒子互相聚集成大颗粒，以便于后续的分离和去除。

混凝设备通常包括混凝剂投加系统、混合设备和反应设备。混凝剂投加系统用于精确控制混凝剂的投加量，混合设备确保混凝剂与污水充分混合，反应设备则提供足够的停留时间以供混凝反应进行。

4.2.2 气浮设备

气浮设备利用微小气泡黏附污水中的悬浮物，使其浮升到水面而被去除。这种方法特别适用于处理含有油脂、细小悬浮物和藻类的污水。

气浮设备通常包括气泡发生器、浮渣刮除装置和污泥排放装置。气泡发生器产生微小气泡，浮渣刮除装置及时清除浮在水面上的污染物，污泥排放装置则定期排放沉淀在设备底部的污泥。

4.2.3 过滤设备

过滤设备，如砂滤池、活性炭过滤器等，利用滤料的拦截、吸附作用去除污水中的悬浮物和部分溶解性污染物。

这类设备通常包括过滤介质（如砂、活性炭等）、布水装置和冲洗装置。过滤介质用于拦截和吸附污染物，布水装置确保污水均匀通过过滤介质，而冲洗装置则用于定期清洗过滤介质以恢复其过滤性能。

4.2.4 吸附设备

吸附设备主要利用具有高吸附性能的固体材料（如活性炭）来吸附污水中的有机污染物和重金属离子。

这类设备通常包括吸附剂投加系统、吸附反应器和再生装置。吸附剂投加系统用于向污水中投加适量的吸附剂，吸附反应器提供足够的接触时间以供污染物被吸附剂吸附，而再生装置则用于恢复吸附剂的吸附性能。

4.2.5 离子交换设备

离子交换设备利用离子交换树脂对污水中的离子进行交换，从而去除或回收某些特定离子。

这类设备包括离子交换树脂床、再生液投加系统和再生废液处理系统。离子交换树脂床用于进行离子交换反应，再生液投加系统用于恢复离子交换树脂的交换能力，而再生废液处理系统则用于处理再生过程中产生的废液。

4.3 生物处理设备

生物处理设备是污水处理系统中的核心组成部分，主要利用微生物的代谢活动来降解和转化污水中的有机物，从而达到净化水质的目的。

4.3.1 活性污泥法设备

活性污泥法是最常用的生物处理方法之一。

活性污泥法设备主要包括曝气池、二次沉淀池、污泥回流和剩余污泥排放系统,以及供氧系统(如鼓风机或压缩机、空气扩散装置等)。

在曝气池中,通过人工充氧,创造有利于微生物生长和繁殖的环境,使微生物大量增殖,形成活性污泥。这些微生物以污水中的有机物为食,从而降解有机物。

经过处理的污水和活性污泥进入二次沉淀池进行泥水分离,上清液排出系统,达到净化目的。

4.3.2 生物膜法设备

生物膜法是利用生物膜上的微生物来降解有机物的方法。生物膜法设备主要包括生物滤池、生物转盘、生物接触氧化池等。在这些设备中,微生物附着在填料或载体上形成生物膜,当污水流经生物膜时,有机物被生物膜上的微生物吸附并降解。

4.3.3 厌氧生物处理设备

厌氧生物处理是在无氧条件下,通过厌氧微生物的作用来降解有机物的方法。厌氧生物处理设备包括厌氧消化池、厌氧滤池等。在这些设备中,厌氧微生物将有机物转化为甲烷、二氧化碳等气体,同时产生稳定的污泥。

厌氧生物处理是一种低能耗的废水处理技术,是把废水的处理和能源的回收利用相结合的一种技术。厌氧生物处理最早用于污泥消化,后来用于高浓度有机废水、动植物残体及粪便等的处理,具有处理成本低、可回收能源等特点。

近几十年来,人们成功开发了四代厌氧生物反应器。其中,第一代以厌氧接触池为代表,第二代以厌氧生物滤池(AF)、上流式厌氧污泥床反应器(UASB)、厌氧接触膨胀床反应器(AAFEB)、厌氧流化床(FB)、厌氧折流板反应器为代表,第三代以厌氧内循环(IC)反应器、厌氧膨胀颗粒污泥床(EGSB)为代表,第四代以内循环厌氧反应器为代表。这些工艺设备正逐步应用于生产实践,并取得了较好的效果。

4.3.4 其他生物处理设备

除了上述几种常见的生物处理设备外,还有一些其他类型的生物处理设备,如稳定塘、人工湿地等。

这些设备利用自然生态系统中的微生物、植物等生物群落来降解有机物,具有成本低、运行简单等优点。

生物处理设备是污水处理中的关键环节,通过利用微生物的代谢活动来降解和转化有机物,从而实现污水的净化。不同类型的生物处理设备具有不同的特点和应用场景,需要根据实际情况进行选择和设计。

在实际应用中,生物处理设备通常与其他物理化学处理设备相结合,形成一个完整的污水处理系统,以达到更好的处理效果。同时,为了保证生物处理设备的正常运行和良好效果,还需要进行定期的维护和管理。

4.4 膜分类设备

污水处理设备中的膜分类设备，主要是利用特殊的膜材料对污水进行过滤和分离，以去除水中的杂质和污染物。这些膜分类设备在污水处理过程中起着至关重要的作用，能够有效地提高水质。

4.4.1 微滤膜设备

微滤膜的孔径较大，通常用于去除悬浮物、颗粒物、细菌等大颗粒物质。它的操作压力相对较低，适用于预处理或初步过滤阶段。微滤膜常用于固液分离，特别是在需要去除大量悬浮固体的场合。

4.4.2 超滤膜设备

超滤膜的孔径比微滤膜小，能够去除大部分有机物质、胶体颗粒和一些重金属离子。超滤膜对于提高水质有显著效果，特别是在降低浑浊度、去除颜色和异味方面。这种膜在饮用水处理、工业废水处理及海水淡化等领域有广泛应用。

4.4.3 纳滤膜设备

纳滤膜的孔径比超滤膜还要小，能够进一步去除水中的溶解性盐类、有机物和小分子物质。纳滤技术常被用于水的软化、去除特定溶质或分离大小分子。这种膜在饮用水深度处理、工业分离和纯化过程中发挥着重要作用。

4.4.4 反渗透膜设备

反渗透膜是孔径最小的膜类型，能够去除几乎所有的溶解性固体、有机物、微生物和病毒。反渗透技术被广泛应用于海水和苦咸水淡化、工业废水回用、高纯水制备等领域。反渗透膜设备通常需要较高的操作压力，并且可能产生大量的浓缩废液。

综上所述，这些膜分类设备可以根据实际需要单独使用或组合使用，以达到特定的水处理效果。在选择膜分类设备时，需要考虑污水的性质、处理目标、设备成本、运行维护费用及膜的使用寿命等因素。此外，膜的清洗和更换也是膜分类设备运行中需要关注的重要环节。

膜分类设备通过物理分离的方式，能够有效地提高污水处理的效果和水质，是现代污水处理技术中不可或缺的一部分。

4.5 消毒设备

污水处理设备中的消毒设备是确保水质安全、杀灭或去除水中病原微生物的关键环节。

4.5.1 紫外线消毒设备

1. 原理

紫外线消毒设备利用紫外线的强穿透能力，破坏病原微生物的 DNA 或 RNA 结构，使其失去繁殖能力而死亡。

2. 特点

紫外线消毒设备具有广谱杀菌性，能有效杀灭各种病毒、细菌和原生动物。无毒性、无蓄积毒性，不产生二次污染。操作简单，不加化学药剂，消毒后的水无残留辐射。

但紫外光源寿命相对较短，且如果光照强度低，杀菌效率会受到影响。

4.5.2 臭氧处理设备

1. 原理

臭氧是一种强氧化剂，能够破坏细菌、病毒的细胞器和核糖核酸，从而达到杀菌消毒的效果。

2. 特点

臭氧处理设备杀菌效果好，能杀灭细菌繁殖体和芽孢、病毒、真菌等，并可破坏肉毒杆菌毒素。去除有机物和色度效率较高。

但其运行费用相对较高，且臭氧本身有一定毒性，需要严格控制投加量和处理后的残留量。

4.5.3 二氧化氯消毒设备

1. 原理

二氧化氯是一种强氧化剂，其杀菌效力与氯气相似，但通过氧化作用杀灭微生物。

2. 特点

二氧化氯消毒效果稳定，不会产生三氯甲烷等有害物质。适用于多种水源的消毒处理。但需要注意二氧化氯的储存和使用安全。

4.5.4 氯气或次氯酸钠消毒设备

1. 原理

向水中投加氯气或次氯酸钠，利用其强氧化性杀灭水中的微生物。

2. 特点

氯气或次氯酸钠消毒设备的消毒效果稳定可靠，成本相对较低。但过量投加可能产生三氯甲烷等有害物质，对人体健康有一定影响。

4.5.5 其他消毒方法

还有其他一些消毒方法，如使用高锰酸钾、碘酒等进行消毒处理，这些方法各有优缺点，需要根据实际情况选择使用。

消毒设备是污水处理过程中不可或缺的一部分，它能有效杀灭或去除水中的病原微生物，保障水质安全。在选择消毒设备时需要考虑污水的性质、处理目标、设备成本、运行维护费用，以及消毒剂的安全性和环保性等因素。

第 5 章　污水处理厂设备的装配

污水处理厂设备的现场装配是一个至关重要的环节，它涉及设备的正确安装、调试和试运行，以确保整个污水处理系统能够高效、稳定地运行。在现场装配过程中，首先需要根据设备的设计图纸和安装要求进行基础准备，包括基础放线、地脚螺栓的检查与调整等。随后，按照设备的安装顺序和工艺要求，逐步将各个部件和组件进行组装，确保设备的稳定性和运行安全。总之，污水处理厂设备的现场装配是一个复杂而精细的过程，需要专业的技术人员和严谨的操作流程来确保装配质量和设备的正常运行。

5.1　设备装配的一般步骤及基本要求

5.1.1　一般步骤

(1)详细、认真阅读设备装配图、技术说明和设备结构，清扫装配现场，准备好装配的场地和使用的工器具、材料和设备。

(2)对零件的检查包括外观检查和配合精度检查，做好检查记录。

(3)清洗零件并涂上润滑剂，设备装配配合表面必须洁净并涂上润滑剂(有特殊要求的除外)，以防配合表面生锈、便于拆卸。

(4)组合件的装配应从小到大，从简单到复杂。

(5)由组件装配成部件。

(6)对部件进行总装配。

(7)试运转和检查调整，即试运转时应进行必要的调整。

5.1.2　基本要求

(1)首先检查零部件与装配有关的形状和尺寸精度，确认符合要求后方可装配。

(2)各零部件的配合和摩擦表面不许有损伤，如有轻微损伤应进行修复。

(3)在装配前将所有零部件表面的毛刺、油污等脏物清除干净；配合表面必须清洗干净、吹干并涂上润滑油(忌油设备除外)。

(4)固定连接处不得有间隙，活动连接处的间隙应符合要求。

(5)工作时有振动的零部件连接时，应有防止松动的保险措施；机体上所有紧固件均应紧固，不准有松动现象。

(6)各密封处不得有泄漏、坏损，垫片和石棉盘根装配前应浸泡油；装配弹簧时不准拉长或减短；螺钉、螺母与机体的接触面不允许倾斜和留有间隙。

(7)润滑管路清洗干净并吹扫合格方可装配。

(8)装配后必须按照技术要求,系统检查设备各部位装配的正确性与可靠性,符合质量要求后方可进行试运转。

5.2 设备清洗、常规装配与润滑方法

5.2.1 设备清洗的基本要求

(1)将零部件表面彻底清洗干净,同时要保护零部件不受损伤,特别是加工面应保持原有精度。

(2)清洗加工面时,应用干净的棉布、泡沫塑料、丝绸或其他软质刮具,不得使用刮刀、砂纸等容易损坏加工面的材料。

(3)运动部件的运动面上涂有防锈层时,在未清洗前,不得使其运动。

(4)清洗后的零部件不得立即装配,应涂上润滑油并用洁净的防潮纸包盖好,防止灰尘落入。

(5)防止油料滴在混凝土地面上,浸过油的棉纱等也不能放在混凝土地面上,防止有机溶剂滴在设备油漆表面上。

(6)用易燃溶剂清洗时,应有防火措施并通风良好。

5.2.2 常规装配方法

1. 滑动轴承装配

同一传动中心上所有轴承中心应在一条直线上,即保证其同轴度。轴承座接触必须紧密、牢靠地固定在机体上。机械运转时,轴承座不得与机体发生相对位移。轴瓦合缝处放置的垫片不应与轴接触,离轴瓦内径边缘一般不宜超过 1 mm。

2. 滚动轴承装配

滚动轴承安装在对开式轴承座内时,轴承盖和轴承座的接合面间应无空隙,但轴承外圈两侧的瓦口处应留出一定的间隙。凡稀油润滑的轴承,不准加润滑脂。滚动轴承允许采用机油加热进行热装,油的温度不得超过 100 ℃。

3. 联轴器装配

各类联轴器的装配,应符合有关联轴器标准的规定。

4. 传动皮带、链条和齿轮装配

(1)每对皮带轮或链条装配时两轴的平行度偏差不应大于 0.5/1 000;两轮的轮宽度的中心平面应在同一平面上(指两轴平行),其偏移量三角皮带轮或链轮不应超过 1 mm,平皮带不应超过 15 mm。

(2)链轮必须牢固地装在轴上,轴肩与链轮端面的间隙不大于 0.1 mm,链条与链轮啮合时,工作边必须拉紧。当链条与水平线夹角不大于 45°时,张紧度应为两链轮中心距离的 2%;夹角大于 45°时,张紧度应为两链轮中心距离的 1%～1.5%。主动链轮与被动链轮中

心线应重合，其偏移误差不得大于两轮中心距离的2/1 000。

(3)安装好的齿轮副和蜗杆传动的啮合间隙应符合相应的标准或设备技术文件规定。

5.2.3 润滑的常用方法

1. 手工润滑

用油枪、油壶加油，主要用于低速摩擦副、开式齿轮、链条等的润滑。

2. 滴油润滑

将油加在油杯里，利用其自重滴向摩擦表面润滑，主要用于滑动及滚动轴承、齿轮及导轨的润滑。

3. 飞溅润滑

靠转动的齿轮或曲轴溅起的润滑油润滑，常用于闭式齿轮传动及曲轴的轴承处。

4. 油环、油链套润滑

油环、油链套在主轴上自由旋转，将油从油池中带到润滑部位，形成自由润滑，仅用于水平安装的轴。

5. 油绳、油垫润滑

将油绳、密封垫浸入润滑油池中，利用毛细和虹吸作用进行供油，主要用于低速、轻载的轴承及一般机械的润滑。

6. 机械强制送油润滑

利用装在油池上的油泵把油压向各润滑点，主要用于机床、锻压设备及许多工艺设备的轴承润滑。

7. 油雾润滑

洁净的压缩空气从喷嘴喷出，靠压力差带动油的流动，流出的油被压缩雾化，送至摩擦表面。

8. 集中润滑

集中润滑方法采用润滑油和润滑脂均可。利用油箱和油泵、分送管道和分配阀，将油定量地分送到各个润滑点，主要用于有大量润滑点的机械设备，可减少维护工作量，提高可靠性。

9. 压力循环润滑

利用重力或油泵使循环系统的润滑油达到一定的压力后，输送到各个润滑部位，使用后的油再回到油箱，经冷却、过滤后循环使用。

10. 内在润滑

内在润滑主要指滑动轴承、密封的滚动轴承及自动润滑的轴瓦材料等处的润滑。内在润滑的材料和零件，一般不需要任何润滑装置或补充油脂。

5.3 格栅机的安装调试

5.3.1 移动式格栅机的安装及调试

1. 安装前的准备工作

(1)安装前应详细、认真地熟读有关技术文件、图纸及相关规范,对安装尺寸、接合面间隙、允许误差做到心中有数。

(2)考察现场,充分利用现场有利条件,对安装顺序有明确的思路。

(3)对关键部位的安装尺寸应严格控制。

(4)用汽车及吊车将移动式格栅片吊至安装现场,轻吊、轻放,在地面上铺上枕木,平稳放置移动式格栅片,防止碰撞变形。用桥式起重机或吊车将移动式格栅片及各部件轻吊放至安装部位。

2. 安装过程的技术要求

(1)安装位置和标高应符合设计要求,平面位置的偏差应小于 20 mm,标高偏差应小于 30 mm,移动式格栅片与基础预埋件连接应牢固,保证其纵向垂直度偏差小于 1/1 000;机座水平度偏差应小于 1/1 000。

(2)移动式格栅机安装在混凝土平台上时,与地脚螺栓连接应牢固,拧紧螺母。如有垫钢板,每组垫钢板不应超过 3 块,垫钢板应放置平稳、位置准确、接触良好,并电焊点牢。移动式机械格栅应先安装轨道。

(3)移动式格栅机安装在工字钢支架上时,工字钢应保持相互平行,两对角线长度偏差小于 10 mm,并保证在同一高度,允许偏差小于 5 mm,两头支撑牢固并以砂浆填实。与机架牢固连接。

(4)移动式格栅机安装的允许偏差和检验方法见表 5.1。

表 5.1 移动式格栅机安装的允许偏差和检验方法

序号	项 目	允许偏差	检验方法
1	轨道实际中心线与安装基准线的重合度	3 mm	用钢丝线、吊锤、钢板尺子检查
2	轨距	±20 mm	用钢卷尺检查
3	轨道纵向倾斜度	1/1 000	用水准仪检查
4	两根轨道的相对标高	5 mm	用水准仪检查
5	行车轨道与移动式格栅片平行度	0.5/1 000	用线锤或钢板尺子检查

(5)移动式格栅片安装要求。

①移动式格栅片应定位准确,其平面与帘网格井平面的夹角应符合设计要求。上、下端连接牢固。

②每台移动式格栅机格栅片的整个平面应平整,不应有高低错落现象,错落偏差应小于 4 mm。

③移动式格栅片的纵向与帘网格井对称中心应保持平行,平行度的允许偏差小

于1/1 000。

(6)移动式格栅机的安装检查。

①机架应放置平衡，保持水平，水平度偏差应小于 1/1 000。

②导轨(导管)允许拼接，但其直线度偏差应小于 0.5/1 000，两导轨(或导管)间的平行度偏差应小于±3 mm，导轨(或导管)与移动式格栅片保持对称和平行，平行度偏差应小于±3 mm。导轨(或导管)尺寸规格的选用应保证其有足够的刚度。

③绳鼓轮轴、传动轴与中间轴相连，接合配制的锥形销，经对中后用小锤轻轻敲入并在一端用铆接或电焊固定，防止脱落。

④三角皮带张力适宜，松紧程度一致，电机罩壳连接牢固，不得有碰擦。

⑤导轨(或导管)、钢丝绳及各个运行的部位均应涂抹黄油，涡轮箱内及各加油杯、油嘴应加注润滑油。

3. 调试

(1)左、右两侧钢丝绳必须同步动作，不应有先后，使齿耙在运行时保持水平，并使齿耙与移动式格栅片的啮合脱开与差动机构的动作相协调。

(2)齿耙在上行时，应与格栅片保持水平，间隔均匀，不应有严重碰撞，齿耙根与格栅片端间隙以 3～5 mm 为好，下行时，齿耙应与格栅片脱离。

(3)钢丝绳在绳槽中位置准确，不应有绕缠、跳槽现象。

(4)各限位开关应安装可靠，及时动作，不得有卡阻现象。

(5)运行时两侧的抱杆应与导管保持适中间隙，每侧均在 5 mm 左右，不应与导管阻轧，以免引起导管抖动，影响齿耙上下动作。

(6)当用滚轮在导向滑槽中滚动带动齿耙上下动作时，两侧滚轮应同时滚动，至少要保证每侧有一只滚轮在滚动。

(7)移动式格栅机的运行构件(小车)应和齿耙动作协调。

(8)主从动链轮中心应在同一平面上，不重合度不大于两轮中心距的 2/1 000。

(9)用手动和自动操作，使设备全程动作 5 次以上，各种动作应准确无误、自如、平稳，无抖动、卡阻等现象。

(10)注入污水及浮渣，再检查移动式格栅机的运行情况。

(11)复查各安装尺寸是否与设计安装图相符，并满足设计要求。

5.3.2 转鼓式细格栅机的安装调试

1. 准备工作

(1)根据设备清单清点设备、配件、附件及资料，按设备基础图核对设备的基础尺寸是否正确(例如槽形、槽宽、槽深等)，是否符合安装要求，如果尺寸不正确则予以修正。在整个安装期间，槽内必须无水、干净，以利于安装。

(2)安装前应详细阅读安装说明书，以便更好地指导安装。安装时应严格执行国家有关标准、规范和安全操作的规定。

(3)在对货物、配件、附件、资料等进行清点和检查时，注意物品或部件有无在运输中造成损坏或遗失，如有遗失物应立即声明。

(4)首先将格栅在平台上进行试组装，调整好安装位置，检查设备的尺寸是否与渠道相配套。如在运输过程中造成移位，需重新调整，检查各个已安装的螺栓是否紧固。

(5)安装前，安装位置的碎片等杂物须清理干净。格栅槽内在安装完成前必须保持干净、清洁。

(6)安装前，按图纸对所有混凝土设备基础仔细核对，并对存在问题做出纠正。

2. 安装

(1)先安装侧支架，沟渠两边对称安装，用膨胀螺栓固定在墙体混凝土结构上。确保侧支架水平度误差为±0.5 mm，垂直度误差为±1 mm。

(2)把格栅机运至安装现场，将格栅机慢慢吊起，放到所需安装位置并确定挡水板的位置，在挡水板的位置用膨胀螺栓把角钢固定到沟渠两边的混凝土墙上。

(3)按设计要求用仪器调整转动格栅机倾斜角度，其倾斜角度允许误差为±0.5°。

(4)固定上支架，将所有附件都安装到位，且固定好。

(5)安装底支架，使底支架牢固固定在渠底混凝土结构上。

(6)浇筑挡水板及侧支架二期混凝土，格栅的杂物不允许从挡水板与混凝土墙体之间间隙通过。

(7)按图纸安装冲洗水管，冲洗水管每处牙头应连接严密，不允许出现漏水现象。

3. 电气接线

(1)所有的接线工作只能由电气专业人员完成。

(2)电工对所有电气元件在安装前进行检查，检查其功能是否正常(如开关、接触器、电动机等)，如有问题应检修或更换。

4. 调试

(1)完成全部安装，一切准备妥当，经彻底检查合格(包括电器安装、接线无误)后方可准备调试。

(2)当所有调整工作完成后，第一次试运转在干槽内进行，在试运转前要布置安全警戒线及警告告示牌，非调试人员不得进入调试现场，以免发生意外事故。

(3)在调试运转时要配备专门操作人员，以便在紧急情况下关停机器。

(4)接通电源，使格栅按顺时针方向运转，运转时应正常，无异常噪声，无卡阻现象。

(5)在干槽内试运转检查合格后，方可负载运行。

(6)试运行时应手动操作。进行反复来回操作确认工作正常后，方可用自动控制运行和试车。

(7)开启电控箱内开关(电源指示灯亮)。然后按绿色运行键，如出现问题应立即按红色停止键。

(8)调试无误后，启动时间继电器进行设备的间隔运行。

(9)经反复调试后，方可投入生产运行。

5.4　除砂设备的安装调试

5.4.1　旋流沉砂池除砂设备的安装

1. 除砂设备工作原理

旋转阀门式真空泵和沉砂提升泵(提砂泵)是平行工作的,在吸砂管道空载时,启动系统工作 30～40 s,当液体位置达到一定水平时,提砂泵开始工作,并由于提升压力而打开球式止回阀,开始正常的提升砂的工作。

真空泵与提砂泵配套使用,在提砂泵需开启时能在短时间内启动砂粒浓缩器,使含有有机物及砂粒的废水利用提砂泵的扬程,沿筒体切线方向高速进入浓缩器内,砂粒及少量的水沿底部出口排出,进入螺旋式的砂水分离机,要求至少 93%～94%的水及 95%～96%的剩余有机物质沿砂粒分离器的顶部出口溢流出来,回流至沉砂池的进水渠道。

2. 施工流程

施工流程图如图 5.1 所示。

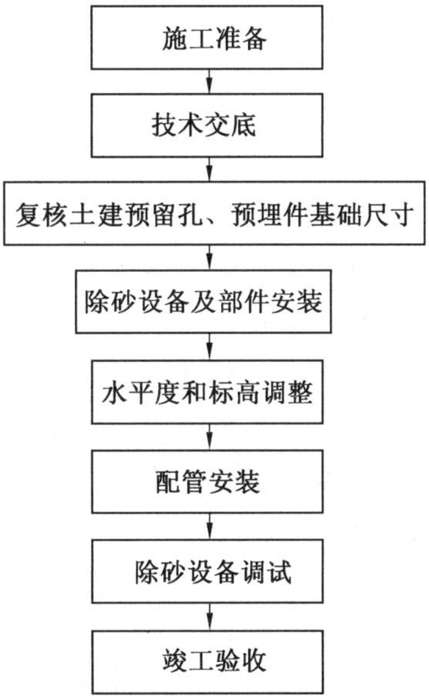

图 5.1　施工流程图

3. 安装过程

(1)复核土建预留孔、预埋件、基础尺寸。

在安装前测量格栅机预留孔、预埋件、基础尺寸,检查其尺寸与设备尺寸是否相符,如相符可进入安装,如不相符则要按实际除砂设备及部件安装尺寸进行调整。设备的安装位置与高程应符合技术文件规定,基础水平度和标高调整施工后要求平整坚实。

(2)除砂设备安装特点。

①各台设备的分部件在现场组装,各种管路在现场连接安装。

②各台设备的安装部件之间的连接配合关系和安装顺序应以除砂设备调试制造厂家的安装手册为准。

③各构筑物上设备安装连接的管路系统应以施工图和设备安装竣工验收资料为准。

④要求各管路无渗水现象。

(3)除砂设备安装注意事项。

①设备基础应平整,安装固定可靠。

②各连接口应无渗水现象。

③桨叶式分离机应保证桨叶板倾角一致,并保持平衡。

④除砂设备安装允许偏差应符合表 5.2 的规定。

表 5.2 除砂设备安装允许偏差和检验方法

序号	项目	允许偏差	检验方法
1	设备平面位置	10 mm	尺量检查
2	设备标高	±20 mm	用水准仪与直尺检查
3	桨叶式立轴垂直度	≤1/1 000	用垂线与直尺检查

4. 除砂设备单机调试

(1)检查安装牢固程度,固定螺栓连接是否紧固。

(2)由电气工程师检查设备电气线路是否接线正常。

(3)电机绝缘不应小于 5 MΩ。

(4)检查联轴器是否在中心线上,手动盘车是否正常。

(5)电动设备,观察转向是否与标识一致。

(6)当前期工作完成无误后,池内放水进行通电正式试车。

(7)进行通电试车,观察电压、电流是否符合设备要求(电流、电压应为铭牌上标出额定值±10%)。

(8)观察设备的振动、声音是否正常。

5.4.2 平流沉砂池桥式除砂设备的安装

(1)除砂机安装前应复核沉砂池的主要尺寸,其偏差应符合下列要求。

①两行走轮轨道面相对高程偏差应小于 10 mm。

②导向轮导向面相距偏差应小于 20 mm。检验方法:用水准仪、钢卷尺测量。

(2)主梁与轮架的组装必须符合下列要求。

①主梁水平方向两对角度线偏差不得大于 5 mm。

②主梁与轮架连接牢固可靠、接触紧密,各结合面的接触面积不得小于 70%,局部间隙不得大于 1 mm。检验方法:观察检查和用塞尺检查。

(3)前后轮之间在水平方向的对角线长度偏差不得大于 5 mm。检验方法:钢卷尺测量。

(4)同侧两行走轮的轴距偏差不得超过±4 mm。检验方法:钢卷尺测量。

(5)全部行走轮与轨道面均匀接触,不得有悬空现象。检验方法:全行程移动,观察检查。

(6)导向轮与池壁的间隙,夏季安装时不得大于 4 mm,冬季安装时不得小于 5 mm。检验方法:在两池端点 5 m 长度范围内移动检查,用钢板尺量。

(7)全部行走轮、导向轮必须转动灵活,不得有卡阻现象。检验方法:用手盘动轮子。

(8)限位开关安装调整应符合下列规定。

①保证除砂机任何部位与池壁不发生碰撞,有关部件与池壁的最小距离应不小于 5 cm。检验方法:观察检查。

②除砂机的终端限位开关安装调整正确后,安装固定式止动器时,应使限位感应器开关距离止动器至少 1 cm。检验方法:观察检查。

(9)吸砂泵的安装应符合的规定如下。

①吸砂泵叶轮转动灵活,无碰撞和卡阻现象。检验方法:从泵的排出口拨动叶轮进行检查。

②吸砂泵沿导向装置升降平稳。提升装置工作正常。检验方法:进行现场操作试验。

③泵的出口法兰与连接座端面法兰接触紧密。检验方法:观察检查。

(10)浮渣刮板安装要求如下。

①升降灵活,位置准确。

②开始刮渣时,浮渣刮板下部的滚轮应与池端部的斜坡紧贴,滚轮与斜坡最低点的最小垂直距离为 0.5 mm。检验方法:进行现场操作试验。

(11)电缆盘安装应符合设备技术文件的规定。

(12)电气接线应符合设备技术文件中电气原理图的要求。检验方法:按图纸检查。

(13)排砂管安装的水平度和垂直度偏差不大于1/1 000。检验方法:用水平仪、吊线锤、钢板尺检查。

(14)吸砂泵中心线与沉砂池底部的沉砂槽中心线的允许偏差不超过 5 mm。检验方法:用钢卷尺测量。

(15)在起始端,吸砂泵中心线距池壁符合设计要求,允许偏差不超过±10 mm。在排渣端,吸砂泵中心线距池壁符合设计要求,允许偏差不超过±10 mm。

(16)整机安装完毕,须进行无负荷试运转。要求如下:

①应全行程往复运行 4 个工作循环。

②试运转时,行走机构、浮渣刮板、吸砂泵和电动电缆盘工作正常。

③手动和自动开停的各项动作正确。

5.5 砂水分离器的安装及试车

5.5.1 吊装及运输

先用汽车及吊车将砂水分离器及部件运至安装现场,地面上铺上枕木,将砂水分离器及部件轻放至枕木上,然后用葫芦、大力绳将砂水分离器及部件吊至安装部位,砂水分离器的吊装及运输应做到轻吊、轻放、平稳。

5.5.2 安装技术要求

(1)安装必须严格按照厂家技术资料执行。

(2)相邻机壳法兰面的连接应平整,其间隙不应大于 0.5 mm,机壳内表面接头处错位不应大于 1.5 mm。

(3)机壳法兰之间宜采用石棉垫片来调整机壳和螺旋体长度之间的积累误差。

(4)螺旋体外径与机壳之间的最小间隙应符合表 5.3 的规定。

表 5.3 螺旋体外径与机壳之间的最小间隙 mm

<table>
<tr><td>螺旋体外径</td><td>100</td><td>125</td><td>160</td><td>250</td><td>315</td><td>400</td><td>500</td><td>630</td><td>800</td><td>1 000</td><td>1 250</td></tr>
<tr><td>最小间隙</td><td>3.75</td><td colspan="4">5</td><td>6.25</td><td>7.0</td><td colspan="2">7.5</td><td colspan="2">10</td></tr>
</table>

(5)螺旋输砂槽中各个中间轴承应可靠地固定在机壳上，相邻螺旋体连接后，螺旋体转动应平稳、灵活，不得有卡阻现象；螺旋体轴线的直线度偏差，宜在轴承底座与机壳之间加垫片调整。

(6)输砂机直线度重合度的允许偏差和检验方法见表 5.4。

表 5.4　输砂机直线度重合度的允许偏差和检验方法

序号	项目		允许偏差/mm	检验方法
1	机壳直线度		1～3	拉钢丝线用钢板尺子检查
2	轴承中心线与输砂机纵向中心线的重合度		1	
3	螺旋与机壳	两侧间隙	2	用钢板尺子检查
		底部间隙	2	

(7)砂水分离槽必须按设计图纸安装并安装高程符合设计图纸的要求，注意安装的坡度和方向。

(8)机壳连接处出料口与漏斗的连接法兰面应互相平行，不应使用弹性连接，连接应紧密，没有间隙。

5.5.3　试车

砂水分离器安装后试车必须按照制造厂家有关技术资料并在厂家指导下进行。砂水分离器空负荷连续试运转 2 h 以后，其轴承温升不得大于 40 ℃。负荷试运转时，卸料应正常，应无明显的阻料现象。

5.6　曝气器及管路系统的安装和测试

5.6.1　微孔曝气系统的安装调试

(1)曝气及管路系统的安装，必须按设计图的要求分组敷设。

(2)曝气器橡胶膜片的充氧效率、服务面积、动力效率、水头损失及物理、力学性能必须符合曝气工艺要求，并有供货商提供的性能试验报告。

(3)管材、管件和托盘的质量必须符合下列规定。

①管材、管件和托盘的物理、力学性能必须符合相应规定。

②管材、管件和托盘内外壁光滑，不得有气泡、裂纹、明显划痕或凹陷。

③管材端面必须平整并垂直于轴线。

④管材不得有异向弯曲，直线度偏差不得大于 2/1 000。

⑤管材、管件和托盘的颜色应一致，无色泽不均及分解、变色现象。

⑥曝气器和管路系统安装前，必须清除内外表面的飞尘、污垢及杂物。

⑦曝气管安装标高偏差及曝气器顶面标高偏差应小于±5.0 mm。

⑧管路系统的全部连接应严密，不应有泄漏现象。

⑨管路的螺纹连接应符合下列规定：接口处应保持洁净，用手旋紧螺帽，并用专用扳手拧紧，用力需适当，以防螺帽胀裂。橡胶密封圈应平整紧贴，均匀压实。

⑩管路支架安装应符合下列要求：管路支架的形式、规格应符合设计要求；支架的间距、

位置及固定方式应符合设计要求；支架安装平整牢固，支架与管身之间应留有微隙。

⑪立管安装垂直度偏差应小于 3 mm/m，全长不大于 10 mm。

⑫冷凝排水管安装高程应符合设计要求，放水阀应畅通。

⑬管道系统安装完毕，以清洁的压缩空气吹扫后方可安装橡胶膜片。

(4)微孔曝气器构造和工作原理。

HILIP－300 刚石微孔曝气器为盘式结构形式，主要由压盖、密封圈、曝气盘、单向止回阀、支座等组成。刚石曝气盘体采用 56～60 码刚玉砂高温烧制而成，曝气孔径为 100～150 μm，确保产生的气泡直径在 13 mm，在曝气器内部设置高性能的密封止回阀，有效防止污水倒流。曝气器底座与曝气管之间采用锥形螺纹连接，使曝气器与空气的连接更加紧密，不会产生漏气现象，同时便于曝气系统的连接、拆卸及更换。

(5)施工流程图如图 5.2 所示。

(6)施工过程。

①复核土建预留孔、预埋件、基础尺寸。

在安装前测量微孔曝气系统的立管、支管、曝气器预留孔、预埋件、基础尺寸，检查预留孔、预埋件尺寸与曝气器尺寸是否相符，如相符可进行安装，如不相符要按曝气器实际尺寸进行调整。曝气器的安装位置与高程应符合图纸和技术文件规定，安装后要求平整坚实。

②微孔曝气系统安装特点。

a. 池内适当高度建立水平线，作为安装曝气头水平调整基准线，曝气管的安装水平度允许偏差为±5.0 mm。

b. 底盘与曝气干管连接后，底盘面与管轴线垂直方向误差不超过 5 mm。

c. 调整鼓风机、空气过滤器并使其处于良好状态，并达到除尘要求。保证鼓风机、曝气系统处于良好的工作状态。

d. 鼓风机出气管与池内进气干管连接前，用鼓风机吹脱30 min，吹除空气管中的杂质，吹脱干净后才能连接。

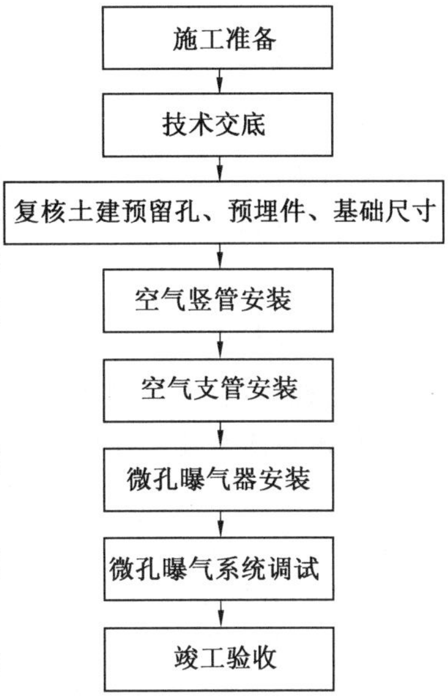

图 5.2 施工流程图

(7)安装微孔曝气系统的注意事项。

①安装前检查曝气头外观，曝气头外观大小、形态应一致，应无破损、无堵塞。

②对所有于曝气池内安装的空气管应进行必要的吹脱或清洗，避免管内残存杂质，消除曝气头堵塞的隐患。

③对无法一次安装完成的曝气头、曝气管，在停工休息时，应采用封堵、妥善存放曝气头等保护措施，防止杂物进入曝气管或曝气头。

④空气管固定在池底时，空气管应有足够的锚固力，在任何条件下保证空气管路稳定无上浮。在污水中为避免管路因热胀冷缩而损坏，固定支架设为可调。在垂直方向调节，保证池内所有微孔曝气器都保持在同一水平面上。

⑤曝气器应牢固。曝气产生的冲击力影响 3 m 半径区内，明敷设管应采取加固措施。

⑥微孔曝气器的接点应紧密，管路基础应牢固、无泄漏。

⑦曝气器安装允许偏差应符合表 5.5 的规定。

表 5.5 曝气器安装允许偏差和检验方法

序号	项目	允许偏差	检验方法
1	曝气器平面位置	10 mm	尺量检查
2	曝气器标高	±10 mm	用水准仪器检查
3	布置主支管水平落差	±10 mm	用水准仪器检查

(8)曝气器和管路系统安装完毕,应进行充气试验以检查曝气器曝气的均匀性和管路连接的严密性。充气试验时,曝气器内灌入清水,水面高度超过曝气器顶面 10～15 cm。充气试验过程中如发现问题应立即处理,然后再次充气检查,直至合格。

5.6.2 表曝机的安装调试

1. 表曝机的安装

(1)表曝机主要由三部分组成:电机、减速箱和叶轮。这三部分用螺栓连接便成为整机。

(2)按工艺安装图纸预埋机架地脚螺栓。平面位置偏差允许值±10.0 mm,曝气机的水平偏差允许值±5.0 mm。机架水平度允许值 5/1 000。上下跳动偏差允许值±5.0 mm。径向跳动偏差允许值±5.0 mm。

2. 安装前检查

(1)检查设计强度等级的地脚螺栓露出混凝土平台的部分全长螺纹是否完好无损,使用水平仪测量所有地脚螺栓是否预埋在同一水平高度。

(2)检查用于连接减速机和基座地脚螺栓的符合设计强度等级的螺栓、弹簧垫圈、平垫圈是否已经准备好。

(3)检查用于连接减速机和叶轮的符合设计强度等级的螺栓、螺母、弹簧垫圈、平垫圈及适用的可加长的扳手是否已经准备好。

(4)检查用于连接减速机和电机的符合设计强度等级的螺栓、弹簧垫圈、平垫圈及适用的扳手是否已经准备好。

3. 安装步骤

(1)用吊车或简易机架将表曝机的钢基座放入预埋地脚螺栓,使用调整螺母或钢垫钢板将钢基座调平至设计高程,并固定牢固。

(2)叶轮吊装就位。

将减速机起吊调整机架安装到地脚螺栓位置上,然后起吊叶轮至机架中心,并用满足强度要求的钢管挂好。

(3)减速机与叶轮连接。

叶轮就位后,使用吊车或葫芦将减速机(不包括电动机)吊起,认真清洁减速机输出轴联轴器和叶轮的联动轴法兰的结合面(必要时使用溶剂去除油漆),然后将减速机慢慢放下,将减速机输出轴联轴器和叶轮联动轴法兰对中后将螺栓穿入,并按法兰螺栓拧紧顺序逐一锁紧螺母。由专人逐一检查螺母锁紧情况。

(4)减速机安装。

将减速机连同曝气机叶轮整体吊起,抽出穿在叶轮法兰端的钢管,慢慢地将减速机和曝气机叶轮一起吊放到已经基本就位的钢制基座上。将减速机的基座与减速机用螺栓连接起来并确实锁紧。由专人逐一检查螺母锁紧情况。

(5)减速机与叶轮测量校正。

使用水平仪、标尺等高精度测量仪，测量同一池内减速机之间的相对高度差和减速机与出口溢流堰板之间的相对高度差。必要时，通过旋转地脚螺栓上的调整螺母或垫钢板对减速机连同曝气机叶轮的高度做适当的调整，在调整时要注意使地脚螺栓上的螺母基本在同一水平位置。

(6)电机安装。

将减速机输入轴端口保护壳上小方窗的盖打开，然后将电动机吊起，慢慢地放到减速机上，必须同时注意以下几点。

①事先将尼龙减振器放在减速机输入轴的爪形联轴器凸轮爪之间。

②电动机输出轴的爪形联轴器凸轮爪形体应处于尼龙减振器和凸轮爪形体之间(可以将手通过小方窗伸入保护壳内转动联轴器做到这一点)。

③电动机输出轴端的法兰与减速机输入轴端的法兰必须对中而且螺栓孔对正。

④电动机接线盒方向根据设计文件确定。

⑤锁紧法兰连接螺栓。

⑥手动旋转联轴器确认转动顺畅后关上减速机输入轴保护壳上小方窗的盖。

⑦减速机注油。将减速机上的加油孔盖打开，加入专用润滑油至壳体上方的设计上规定的油位刻度范围内，装回并拧紧加油孔盖，确保呼吸器畅通无堵塞。

⑧完成安装。据上述步骤安装检查完成后，清理场地，保证作业环境的干净，不污染现场池体。

4. 重要注意事项

(1)不加足油量不能开动电动机。

(2)电机接线必须由合格的电工进行，并由合格的电气工程师检查。

(3)安装前请先认真阅读有关安装说明书、手册。

(4)安装时必须按照国家有关规定，采取有关安全措施。

5. 调试

(1)在给减速箱安装基座抹砂浆之前，必须对叶轮进行检验：检查运行功率与淹没深度的关系。这是必需的，这样可以确保当水位处于正常流动的最佳数值时，叶轮的最终高度与电机的额定电流相对应。换句话说，在设计水位时，功率取用值不应超过设计功率。当这些条件满足之后，便可以为安装基座抹上砂浆。

(2)启动前检查。

①检查减速箱油位是否达到标尺的刻线。

②检查电机的减速箱底部轴承是否已经注入黄油。

③检查电机的接线是否正确。

④用兆欧表测电机绕阻电阻是否符合要求；检查电机是否受潮或有其他问题。

⑤保证抗冷凝加热器工作正常。

⑥检查曝气区是否有漂浮物或有固定的障碍物影响叶轮自由转动。

(3)启动。

①在控制柜的手动状态下启动表曝机。立刻观察其转动情况,如果发现运转及水的流动情况很好,便按要求检查运行电流。如果发现有水飞溅,但产生很小水流,最大的可能是电机反转,应立即停机。为了纠正这一状态,用控制按钮停机,然后将三相电源线的任何两相(不是地线)互换,启动电机并检查电流取用情况。

②运行表曝机 1 h,检查取用电流是否稳定,电流表上指示电流是否正确。电机的满载电流随制造商不同而略有差异,检查电流值与铭牌上的情况一致,并记录在控制柜门上以供参考。检查是否有油渗漏或其他任何异常情况发生,如振动过大、噪声或机体过热。

③在初次启动过后,立即用精密检定过的电流表测量三相电流。应及时排除异常情况,如果表曝机取用电流正常,在初次启动后 30 min,重新检查一遍,这就使得电机和减速箱有足够的"热身"时间。此时得到的读数应为正常工作时的读数。

5.6.3 水平转刷曝气机的安装调试

1. 安装

(1)安装前,详细阅读设计图和转刷曝气机厂家提供的安装图及技术资料。

(2)复测土建结构尺寸与转刷曝气机安装尺寸是否相符,不符合部分应进行修整。

(3)转刷曝气机的位移:池面上的转刷曝气机采用卷扬机与滚筒配合,利用钢平台把转刷曝气机牵引到位,须按安装顺序,边安装边倒运。

(4)由于转刷曝气机的构件、配件分散堆放及安装编号各不相同,因此安装前必须按每台转刷曝气机安装顺序进行编号。参加安装的工程技术人员、管理人员及技术工人都必须接受安装技术交底,熟悉审查施工图,研究施工条件,编制安装方案。

(5)根据安装要求、复核、校对转刷曝气机的高程、定位尺寸和安装尺寸。认真核对转刷曝气机的安装高程是否与设计水位、出水调节堰体闸门高程相符合。

(6)转刷曝气机的构件和传动轴,由于运输装卸易产生变形,在安装前应校正,部分转刷曝气机需矫正后,在地面上试拼装,检查其各拼装尺寸。

(7)转刷曝气机安装的垂直度、水平度、同心度、间隙、高程应精密调整,严格把关。

(8)转刷:先安装轴承座,固定基座螺栓,再安装减速机传动机构,传动轴支承座等。

(9)转刷主机在吊装不到位时,采用人字架吊装。

(10)转刷曝气机两端轴承偏差不大于 5/1 000,前后偏移量不大于 5/1 000。

(11)两端轴承中心与减速机输出轴中心同轴度不超过 5/1 000。

2. 调试

(1)调试前应检查接线端子是否接对、接牢,是否存在短接现象。

(2)检查各电气元件是否与电动机功率相匹配。

(3)检查转刷曝气机转动部位与传动部位是否有卡阻现象。

(4)检查电动机绝缘电阻与接地电阻值。

(5)启动开关,检查电动机转动方向是否相反。

(6)检查调整转刷的机构的各安装尺寸,使其在正常运行情况下发挥其最大的曝气功能。

5.7　生物混凝土滤板填料支架的安装

5.7.1　对混凝土过滤梁的要求

为确保滤板的安装精度，首先必须要求滤板下的过滤梁的施工质量得到保证，其平整度不大于±10.0 mm。

5.7.2　对混凝土滤板的制作要求

1. 预埋件

过滤板中预埋件应按照设计图中所提供的数量和位置准确地预埋好。

2. 原料、材料

(1)水泥：水泥的强度等级为 32.5 级。

(2)碎石：公称粒径 5～25 mm，针、片含量(以质量计)不大于 15%，含泥量(质量分数)不大于 1%，无有害物质，颗粒级配符合要求。

(3)砂：采用中细天然砂，粒径 0.5～2.5 mm，颗粒级配符合要求，含泥量不大于 3%，无有害物质。

(4)用水：采用符合国家饮用水标准的地表水或地下水，严禁使用海水或工农业污水。

(5)混凝土强度等级要求：符合 C25 级配混凝土要求。

(6)钢筋：采用余热处理钢筋(GB 13014—2013《钢筋混凝土用余热处理钢筋》)。

3. 模具

(1)采用一次性三维立体模具，以确保板的平整度符合要求。

(2)钢模制作，按图纸规格标准，误差不大于±5.0 mm。

4. 技术指标

混凝土强度等级 C25～C30，双层双向 $\phi 10$ 配筋，上向承压 15 t/m^2，下向承压 12 t/m^2。

5. 生产工艺条件及要求

按 GB 50204—2015《混凝土结构工程施工质量验收规范》执行外观要求：表面平整，无倒错、斜歪、遗漏，套管内无堵塞。按图纸进行滤板浇制养护，滤板平整度为±10 mm，滤头预埋件气密性好，螺栓周围不会出现泄漏现象。钢筋骨架制作：按图纸规格标准及保护层要求，做到钢筋落料规格准确，扎丝牢固。

5.7.3　对混凝土滤板安装的要求

(1)确保过滤梁的平整度后，采用卷扬机或吊机按照图纸规格水平吊装到指定位置，滤板在放下时检查过滤梁上是否平整干净、无任何杂物，注意不要碰坏过滤板的四个角，以及滤板拉绳在吊装时不要碰坏滤头预埋套管，避免滤头安装不好而导致漏气、漏水。

(2)滤板吊装到过滤梁上后，用水平尺或拉线检查滤板间的平整度，确保其在安装精度范围内，如不能达到要求，垫 PVC 薄垫片，调整平整度。最后使每格滤板的平整度不大于

±2 mm，每组过滤池间滤板的平整度不大于±5 mm，然后按照设计要求进行二次浇灌密封和不锈钢压板的压紧处理。

(3)过滤板上不能承受过大的集中载荷或碰撞冲击，以免滤板变形。

5.8 消毒系统机械设备的安装调试

5.8.1 加氯消毒系统机械设备的安装调试

1. 氯气瓶的安装

(1)小型氯气瓶(50 kg、100 kg)为立式放置，使用过程中应注意保持稳定，不得倒置。采用台秤称重时，为保证氯气瓶立放稳定，可采用支架和保护链索固定。

(2)卧式氯气瓶安装时，氯气瓶上的2个出氯阀门的连线应垂直于地面，最上面装氯气阀门，下面为液氯阀。如直接向加氯设备供氯气，则氯气瓶的端部应稍微垫高，并将出氯气管接在上面的阀门上；若向蒸发器输送液氯，则氯气瓶的端部应稍微放低，出氯管道接在下面的阀门上。

(3)氯气瓶在运输时，应旋紧保护帽，妥善加以固定，轻装轻卸。烈日下应有遮阳措施，防止暴晒。运输车应有明显的剧毒标志，防止外人接近，并且车上应备有抢修工具、防毒面具等。

(4)出氯气管与氯气瓶的连接应严密，不得漏气。当周围发现氯味时，调试人员应迅速关闭氯气瓶的氯气阀门，暂时撤离现场，待经过处理及氯气味消失以后，再检查漏气部位。

2. 液氯蒸发器的安装

(1)在供气量较大的投入系统中，考虑到液氯常温气化速度较慢，为了保证及时供氯，需采用液氯蒸发器。

(2)液氯蒸发器系统一般由电加热器、蒸发器、热水箱、膨胀室、泄压阀、真空调节器、控制盘等组成。

(3)对蒸发器、电加热器、控制盘、报警装置的电源电压、功率等应严格按制造厂规定给予保证。

(4)水箱内应加入纯水(亦可加饮用水)。水压一般在0.07～0.93 MPa范围内。正常水位在液位计量器最大刻度的2/3～3/4。

(5)采用阴极保护装置的应向水中投加硫酸钠，以增加水的导电性，大致投放量为113.0 g，可使水箱中水的电流值保持在250 mA左右。

(6)依据泄压装置安全膜爆破压力，确定保护管道和泄压阀排气管的材质、规格和长度。

(7)液氯蒸发器的控制系统应采用电接点仪表对氧气压力、氯气温度及水温进行自动监测和控制，其电气设备和管路及其阀门等附件的质量及安装的可靠度很重要，一定要认真安装施工。

(8)控制箱可与蒸发器一起就地安装。

3. 氯气瓶切换系统的安装

(1)手动切换系统。

人工操作的加氯系统在氯气瓶用尽后，可手动进行切换。手动氯气阀门应安装在靠近气源的地方，并应固定在支架或墙壁上。

(2)气源自动切换系统。

①真空驱动自动切换装置是利用在用氯气瓶用完后氯压下降，真空调节器上的真空密封阀门立即关闭，而使在用系统中的真空度上升，从而在切换器的弹性装置的作用下，与空氯气瓶相连的阀门关闭，同时与备用氯气瓶相连的阀门开启，达到切换氯气瓶的目的。该装置应用于氯气瓶的出口使用真空调节器的场合。

②该切换装置可以固定安装在墙上，用 ABS 软管与氯气瓶接出的真空调节器相连，出口亦可用 PVC－U 软管引入加氯机。

③该切换装置调试应与加氯机同时进行。先打开加氯点投加水喷射器压力水阀门，待确认水喷射器工作正常后，打开一路氯气瓶总阀，然后打开真空调节器手动氯阀；投氯运行之后再打开另一路氯气瓶总阀和真空调节器手动氯阀，关闭氯气瓶总阀，观察真空驱动自动切换装置是否动作，再用同样的方法进行切换调试，使另一路氯气瓶工作。确认动作无误方能正式投入供氯运行。

④对供氯气量较大的有压力供氯气系统，应采用电动切换阀进行氯气瓶自动切换。

⑤从支管到加氯机的所有供氯气组件均采用无缝钢管连接，并加以有效的固定。电动阀在安装前应进行单体试动作。安装完毕后，管道及各部件要进行试压，合格后进行调试。调试前应将电接点氯压表调节到 0.05～0.10 MPa。其余调试方法同真空驱动自动切换装置一致。

4. 真空调节器的安装

(1)真空调节器是负压式加氯系统的重要部件，可以起到调节真空和保护系统正常运行的作用。

(2)单体真空调节器可根据需要设置于不同位置，可安装在氯气瓶的总阀门上，亦可安装在供氯气管道的支管上。由于其体积比较小，所以不必再用支架固定。有压供氯系统的加氯机已将真空调节器与整个加氯机组织合在一起，所以不必另外安装。

5. 出氯管道的安装

(1)输送液氯管道可用加厚无缝钢管或耐压氟塑料管，支管可用退火铜管或氟塑料管，垫片材料可采用石棉板或氟塑料填料函。

(2)要杜绝管路系统的泄漏，并特别注意阀门与管件连接处的安装。

(3)在安装时，尽量采取管道煨弯及焊接，以减少管件连接。

(4)管道安装时，管道内的杂物、杂质一定要清理干净，防止堵塞投氯设备。

(5)从氯气瓶到加氯机之间的输氯管安装完毕后，要进行压力试验，试验合格后才能使用。

6. 压力式投加

压力式投加即是将投加水喷射器设置在加氯机附近，可作为加氯机的一个部件与其连成一体。与水混合后的液氯以压力流体形式被输送到投加点。

7. 负压力式投加

负压力式投加即是将投加水喷射器设置在投加点附近，从加氯机到水喷射器段管道呈负压状态输氯气。万一此段管道损坏，管道内负压消失，与之配套的真空调节器自动关闭，并可报警，能有效地防止漏氯事故的发生。

8. 真空加氯机的安装调试

真空加氯机主要由真空调节阀、流量控制器和水喷射器等组成。

(1)配置。

①组成：真空调节阀由坚固的塑料和金属制成。调节阀出厂前已调节好，可使氯气瓶压力降到最佳运行的真空度，也可用特制工具进行现场调节。

②流量控制器：由流量调节阀、流量计、指示器、差压调节阀门等部件组成。

③水喷射器：内设止回阀，系统停气时关闭，使水与气路隔开，防止水逆流进入系统。

(2)安装要求。

①最好将加氯机与氯气瓶分房间放置。

②将真空调节阀接在供氯系统出氯支管上，用 PVC－U 或 ABS 管连接调节阀出口至流量控制器(一般已装设在加氯机箱柜内)，连接流量控制器出气嘴至水喷射器，并将真空放泄阀门排气管接至室外，并在其端头套上防虫网。

③水喷射器应尽可能在投加点附近，水平安装在压力水管上，其进水压力应根据水喷射器出口(投加点)压力及水喷射器工作性能计算。该加氯机的水喷射器出口(投加点)允许最大压力为 0.5 MPa。

④用 PVC－U 管或高压橡胶管将水连接至水喷射器的投加点(距离以短为好)。

(3)调试。

①手动控制。

a. 首先确认水喷射器工作水压力是否满足要求，然后打开压力水阀门，用手感测试真空接口的抽吸力。如抽吸力小或向外出水，则需检查水喷射器后的闸阀是否开启及管道是否畅通。

b. 真空调节阀安装完毕，要进行密封性试验。先把氯气瓶与调节阀之间所有接头装好拧紧，然后打开氯气瓶，用氨水或 pH 试纸依次检查所有的接头。如产生白色烟气或试纸变色，则表明该接头泄漏，需重接，直到无泄漏为止。

c. 排气管装至室外，出口应低于流量控制器，并检查所有管道安装是否正确。

d. 检查管道的气密性：关闭调节阀，将黑色旋钮转至“OFF”，打开水喷射器压力管阀门，水喷射器开始工作，数秒钟内气源指示器转至红色，表明气密性良好。如指示器无变化，或变化缓慢，应检查真空管路何处损坏或漏气，直至维修完好为止。

e. 在管路气密性良好的情况下，将调节阀黑色旋钮转至“ON”，使系统运行。调整流量控制阀红色旋钮直到所需要的加氯量。

f. 停止调试：关闭氯气瓶阀门，指示器显红色后关闭电源、水源。调试完毕。

②自动控制。

a. 加氯机有流量配比控制、直接余氯控制和复合环路(流量、余氯)控制三种控制方式供选用。

b. 检查所有应接入的信号(流量、余氯等)是否正常。

c. 启动已经经过手动调试的加氯机。

d. 将加氯机的控制按钮打到“自动”位置上。

e. 观察、记录余氯数据，并采取变化水量的办法检查余氯变化幅度、变化时间值(滞后时间)是否正常。

f. 设置高低余氯报警值,并手动调节氯量调节阀,检验报警效果。

9. 漏氯事故处理

(1)发生轻微漏氯时,应查出漏气地点,再关闭氯气瓶出氯总阀,针对漏气部位进行修理。

(2)漏氯量较大,一时判断不出漏氯气点时,应先关闭出氯总阀,打开排气设备,排出室内氯气后,再将出氯总阀开启少许,查出漏气部位和原因,再关闭出氯总阀加以修理。

(3)大量漏气,又无法制止时,要保持冷静,人居上风向,立即戴上防毒面具进行抢修,视漏气原因,可以用木、竹签、青铅、铝嵌入塞打入,或用抱箍箍紧,直至无漏气。氯气瓶内的剩余氯气要转移到完好的空瓶中去。

(4)不能制止漏氯时,可将氯气瓶转移到附近的水体之中,也可用大量水喷向出氯口,使氯气溶入水中并将水排入污水管道。另外也可把氯气出气部分接到碱溶液内进行中和反应。每 100 kg 氯气消耗 125 kg 烧碱(30%质量分数),或 300 kg 纯碱(25%质量分数)或 1 000 kg氢氧化钙(10%质量分数)。

5.8.2 紫外线消毒系统的安装

1. 紫外线系统概述

明渠式低压高强灯紫外线消毒系统设计采用模块化结构,为室外全天候设计安装,不需要任何房屋构造及辅助设备设施,大大节省了设备安装投资。系统采用可变功率输出电子镇流器实现剂量同步控制,节省电损耗并延长灯管使用时间。该紫外线系统带有经实践证明的高效化学式自动清洗装置,从而真正做到免除人工将灯管拿到渠道外用清洗液化学清洗的需要,大大降低了系统维护需求及减轻了劳动强度,并保证了灯管的清洁和消毒性能。自动清洗系统不需要用人工化学清洗的辅助设备或设施(如清洗罐或其他设备及煤气搅拌装置等)。

紫外线消毒系统的作用和性能:经沉淀池流出的水中仍含有细菌,药物消毒将造成二次污染,而用紫外线消毒是一大进步。该系统消毒性能可靠、效率高。该系统由紫外线灯管、自动清洗装置,自动控制柜组成。

2. 施工流程

施工流程如图 5.3 所示。

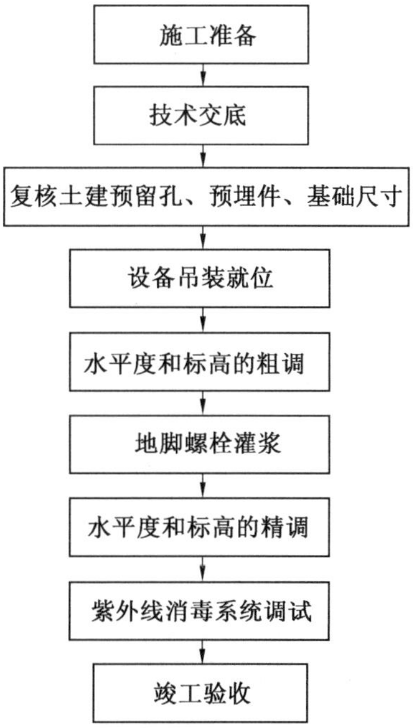

图 5.3 施工流程

3. 施工过程

(1)复核土建预留孔、预埋件、基础尺寸。

在安装前测量紫外线消毒系统设备预留孔、预埋件、基础尺寸,检查其与紫外线消毒系统设备尺寸是否相符,如相符可进入安装,若不相符要按紫外线消毒系统设备实际尺寸调整。紫外线消毒系统设备的安装位置与高程应符合图纸和技术文件规定，基础施工后要求平整坚实。

(2)紫外线消毒系统的安装特点。

①紫外线消毒系统安装于混凝土基础上，利用地脚螺栓进行固定。在安装前应按照设备说明书所标示的安装尺寸来检查基础预留螺栓孔。

②接着按照紫外线消毒系统设备定位图进行基础放线和对安装基础面进行处理，应有比较平整的安装面。基础处理采用凿打平整的方法，利用0.1/1 000的水平尺检查处理后的水平度。

③基础处理完后，即将紫外线消毒系统设备吊装就位，进行机体水平度和标高的粗调，精度达不到要求的利用垫钢板来进行调整。

第6章　大气污染控制设备

大气污染治理分为除尘、脱硫、脱硝，以及氨气、硫化氢、氟化氢、挥发性有机气体等气态污染物处理等。相应的处理技术工艺、设备种类繁多。本章重点介绍目前常用及今后重点研发的除尘设备（如袋式除尘器、电除尘器）和气态污染物净化设备的结构、特点及选用。

6.1　除尘设备

6.1.1　除尘设备的性能、分类及选择方法

1. 除尘设备性能指标

除尘设备性能指标包括技术性能指标和经济性能指标，其中，前者包括含尘气体处理量、除尘效率、阻力，后者包括总费用（含投资费用和运行费用）、占地面积、使用寿命。上述各项指标是除尘设备选用及研发的依据。表6.1列举了除尘设备的分类及基本性能。

表6.1　除尘设备的分类及基本性能

类别	除尘设备形式	阻力/Pa	除尘效率/%	投资费用	运行费用
机械式除尘器	重力沉降室	50～150	40～60	少	少
	惯性除尘器	100～500	50～70	少	少
	旋风除尘器	400～1300	70～92	少	中
	多管旋风除尘器	80～15000	80～95	中	中
湿式除尘器	喷淋洗涤器	100～300	75～95	中	中
	文丘里除尘器	5 000～20 000	90～98	少	高
	自激式除尘器	800～2 000	85～98	中	较高
	水膜式除尘器	500～1 500	85～98	中	较高
过滤式除尘器	颗粒除尘器	800～2 000	85～99	较高	较高
	袋式除尘器	800～2 000	85～99.9	较高	较高
电除尘器	干式静电除尘器	100～200	85～99	高	少
	湿式静电除尘器	125～500	90～99	高	少

2. 分类

从气体中去除或捕集固态、液态微粒的设备称为除尘装置或除尘器。按捕集分离尘粒的机理可将除尘器分为机械式除尘器、湿式除尘器、过滤式除尘器和电除尘器四大类。

(1)机械式除尘器。

机械式除尘器通常指利用质量力(重力、惯性力和离心力等)的作用而使尘粒与气流分离的装置,包括重力沉降室、惯性除尘器、旋风除尘器、多管旋风除尘器。

(2)湿式除尘器。

湿式除尘器是利用液滴、液膜、气泡等,将含尘气流中的尘粒和有害气体去除的设备。湿式除尘器的种类很多,通常情况下,耗能低的主要用于治理废气,耗能高的一般用于除尘。用于除尘的湿式除尘器主要有:喷淋洗涤器、文丘里除尘器、自激式除尘器和水膜式除尘器。

(3)过滤式除尘器。

过滤式除尘器是采用一定的过滤材料,使含尘气流通过过滤材料来达到分离气体中固体粉尘目的的一种高效除尘设备。目前常用的过滤式除尘器有袋式除尘器和颗粒除尘器。

(4)电除尘器。

电除尘器是在含尘气体通过高压电场的过程中,使尘粒荷电,并在电场力的作用下使尘粒沉积在集尘极上,将尘粒从含尘气体中分离出来的一种除尘设备。

目前,袋式除尘器、电除尘器与部分湿式除尘器是目前国内外应用较为广泛的三种高效除尘器。

由于袋式除尘器、电除尘器是我国今后重点研发的空气污染防治设备,所以本章重点介绍袋式除尘器、电除尘器的结构特点、选用及设计。

3. 除尘器的选择

在选择除尘器的过程中,应全面考虑以下因素。

①除尘器的除尘效率。各种除尘器对不同粒径粉尘的除尘效率见表6.2。

表6.2 各种除尘器对不同粒径粉尘的除尘效率

名称	除尘效率			名称	除尘效率		
	50 μm	5 μm	1 μm		50 μm	5 μm	1 μm
惯性除尘器	95%	26%	3%	干式静电除尘器	>99%	99%	86%
中效旋风除尘器	94%	27%	8%	湿式静电除尘器	>99%	98%	92%
高效旋风除尘器	96%	73%	27%	中能文丘里除尘器	约100%	>99%	97%
冲击式湿式除尘器	98%	85%	38%	高能文丘里除尘器	约100%	>99%	98%
自激式除尘器	约100%	93%	40%	振打袋式除尘器	>99%	>99%	99%
喷淋洗涤器(空塔)	99%	94%	55%	逆喷袋式除尘器	约100%	>99%	99%

②选用的除尘器是否满足排放标准规定的排放浓度。

③注意粉尘的物理特性(例如黏性、比电阻、润湿性等)对除尘器性能有较大的影响,另外,不同粒径粉尘的除尘器除尘效率有很大的不同。

④气体的含尘浓度较高时,在静电除尘器或袋式除尘器前应设置低阻力的初净化设备,去除粗大粉尘,以使设备更好地发挥作用。

⑤气体温度和其他性质也是选择除尘设备时必须考虑的因素。

⑥所捕集粉尘的处理问题。

⑦设备位置,可利用的空间、环境条件等因素。

⑧设备的一次性投资(设备、安装和施工等)及操作和维修费用等经济因素。

各类除尘器特点及适用范围如下。

①机械式除尘器结构简单,造价较低,维护较简便,可耐高温。其中,重力沉降室及惯性除尘器是应用较早的两种除尘器,除尘效率较低,一般在一些对除尘效率要求不高的场合下应用,有时也用作前级预除尘器。旋风除尘器是工业中应用较为广泛的除尘设备之一。通常情况下,旋风除尘器对粒径 5 μm 以上的尘粒去除效率最高可达 95%左右,因此常用于二级除尘系统中的预除尘、气力输送系统中的卸料分离器和小型工业锅炉的除尘。

②湿式除尘器用水做除尘介质,除尘效率一般可达 95%以上。其中,文丘里除尘器对微细粉尘除尘效率高达 99%以上,但能耗高。这类除尘器可处理高温、高湿的烟气及带有一定黏性的粉尘,也能净化某些有害气体。其主要缺点是会产生污水,必须配备水处理设施,以消除二次污染;还要注意设备的腐蚀问题,在寒冷地区要采取防冻措施;处理高温烟气时,会形成白雾,不利于扩散。

③采用纤维织物作为滤料的袋式除尘器,主要用于工业尾气的除尘方面,除尘效率可达 98%以上,能满足环保要求;能较好地适应排风量的波动;可回收有价值的细粒物料,这使它更具有经济价值,但初投资较高。在不断开拓新的滤料品种的情况下,它在高温、高湿、高含尘浓度领域的应用还会进一步扩展。

④采用廉价的砂、砾、焦炭等颗粒物作为滤料的颗粒除尘器具有耐腐蚀、耐磨损的特点,能适应排风量和湿度变化的场合,除尘效率比较高,但设备体积大,清灰装置复杂,阻力也较大,当前主要用来处理高温含尘气体。

⑤电除尘器已被广泛用作各种工业炉窑和火力发电站大型锅炉的除尘设备,能处理高温、高湿烟气。它的除尘效率高,可达 98%以上,能满足环保要求的排放浓度;处理风量大,可达每小时数千至一两百万立方米;阻力较低,仅 100~500 Pa,且运行能耗低。静电除尘器结构复杂,初投资高,占地面积大,对操作、运行、维护管理要求高。

6.1.2 袋式除尘器

袋式除尘器属于过滤式除尘器,可用于净化粒径大于 0.1 μm 的含尘气体,其除尘效率一般可达 99%以上,不仅性能稳定可靠,操作简单,所收集的干尘粒也便于回收利用。对于细小而干燥的粉尘,采用袋式除尘器净化较为适宜。袋式除尘器的缺点:由于所用滤布受到温度、腐蚀性等条件的限制,只适用于净化腐蚀性小、温度低于 300 ℃的含尘气体,不适用于净化黏结性强、吸湿性强的含尘气体(含有油雾、凝结水和粉尘黏度大的含尘气体)。

1. 袋式除尘器的工作机理

袋式除尘主要是依靠含尘气流通过滤袋纤维时产生的筛滤、碰撞、截留、扩散、静电和重力六种效应进行净化,其中以筛滤效应为主。图 6.1 所示为袋式除尘器的结构。当含尘气流从下部进入圆筒形滤袋，通过滤料的孔隙时，粉尘被捕集于滤料上，透过滤料的清洁气体由排出口排出。沉积在滤料上的粉尘可以在机械振动的作用下从滤料的表面脱落，落入灰斗中。粉尘因截留、碰撞、静电和扩散等作用，逐渐在滤袋表面形成粉尘层，常称为粉尘初层。粉尘初层形成后，它成为袋式除尘器的主要过滤层，提高了除尘效率。滤布仅仅起着形成粉尘初层和支撑它的骨架作用，但随着粉尘在滤布上积聚，滤袋两侧的压力差增大，会把有些依附在滤料上的细粉尘挤压过去，使除尘效率下降。

因此，当除尘器阻力达到一定数值后，要及时清灰。清灰不能过分，即不应破坏粉尘初层，否则会使除尘效果显著降低。

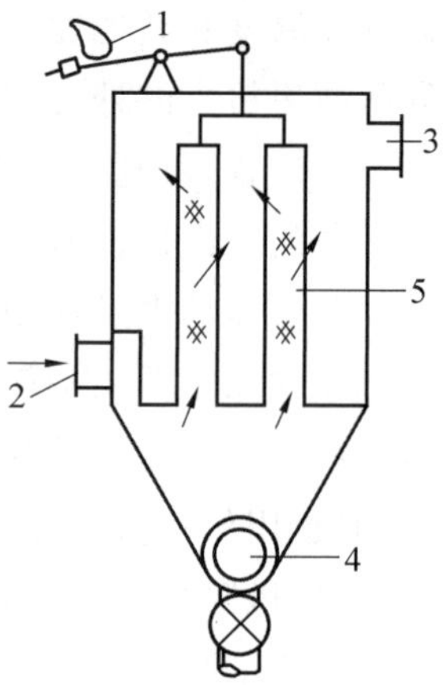

图 6.1　袋式除尘器的结构

1—振打机构；2—含尘气体进口；3—净化气体出口；4—排灰装置；5—滤袋

2. 袋式除尘器的滤料与选用

滤料是袋式除尘器滤袋的材料，其特性直接影响除尘器性能（包括除尘效率、压力损失、清灰周期等）。

(1)对滤料的要求。

性能良好的滤料一般应满足下列要求。

①容尘量要大，清灰后滤布上要保留“粉尘初层”，以保证较高的滤尘效率。

②网孔直径适中，透气性好，过滤阻力小。

③强度高，抗拉、抗折，耐磨、耐高温和耐腐蚀，使用寿命长。

④吸湿性小，容易清除黏附在滤布上的尘粒。

⑤制作工序简单、成本低。

上述要求很难同时满足，可根据除尘要求的重点选择滤料。

(2)滤料的选用。

滤料按材质分有天然纤维、无机纤维和合成纤维等，按结构分为滤布和毛毡两类。在选择滤料时，必须综合考虑含尘气体的特性（如温度、湿度、酸碱性、粉尘粒径及黏附性）、滤料的特点和清灰方式，同时还必须注意滤料及灰尘的带电性。

3. 袋式除尘器的分类

袋式除尘器的结构型式很多，通常根据其特点不同进行如下分类。

(1)按清灰方式分类。

按清灰方式，袋式除尘器可分为人工清灰、机械振打清灰、逆气流反吹清灰、脉冲喷吹清灰、气环反吹清灰与联合清灰等不同种类。一般逆气流反吹与机械振打为间歇式，即清灰时切断气流。气环反吹和脉冲喷吹为连续式，即清灰时不切断气流，但气环反吹方式滤袋磨损快，气环箱与传动构件易发生故障，目前采用较少。脉冲喷吹清灰能力强，可以在过滤工作状态下进行清灰，允许的过滤风速也高，已成为袋式除尘器（特别是中小型袋式除尘器）的一种主要清灰方式。

(2)按过滤方式分类。

按含尘气流通过滤袋的方式不同,袋式除尘器可以分为内滤式和外滤式两种,如图6.2所示。

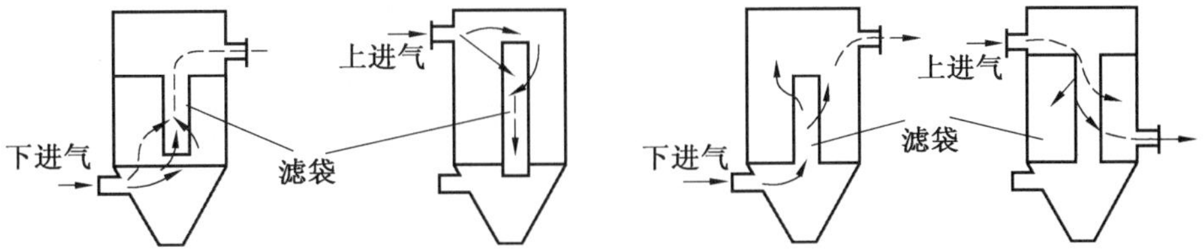

图6.2 不同类型袋式除尘器示意图

内滤式是含尘气体由滤袋内向滤袋外流动,粉尘被分离在滤袋内。其优点是,滤袋不需要设支撑骨架,且滤袋外侧为净化后的干净气体,当处理常温和无毒烟尘时,可以不停车进行内部检修,从而改善劳动卫生条件。对于放射性粉尘的净化,一般多采用内滤式。

外滤式是含尘气体由滤袋外向滤袋内流动,粉尘被分离在滤袋外。对于外滤式除尘器,由于含尘气体由滤袋外向滤袋内流动,因此滤袋内部必须设置骨架,以防止过滤时将滤袋吸瘪。反吹清灰时由于滤袋的胀、瘪动作频繁,滤袋与骨架之间易出现磨损,增加更换滤袋次数与维修的工作量,而且其维修也较困难。

一般来说,下进气除尘器多为内滤式,是否为外滤式要根据清灰方式来确定。例如,采用脉冲喷吹清灰的圆袋型除尘器及大部分扁袋型除尘器多采用外滤式,而采用机械振打或逆气流反吹清灰的圆袋型除尘器多采用内滤式。

(3)按进气口位置分类。

按除尘器进气口的位置不同,除尘器可以分为上进气与下进气两大类,如图6.2所示。采用上进气时,含尘气体与被分离的粉尘下落方向一致,能在滤袋上形成较均匀的粉尘层,过滤性能好,但配气室设在上部,使除尘器高度增加,并有积灰等现象。采用下进气时,粗尘粒可直接沉降于灰斗中,降低了滤袋的负荷与磨损,但由于气流方向与灰尘下落方向相反,清灰后的细尘会重新积附于滤袋表面,降低了清灰效果。

(4)按滤袋截面形状分类。

按滤袋的截面形状,除尘器可分为圆袋型和扁袋型。一般采用圆袋,并往往把许多袋子组成若干袋组。扁袋的特点是可在较小的空间布置较大的过滤面积,排列紧凑。

(5)按除尘器内的压力状态分类。

按除尘器内的压力状态,除尘器可分为负压式除尘器和正压式除尘器。

入口含尘气体处于正压状态者称正压式。风机设置在除尘器之前,使除尘器在正压状态下工作。由于含尘气体先经过风机后才进入除尘器,对风机的磨损较严重,因此不适用于高浓度、粗颗粒、高硬度、强腐蚀性和附着性强的粉尘。

入口含尘气体处于负压状态者称负压式。风机设置在除尘器之后,使除尘器在负压状态下工作,此时除尘器必须采取密封结构,由于含尘气体经净化后再进入风机,因此对风机的磨损很小。在用于处理高湿度、有毒性的气体时,除尘器本身也应采取保护措施,但这种除尘器造价较高。

从技术经济综合比较看,具备选用正压式袋式除尘器的条件时,应尽量选用正压式袋式除尘器。

袋式除尘器种类很多,我国袋式除尘器命名见表 6.3。

表 6.3 我国袋式除尘器命名

名称	代号	名称	代号
低频振动	LZD	往复脉动反吹	LWMF
中频振动	LZZ	低频振动反吹	LDZF
高频振动	LGZ	中频振动反吹	LZZF
分室振动	LFZ	高频振动反吹	LHZF
手动振动	LSZ	逆喷低压脉冲	LNDM
电磁振动	LDZ	逆喷高压脉冲	LNGM
气动振动	LQZ	顺喷低压脉冲	LSDM
分室二态反吹	LFEF	顺喷高压脉冲	LSGM
分室三态反吹	LFSF	对喷低压脉冲	LDDM
分室脉动反吹	LFMF	对喷高压脉冲	LDGM
气环反吹	LQF	环隙低压脉冲	LHDM
回转反吹	LHF	环隙高压脉冲	LHGM
回复反吹	LWF	分室低压脉冲	LFDM
回转脉动反吹	LHMF	长袋低压脉冲	LCDM

4. 袋式除尘器的工作性能参数

(1)除尘效率。

袋式除尘器的除尘效率通常在 99%以上,影响除尘效率的因素主要有滤料特性(滤料织造结构)、灰尘的性质(粒径、惯性力、形状、静电荷、含湿量等)、运行参数(过滤速度、阻力、气流温度、湿度、清灰频率和强度等)和清灰方式(机械振打、逆气流反吹、脉冲喷吹、气环反吹等)。在除尘器运行过程中,上述因素都是互相影响的。一般来讲,除尘效率随过滤速度增加而下降;滤料上的粉尘层越厚,粉尘负荷越高,除尘效率也就越高。

(2)处理风量。

袋式除尘器的处理风量必须满足系统设计风量的要求。系统风量波动时,应按最高风量选用袋式除尘器。对于高温烟气,应按其进入袋式除尘器前的实际工况温度折算出工况处理风量 Q_w,其折算方法为

$$Q_w = Q_s - (273 + T)/273 \tag{6.1}$$

式中 Q_s——除尘系统所需的标况处理风量,m^3/h;

T——气体进入袋式除尘器的实际工况温度,℃。

(3)烟气温度。

为了选用合适的袋式除尘器,烟气温度必须考虑以下两个因素:①滤料材质所允许的长期使用温度和短期最高使用温度,一般按长期使用温度选取;②为防止结露,烟气温度应保持高于露点 15~20 ℃。

(4)压力损失。

含尘气体通过滤袋所消耗的能量，通常用压力损失表示，它是袋式除尘器的重要技术经济指标。袋式除尘器的压力损失一般包括除尘器结构阻力及滤料压力损失两部分。正常工作的袋式除尘器，其压力损失应控制在1 500～2 000 Pa。

压力损失决定着除尘能量消耗、除尘效率、过滤速度、进口含尘浓度和清灰的时间间隔。当处理含尘浓度低的气体时，清灰时间间隔可以适当延长；当处理含尘浓度高的气体时，清灰时间间隔应尽量缩短，但会使清灰次数增多，缩短滤袋寿命。因此，进口含尘浓度低、清灰时间间隔短、清灰效果好的除尘器可以选用较高的过滤风速；否则，应用较低的过滤风速。

5. 袋式除尘器选型(或设计)的步骤

袋式除尘器的选型或设计一般按如下主要步骤进行。

(1)收集相关资料，包括净化气体特性、粉尘特性、净化指标、各种袋式除尘器的性能，特别是清灰方式等内容。

(2)选定袋式除尘器的型式、滤料及清灰方式。

首先，确定除尘器的型式。应注意的事项主要有：①袋式除尘器主要用于控制粒径在1 μm左右的微粒，当含尘气体浓度超过5 g/m^3 时，为降低除尘器的过滤负荷，最好采用二级除尘，即在袋式除尘器的前面加第一级除尘，如旋风除尘器或重力沉淀室。②袋式除尘器不适用于净化油雾，水雾，黏结性强、湿度高的粉尘。例如，在处理气体量不很大，净化效率要求高，且厂房面积受限制，投资、设备订货和操作管理都有条件时，可以采用脉冲喷吹袋式除尘器、逆气流反吹与机械振打联合清灰袋式除尘器等。在处理气量大(如 10^5 m^3/h 以上)时，可考虑采用逆气流反吹清灰袋式除尘器等。对中小型企业，厂房面积不太受限制，投资、设备及维修管理都有一定困难的情况，可考虑采用简易袋式除尘器和机械振打清灰袋式除尘器。

其次，选择适当的滤料。选择滤料时，应考虑含尘气体的特性(温度、湿度和腐蚀性)和技术经济指标。例如，当气体温度为150～300 ℃时，可以选用玻璃纤维滤袋；当粉尘为纤维状时，应选用表面较光滑的尼龙滤袋等；对一般工业性粉尘，可选用涤纶绒布滤袋等。

最后，确定清灰方式。清灰方式是选型的重要依据，它受粉尘黏性、过滤速度、空气阻力、压力损失、净化效率等诸多因素共同制约，所以要依据主要制约因素确定清灰方式。

(3)确定过滤速度和过滤面积。

袋式除尘器的过滤速度 v_r，是指气体通过滤料的平均速度，单位 m/min。过滤速度(也称过滤风速)是决定除尘器性能和经济性的重要指标，可按下式计算：

$$v_r = \frac{Q}{60A} \tag{6.2}$$

式中 v_r——过滤速度，m/min；

Q——袋式除尘器处理风量，m^3/h；

A——过滤面积，m^2。

反过来，当过滤速度确定后，则过滤面积即可确定。

过滤速度 v_r 过高会使积于滤料上的粉尘层压实，阻力急剧增加。滤料两侧的压差增加，会使粉尘颗粒渗入滤料内部，甚至透过滤料，致使出口含尘浓度增加。这种现象在滤料刚清完灰后更为明显。若过滤速度过高，会导致滤料上迅速形成粉尘层，引起过于频繁的清灰，缩短滤袋使用寿命；若过滤速度较低，则阻力低，效率高；但若过滤速度过低，则所需过滤面积过大，需要过大的设备，设备费用增加，同时设备占地面积也大。因此，需综合考虑粉尘特性、入口含尘浓度、烟气温度、滤料特性、清灰方式及设备阻力等因素，确定过滤速度。

(4)除尘器选择或设计。

采用定型产品，根据处理风量 Q 和过滤面积 A 即可选定除尘器的型号规格。如果需要自行设计，可按下列步骤进行。

①确定滤袋尺寸，即确定直径 D 和高度 L。滤袋直径一般取 $D=100\sim600$ mm，通常选择 $D=200\sim300$ mm。尽量使用同一规格滤袋，以便检修更换。滤袋高度对除尘效率和压力损失几乎无影响，一般取 2～6 m。

②计算每只滤袋的面积 a。

$$a=\pi DL \tag{6.3}$$

③计算滤袋数 n。

$$n=\frac{A}{a} \tag{6.4}$$

④滤袋的布置及吊挂固定。需要滤袋数较多时，可根据清灰方式及运行条件将滤袋分成若干组，每组内相邻的两滤袋间距一般取 50～70 mm。组与组之间及滤袋与外壳之间的距离，应考虑更换滤袋和检修的需要。滤袋的固定和拉紧方法对其使用寿命影响很大，要考虑到换袋、维修、调节方便，防止固紧处磨损、断裂等。

⑤壳体设计。壳体设计包括除尘器箱体，进、排气风管形式，灰斗结构，检修孔及操作平台等的设计。

⑥粉尘清灰机构的设计和清灰制度的确定。

⑦粉尘输送、回收及综合利用系统的设计，包括回收有用粉料和防止粉尘再次飞扬。

(5)估算除尘器的除尘效率、压力损失，确定过滤和清灰周期。

过滤周期的长短应根据压力损失和流量的变化确定，其随着滤料上粉尘层的不断增加而发生变化，这些都与除尘系统采用的风机的特性和总能耗有关。

6. 几种常用的袋式除尘器

清灰是袋式除尘器运行中十分重要的一环，实际上许多袋式除尘器都是按清灰方式命名和分类的。在此简要介绍几种常用的袋式除尘器的结构、工作原理、性能特点及选型。

(1)脉冲喷吹袋式除尘器(简称脉冲袋式除尘器)。

脉冲袋式除尘器是一种周期性地向滤袋内或滤袋外喷吹压缩空气来清除滤袋上积尘的袋式除尘器。它具有处理风量大、除尘效率高、滤袋使用期长的特点，因而应用广泛。但这种除尘器结构复杂，投资较大。

①脉冲袋式除尘器的结构。

如图 6.3 所示，脉冲袋式除尘器的主体包括上部箱体(喷吹箱)、中部箱体(滤尘箱)和下部箱体(集尘斗)三部分。上部箱体装有喷吹管 8 和把压缩空气引进滤袋的文氏管 4，并附有压缩空气包 9、脉冲阀 10、控制阀 11 以及排气口 6；中部箱体装有滤袋 3 和滤袋支架框架 7；下部箱体装有泄尘阀 14 和脉冲阀 10，脉冲控制仪 12 装在机体外壳上。

脉冲袋式除尘器用脉冲阀作为喷吹气源开关，先由控制仪输出信号，通过控制阀实现脉冲喷吹。常用的脉冲阀为 QMF－100 型。根据控制仪表的不同，控制阀有电磁阀、气动阀和机控阀三种。

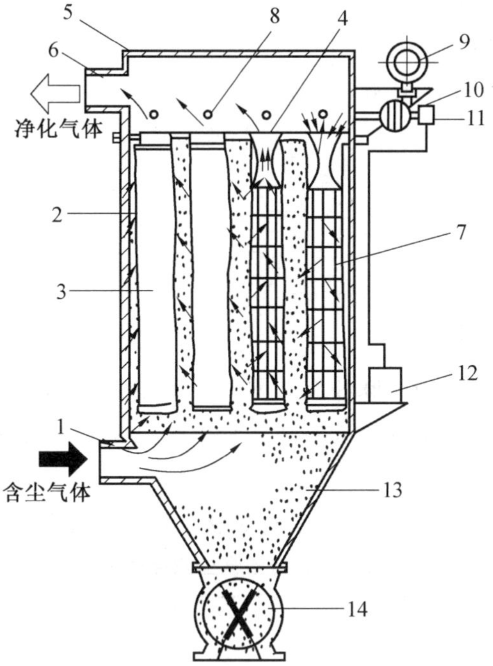

图 6.3　脉冲袋式除尘器的结构

1—进口；2—中部箱体；3—滤袋；4—文氏管；5—上部箱体；6—排气口；7—滤袋支架框架；8—喷吹管；9—压缩空气包；10—脉冲阀；11—控制阀；12—脉冲控制仪；13—集尘斗；14—泄尘阀

②脉冲袋式除尘器的除尘机理。

脉冲袋式除尘器的除尘机理如图 6.3 所示。含尘气体由外往里通过滤袋，把尘粒阻隔在滤袋外表面，气体得到净化。处理后的空气经过喇叭形的文氏管 4 进入上部箱体 5，最后从排气口 6 排走。滤袋用框架 7 固定在文氏管上。

在每排滤袋上部均装有一根喷吹管 8，喷吹管上有直径为 6.4 mm 的小孔（喷吹孔）与滤袋相对应。喷吹管前装有与压缩空气包 9 相连的脉冲阀 10。由脉冲控制仪 12 不断发出短促的脉冲信号，通过控制阀 11 按程序触发每个脉冲阀。当脉冲阀开启时，与它相连的喷吹管 8 就和压缩空气包 9 相通，高压空气从喷吹孔以极高的速度吹出。在高速气流的引射作用下，诱导几倍于喷气量的空气进入文氏管，吹到滤袋内，使滤袋急剧膨胀，引起冲击振动。在这一刹那产生一股由里向外的气流，使黏附在滤袋外表面上的粉尘被吹扫下来，落进下部集尘斗 13 内，最后经泄尘阀 14 排出。

③脉冲袋式除尘器的性能。

脉冲袋式除尘器的基本技术性能如下。

a. 比负荷为 120～240 $m^2/(m^2 \cdot h)$[一般取 180 $m^2/(m^2 \cdot h)$]，表示过滤速度为 2～4 m/min。

b. 阻力与过滤速度、含尘气体浓度、粉尘性质和滤袋材质有关，通常控制在 980～1 180 Pa。喷气压力为 988～686 kPa。

c. 效率。工业涤纶 208 制作的滤袋，除尘效率可达 99.6%；工业毛毡（厚度为 1.5～

2 mm)制作的滤袋,除尘效率可达 99.9%。

d.初始含尘浓度一般为 3~5 g/m³。

e.空气的总耗气量按下式计算:

$$Q=\frac{0.06q'na}{T} \qquad (6.5)$$

式中 q'——喷吹空气量,2~3 L/(次·袋);

n——滤袋总数;

T——喷吹周期,s,一般为 1.2~1.5 s;

a——安全系数,可取 1.2~1.5。

④脉冲袋式除尘器的选用。脉冲袋式除尘器有定型产品,选择脉冲袋式除尘器的规格时,首先应确定比负荷,然后根据总处理风量计算出过滤面积,并据此选择除尘器。

脉冲袋式除尘器的比负荷与喷吹压力、脉冲宽度、喷吹周期及尘粒性质、含尘气体浓度诸因素有关。一般情况下,其主要取决于初始含尘浓度。比负荷可按表 6.4 选取。

表 6.4 根据初始含尘浓度确定比负荷

初始含尘浓度 $c/(g \cdot m^{-3})$	≤11	≤8	≤15	≤5	≤3
比负荷/[$m^3(m^{-2} \cdot h^{-1})$]	120	150	180	210	240

常用的脉冲袋除尘器有 MC 型、LSB 型、LDB 型和 BMC 型。按照脉冲喷吹方向与过滤气流的方向不同,脉冲袋式除尘器可分为逆喷式(MC 型)、顺喷式(LSB 型)和对喷式(LDB 型)三种;按照滤袋的不同,又有扁袋脉冲除尘器(BMC 型)。

MC 型脉冲袋式除尘器有 MC-Ⅰ型和 MC-Ⅱ型两种。MC-Ⅰ型脉冲袋式除尘器喷吹压力为 0.5~0.7 MPa,结构特点是上锅盖式。MC-Ⅱ型脉冲袋式除尘器是 MC-Ⅰ型的改进型,采用了新型的脉冲阀,喷吹压力达到 0.4 MPa 即可达到清灰目的,并使控制系统及滤袋寿命延长一倍以上。表 6.5 列出了多种 MC 型脉冲袋式除尘器的主要技术数据,供选型用。该类除尘器有电控、气控及机控三种控制方式,滤袋直径为 120 mm,滤袋长度为 2 000 mm,允许气体含尘浓度为 3~15 g/m³,比负荷为 18~24 m³/(m²·h),喷吹压力为 6~7 kgf/cm²(1 kgf/cm²=98.066 5 kPa),脉冲喷吹周期为 30~60 s,脉冲喷吹时间(即脉冲宽度)为 0.1 s。

表 6.5 MC 型脉冲袋式除尘器性能表

技术性能	型号							
	MC24-Ⅰ型	MC36-Ⅰ型	MC48-Ⅰ型	MC60-Ⅰ型	MC72-Ⅰ型	MC84-Ⅰ型	MC96-Ⅰ型	MC120-Ⅰ型
过滤面积/m²	18	27	36	45	54	63	72	90
滤袋数量/条	24	36	48	60	72	84	96	120
滤袋规格(直径×长度)/mm	ϕ120×2 000	ϕ120×2 000	ϕ120×2 000	ϕ120×2 000	ϕ120×2 000	ϕ120×2 000	ϕ120×2 000	ϕ120×2 000
设备阻力 ΔH/mmH_2O	120~150	120~150	120~150	120~150	120~150	120~150	120~150	120~150

续表 6.5

技术性能	型号							
	MC24—Ⅰ型	MC36—Ⅰ型	MC48—Ⅰ型	MC60—Ⅰ型	MC72—Ⅰ型	MC84—Ⅰ型	MC96—Ⅰ型	MC120—Ⅰ型
除尘效率 η/%	99.0～99.5	99.0～99.5	99.0～99.5	99.0～99.5	99.0～99.5	99.0～99.5	99.0～99.5	99.0～99.5
入口含尘浓度 $c/(g \cdot m^{-3})$	3～15	3～15	3～15	3～15	3～15	3～15	3～15	3～15
比负荷 q /$[m^3 \cdot (m^{-2} \cdot h^{-1})]$	120～240	120～240	120～240	120～240	120～240	120～240	120～240	120～240
处理风量 L /$(m^3 \cdot h^{-1})$	2 160～4 300	3 250～6 480	4 320～8 630	5 400～10 800	6 450～12 900	7 530～15 100	9 650～17 300	10 800～20 800
脉冲阀数量/个	4	6	8	10	12	14	16	20
脉冲控制仪表	电控或气控	电控或气控	电控或气控	电控或气控	电控或气控	电控或气控	电控或气控	电控或气控
最大外形尺寸(长×宽×高)/mm	1 025×1 678×3 660	1 025×1 678×3 660	1 025×1 678×3 660	1 025×1 678×3 660	1 025×1 678×3 660	1 025×1 678×3 660	1 025×1 678×3 660	1 025×1 678×3 660
设备质量/kg	850	1 116.8	1 258.7	1 572.66	1 776.65	2 028.88	2 181.25	2 610

例 6.1 某滑石粉厂除尘系统抽风量为 6 000 m^3/h,初始含尘浓度为 6～7 kg/m^3,选择脉冲袋式除尘器型号。

解 根据初始含尘浓度,由表 6.4 确定比负荷 q 为 150 $m^3/(m^2 \cdot h)$。

所需滤袋面积为

$$A=\frac{Q}{q}=\frac{6\ 000}{150}=40\ m^2$$

按表 6.5 选 MC60—Ⅰ型电控脉冲袋式除尘器。

(2)机械振打袋式除尘器。

采用机械传动装置周期性振打滤袋,以清除滤袋上粉尘的除尘器称为机械振打袋式除尘器。按振打部位的不同,其可分为顶部振打袋式除尘器(LD 型)和中部振打袋式除尘器(ZX 型)。中部振打比起顶部振打结构简单,维修方便,而且顶部振打方式清灰极易损坏玻璃纤维滤袋,因此,机械振打袋式除尘器一般采用中部振打方式。

图 6.4 所示的 ZX 型机械振打袋式除尘器采用中部振打方式清灰。

①ZX 型机械振打袋式除尘器的除尘机理。

含尘气体由进气口经隔气板进入过滤室,过滤室根据不同规格,分成 2～9 个分室,每个分室根据不同规格,有 1～4 个滤袋,含尘气体经滤袋净化后由排气管排出。经一定的过滤周期,振打装置将排气管阀关闭而把回气管阀打开,同时振动框架,滤袋随着框架振动而抖动。由于滤袋的抖动和回气管中的回气,附着在滤袋上的粉尘被清除并落入灰斗,由螺旋输送机和星形阀排出。为了适应低气温或气体湿度大时使用,还装有电热器。振打清灰各室轮流进行,整个除尘器为连续操作。

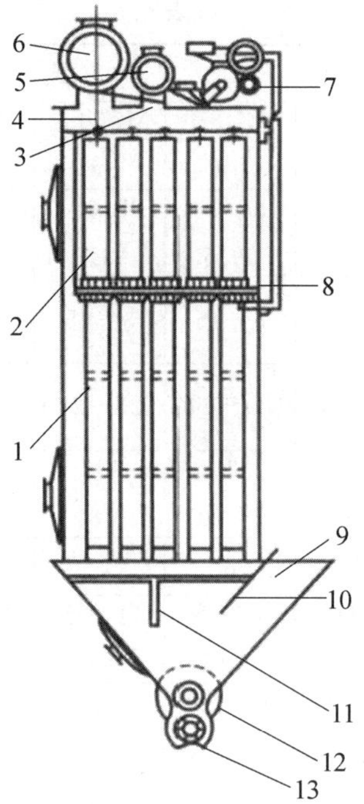

图 6.4　ZX 型机械振打袋式除尘器的结构

1—过滤室;2—滤袋;3—回气管阀;4—排气管阀;5—回气管;6—排气管;7—振打装置;8—框架;9—进气口;10—隔气板;11—电热器;12—螺旋输送机;13—星形阀

②ZX 型机械振打袋式除尘器的性能。

ZX 型机械振打袋式除尘器技术性能见表 6.6。

表 6.6　ZX 型机械振打袋式除尘器性能

气体含尘浓度/$(g\cdot m^{-3})$	气速/$[m^3\cdot(m^{-2}\cdot min^{-1})]$				
	0.8	1.25	1.5	2	2.5
	平均压力损失/Pa(mmH_2O)				
<10	108(11)	245(25)	441(45)	588(60)	980(100)
150～300	470(48)	1 078(110)	1 862(190)		

(3)气环反吹袋式除尘器。

气环反吹袋式除尘器是以高速气体通过气环反吹滤袋的方法达到清灰目的的袋式除尘器。它适用于高浓度和较潮湿的粉尘,也能适应空气中含有水汽的场合,但滤袋极易磨损。

①气环反吹袋式除尘器结构与除尘原理。

气环反吹袋式除尘器的结构如图 6.5 所示。工作时含尘气体由进气口进入上部箱体,然后进入滤袋,净化后的气体通过滤袋进入中部箱体,由下花板两侧的开口至下部箱体,经出气口排出。粉尘被截留在滤袋的内表面,这些粉尘被反吹气管喷出的高压空气吹落在灰斗中,经排灰阀排出。气环箱由反吹气管与气源相通,由传动装置(图 6.6)带动,沿着滤袋上下往复运动,运动速度为 7.8 m/min。当气环箱从上向下移动时,反吹气管上的0.5～0.6 mm环状狭缝向滤袋内喷吹(图 6.7),滤袋受到空气喷吹,附着在滤袋内表面的粗尘顺着自上而下的气流落下，滤袋得到净化。

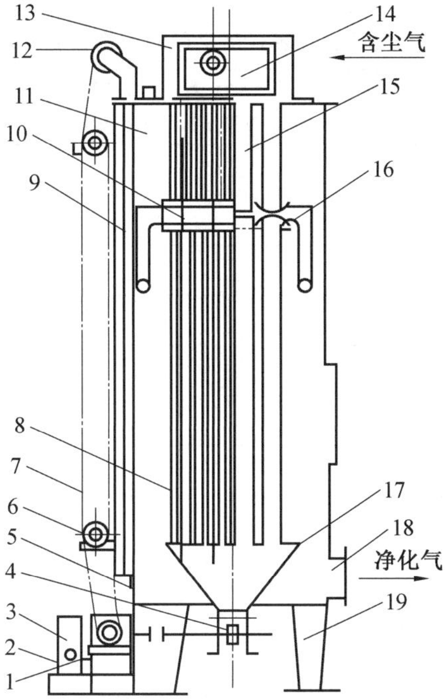

图 6.5 气环反吹袋式除尘器的结构

1—齿轮组；2—减速机；3—传动装置；4—排灰阀；5—下部箱体；6—链轮；7—滤条；8—滤袋；9—反吹气管；10—气环箱；11—中部箱体；12—滑轮组；13—上部箱体；14—进气口；15—钢绳；16—链轮；17—灰斗；18—出气口；19—支腿

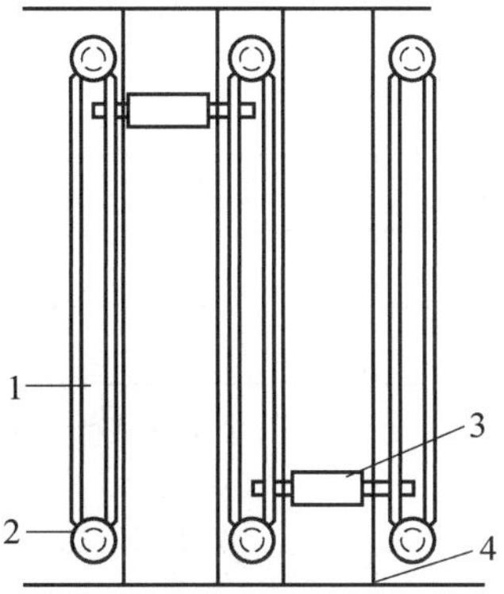

图 6.6 气环箱传动装置

1—链条；2—链轮；3—气环箱；4—导引钢丝绳

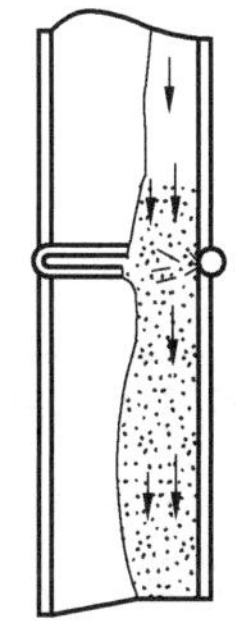

图 6.7 气环吹气

如含尘气体浓度较高，可采用较高压力的反吹空气；当处理较湿的和较黏的粉尘时，反吹空气可预热至 40～50 ℃，以提高清灰效果。喷吹用的高压空气一般采用专门配套的12—10型双级高压离心鼓风机，也可采用 8—18—11 型 No.5 高压离心鼓风机。

②气环反吹袋式除尘器技术性能。气环反吹袋式除尘器的小型试验技术性能见表 6.7。由表可见，过滤气速的增加将使除尘效率稍有下降，但均在 95.5%以上。除尘效率基本上不随除尘工况的改变而变化。过滤气速为 6 m/min 时，反吹压力使用 450 mmH_2O，

进口气体允许含尘浓度可达到 6.5 g/m³，即使使用反吹压力 350 mmH_2O，进口气体允许含尘浓度也可达到 2.6 g/m³。

表 6.7　气环反吹袋式除尘器的小型试验技术性能

过滤气速 /(m·min⁻¹)	比负荷/[m³·(m⁻²·h⁻¹)]]	反吹压力 / mmH_2O	反吹气量百分比/%	进口气体允许最大含尘浓度/(g·m⁻³)	除尘压力损失 / mmH_2O	除尘效率 /%
2	120	250	10.0	25	120	99.89
		350	15.5	55	120	99.90
		450		68	120	99.89
		600	—	70	120	99.85
3	180	250	8.0	16	120	99.80
		350	9.2	24	120	99.90
		450	15.5	28	120	99.79
		600	8.5	35	120	99.85
4	240	250	6.0	6.4	120	99.70
		350	8.7	10.0	120	99.80
		450	11.3	16.0	120	99.60
		600	9.8	20.5	120	99.90
5	300	250	4.7	4.0	120	99.50
		350	7.2	7.5	120	99.70
		450	8.6	11.5	120	99.50
		600	8.9	14.5	120	99.89
6	360	250	—	—	—	
		350	4.3	2.6	120	99.50
		450	5.2	6.5	120	99.50
		600	7.5	7.5	120	99.85

而在一般除尘中，进口气体含尘浓度均在 5 g/m³ 以下，以 1～3 g/m³ 为多见。过滤气速一般取 4～6 m/min。

反吹压力主要与过滤气速和气体含尘浓度有关。由表 6.7 可见，过滤气速为 6 m/min 时，使用 2.5 kPa 的反吹压力将无法清灰，但当过滤气速为 2 m/min 时，使用 2.5 kPa 的反吹压力则可允许气体含尘浓度达 25 g/m³。过高的反吹压力，对除尘效率提高不多，而引起动力消耗显著增加。一般，反吹压力采用 3.5～4.5 kPa。

反吹气量百分比随过滤气速的增加而减少，并随反吹压力的增高而增加。为提高除尘效率，节约反吹气量，一般应选取较高的过滤气速，反吹气量可取处理气量的 8%～10%。

除尘压力损失应小于 2 kPa、大于 0.25 kPa，一般选用 0.76～1.27 kPa。除尘压力损失大于 2 kPa，滤袋会因受到过大的张力而影响使用寿命。除尘压力损失小于 0.25 kPa 时，则可令滤袋的张力不够，滤袋不能充分鼓起来紧靠吹气环，而降低清灰效果。

(4)扁袋脉冲袋式除尘器。

扁袋脉冲袋式除尘器是在圆袋脉冲袋式除尘器的基础上发展起来的一种新型除尘设备。其结构如图6.8所示。含尘气体由顶部进入尘气室，在导流板的作用下，含尘气体由上而下流向滤袋，净化后的气体经过设在滤袋一侧的文氏管进入净气室，汇集后经排气管排出。粉尘积附于扁袋的外表面，灰斗底部装有螺旋输送机、卸灰阀，以排出被清落的粉尘。除尘器沿垂直方向每2～4层滤袋共用一根喷吹管，由气动控制程序控制清灰。

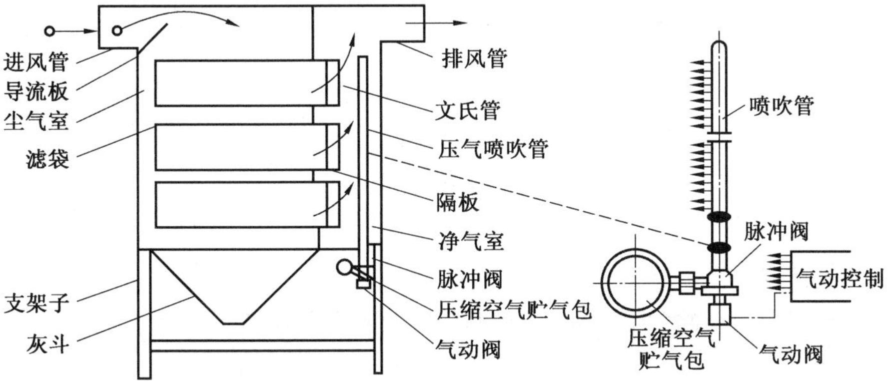

图6.8　扁袋脉冲袋式除尘器的结构

该设备具有以下特点。

①采用扁袋结构能充分利用箱体的空间，在同样尺寸的箱体内，扁袋比起圆袋有更大的过滤面积，因而设备结构更紧凑，体积更小，便于在室内或狭小场地安装使用，提高了工艺设计排布的灵活性。

②箱体内的气流方向是自上而下，有利于粉尘的沉降。

③滤袋由侧面抽出，可在除尘器外面更换滤袋，有利于层高较低的厂房内安装。

6.1.3　电除尘器

电除尘是利用静电力将气体中的悬浮粒子分离出来的一种技术，可用于烟气除尘净化和有用尘粒物质回收。电除尘装置对粒径1～2 μm细微粉尘捕集效率高达99%以上；压力损失仅为200～500 Pa；处理烟气量大，处理能力可达1×10^5～1×10^6 m^3/h；能耗低，一般为0.2～0.4 W/m^3；能在高温或强腐蚀性气体条件下操作，正常操作温度高达400 ℃。但其一次性投资费用高，占地面积大，不宜直接净化高浓度含尘气体，结构复杂，安装、维护管理要求严格。

电除尘器是我国今后重点发展的除尘设备。

1. 电除尘器的除尘机理

电除尘器利用气体电离使尘粒荷电，在电场力的作用下，荷电的尘粒在电场内迁移并被捕集，再将捕集物从集尘表面上清除，尘粒得以从烟气中分离并被收集，这是利用静电力实现粒子与气流分离的一种除尘装置。

如图6.9所示，电除尘器的电晕极（又称阴极或放电极）和集尘极（又称阳极或收尘极）接于高压直流电源，维持一个足以使气体电离的静电场。通常用细线做电晕极，用薄板或薄壁管做集尘极。电除尘器工作涉及电晕放电、气体电离、粒子荷电、荷电粒子的迁移和捕集、清灰等过程，粒子荷电、荷电粒子的迁移和捕集、清灰是其中的三个基本过程。

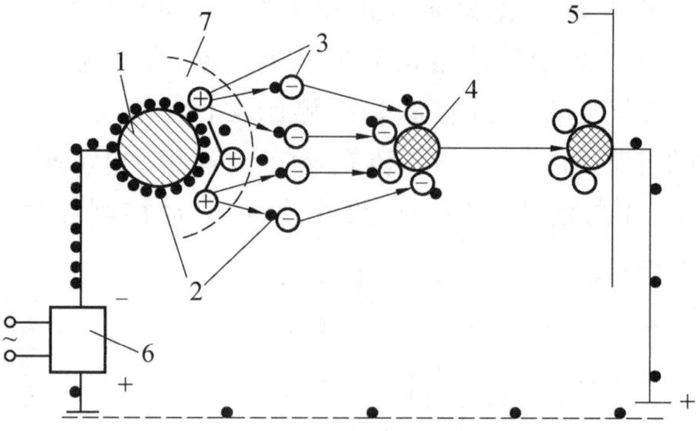

图 6.9　电除尘过程示意图

1—电晕极；2—电子；3—离子；4—粒子；5—集尘极；6—供电装置；7—电晕区

2. 电除尘器的结构组成

无论哪种类型的电除尘器，其结构一般都由图 6.10 所示的几部分组成。

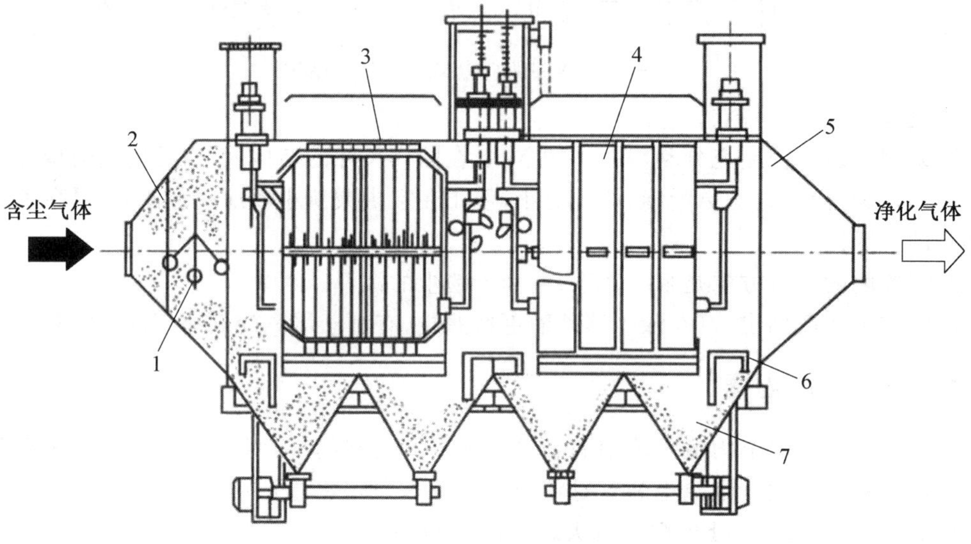

图 6.10　卧式电除尘器结构示意图

1—振打清灰装置；2—气流分布板；3—电晕极；4—集尘极；5—外壳；6—检修平台；7—灰斗

下面重点介绍电晕极、集尘极、气流分布装置、外壳。

(1)电晕极。

电晕极系统由电晕线、电晕极框架、框架吊杆、支撑绝缘套管及电晕极振打装置等组成。电晕线是产生电晕放电的主要部件，其性能好坏直接影响除尘器的性能。对电晕线的一般要求是：起晕电压低，发电强度高，电晕电流大，机械强度高、刚性好、不易变形、耐腐蚀，能维持准确的极距，易清灰。

电晕极类型很多，目前常用的有直径 3 mm 左右的圆形线、星形线、锯齿线、芒刺线、麻花线等，如图 6.11 所示。其中，管形芒刺线是目前我国应用最广泛的电晕线。该电晕线制造容易、质量轻，材料采用普通碳素钢，成本低，安装也较方便。

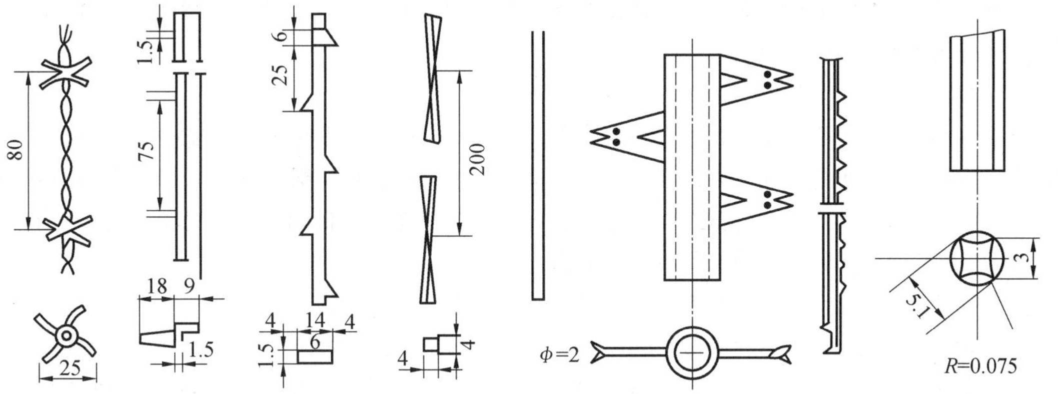

图 6.11 常用电晕极类型

电晕线的固定方式目前有重锤悬吊式、框架式、桅杆式三种方式，如图 6.12 所示。

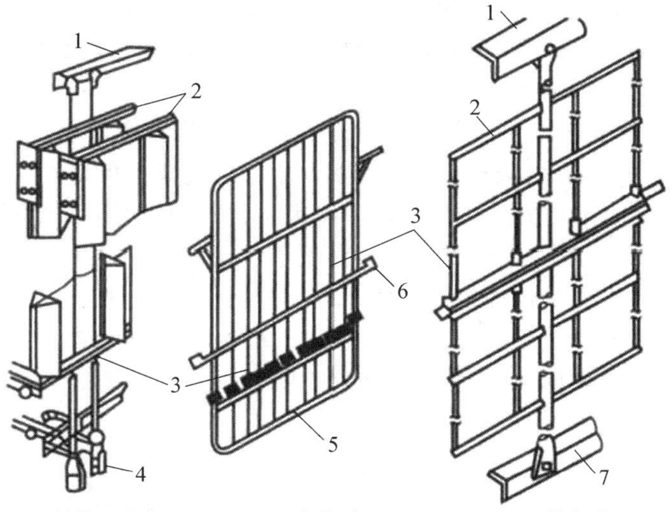

图 6.12 电晕线固定方式

1—顶部梁；2—横杆；3—电晕线；4—重锤；5—阴极框架；6—振打砧；7—下部梁

图 6.12(a)所示为重锤悬吊式，电晕线在上部固定后，下部用重锤拉紧，以保证电晕线处于平衡的伸直状态，设于下部的固定导向装置可以防止电晕线摆动，保持电晕极与集尘极之间的距离。

图 6.12(b)所示为框架式，首先用钢管支撑框架，然后将电晕极绷紧布置于框架上。如果框架高度尺寸较大，则需每隔 0.6～1.5m 增设一横杆，以增加框架的整体刚性。当电场强度很高时，可将框架做成双层，各自采用独立的支架和振打机构。这种方式工作可靠，断线少，采用较多。

图 6.12(c)所示为桅杆式，以中间的主立杆作为支撑，在两侧各绷以 1～2 根电晕线，在高度方向通过横杆分隔出 1.5 m 长的间隔。这种方式与框架式相似，但金属材料较节省。相邻电晕线之间的距离(即极距)对放电强度影响较大，极距太大会减弱放电强度，极距太小

会因屏蔽作用使放电强度降低，一般极距为 200～300 mm，其具体值需根据集尘极板形式和尺寸等配置情况而定。

(2)集尘极。

集尘极系统由集尘极板、上部悬挂装置及下部振打杆等部件组成。集尘极的结构对粉尘的二次扬起、金属消耗量(占总耗量的 40%～50%)和造价有很大影响。对集尘极的一般要求是：振打时粉尘的二次扬起少；单位集尘面积消耗金属量低；极板高度较大时，应有一定的刚性，不易变形；振打时易于清灰，造价低。

电除尘器的集尘极从形式来看，主要有管式和板式两大类。

小型管式集尘极为直径约 15 cm、长 3 m 左右的圆管，大型管式集尘极直径可加大到 40 cm，长 6 m。每个除尘器所含集尘管数目少则几个，多则可达 100 个以上。板式集尘极常用平板形、鱼鳞形、波浪形、Z 形、C 形等几种形式。

集尘极板通常采用普通碳素钢 Q235A、优质碳素钢等制造。用于净化腐蚀性气体时，应选用不锈钢。为了抑制粉尘二次扬起，要在极板上加工出防风沟和挡板，流体流速 1 m/s 左右，防风沟宽度与板宽 B 之比控制为 1∶10。极板两侧设置的沟槽和挡板，既能加强板的刚性，又能防止气流直接冲刷板的表面，从而抑制了二次扬起。极板之间间距对电除尘器的电场性能和除尘效率影响较大，间距太小(200 mm 以下)时，电压升不高，会影响除尘效率；间距太大(400 mm 以上)时，电压升高又受到变压器、整流器容许电压的限制。因此，一般在采用 60～72 kV 变压器时，极板间距取 0.2～0.4 m，且集尘极板长一般为 10～20 m，高 10～15 m。处理气量 1 000 m^3/s 以上，效率高达 99.5%的大型电除尘器含有上百对极板。

近年来，板式电除尘器一个引人注目的变化是发展宽间距超高压电除尘器。宽间距超高压电除尘器制作、安装、维修等较为方便，而且设备小，能耗也低。

板式电除尘器的集尘板垂直安装，电晕极置于相邻的两板之间。其固定形式如图 6.13 所示。极板伸入两槽钢中间，在极板与槽钢之间的衬垫支撑块在紧固螺栓时能将极板紧紧压住。

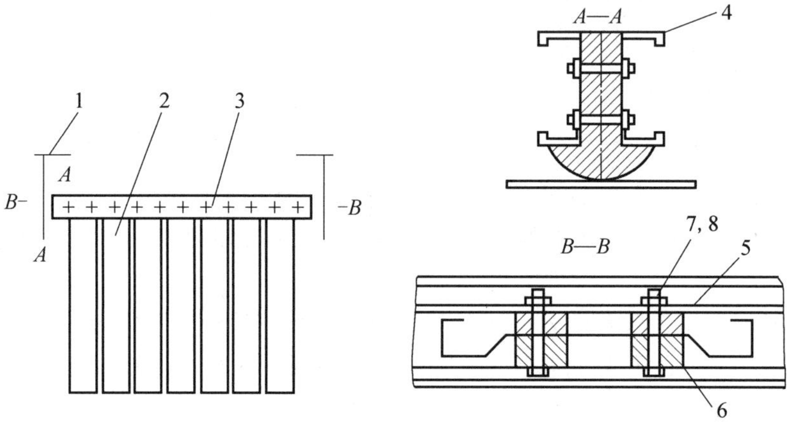

图 6.13　紧固型悬挂方式

1—壳体顶梁；2—极板；3—C 形悬挂梁；4—支承座；5—凸套；6—凹套；7—螺栓；8—螺母

(3)气流分布装置。

电除尘器内气流分布对除尘效率有较大影响，对气流分布装置的要求是分布均匀性好、压力损失小。为了减少涡流，保证气流分布均匀，在进出口处应设变径管道（渐扩管和渐缩管），进口变径管内应设 2～3 层气流分布板；出口渐缩管处设置一层气流分布板。相邻气流分布板的间距为板高的 0.15～0.2 倍，二者之间装设锤击振打清灰装置。

最常见的气流分布板有格板式、多孔板式、垂直偏转板式、垂直折板式等，如图 6.14 所示。其中，多孔板因其结构简单，易于制造，使用最为广泛。多孔板通常采用厚度为 3～3.5 mm 的钢板制作，圆孔直径为 30～50 mm，开孔率为 25%～50%，具体需要通过试验确定。

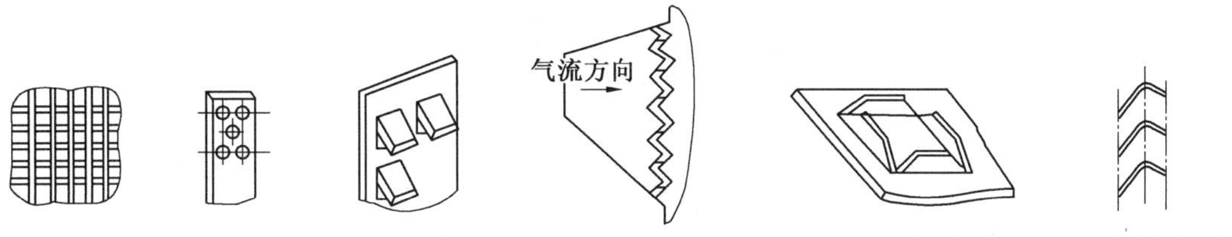

(a) 格板式　(b) 多孔板式　(c) 垂直偏转板式　(d) 锯齿形　(e) X 型孔板式　(f) 垂直折板式

图 6.14　气流分布板的结构型式

电除尘器正式投入运行前，必须进行测试、调整，检查气流分布是否均匀，对气流分布的具体要求是：任何一点的流速不得与该断面平均流速相差超过±40%；在任何一个测定断面上，85%以上测点的流速与平均流速不得相差超过±25%。

(4)外壳。

电除尘器外壳是密封烟气、支承全部内部质量及外部附加载荷的结构件。外壳的作用：引导烟气通过电场，支承阴、阳极和振打设备，形成一个与外界环境隔离的独立的集尘空间。

为了减少烟气泄漏，外壳必须密封。若漏风量大，不但风机负荷加大，也会因电场风速提高使除尘效率降低。在处理高湿烟气时，冷空气的漏入会使局部烟气温度降至露点以下，导致除尘器构件积灰和腐蚀。

除尘器外壳材料要视处理烟气的性质和操作温度而定。电除尘器的外壳一般有砖结构、钢筋混凝土结构和钢结构。外壳上部安装绝缘瓷瓶和振打机构，下部为集灰斗，中部为集尘电场。同时，外壳需敷设保温层，以防止含尘气体冷凝结露、粉尘集结于电极或腐蚀钢板。灰斗内表面必须保持光滑，以免滞留粉尘。电除尘器灰斗下设排灰装置，较常用的有螺旋输送机、仓式泵、回转下料器和链式输送机。排灰装置应不漏风，工作可靠。

3. 电除尘器的分类及选用

根据不同的特点，电除尘器可分为不同的类型。

(1)根据集尘极的结构型式划分。

①管式电除尘器。

如图 6.15 所示，管式电除尘器是将电晕极放置在金属圆管的轴线位置上，圆管内壁成为集尘极的表面。圆管的内径通常为 150～300 mm，长 2～5 m。在管的中心放置的电晕极和集尘极的极间距（异极间距）均相等，电场强度的变化较均匀，具有较高的电场强度。通常采用多排圆管并列结构，以提高除尘器的处理量。含尘气体从管的下方进入管内，净化后的气体从顶部排出。由于单根圆管通过的气体量很小，通常是用多管并列，多管管式电除尘器的电晕线分别悬吊在每根单管的中心。由于含尘气体从管的下方进入管内，往上运动，故仅适用于立式电除尘器。

管式电除尘器一般只适用于气体量较小的情况，通常采用湿式清灰。

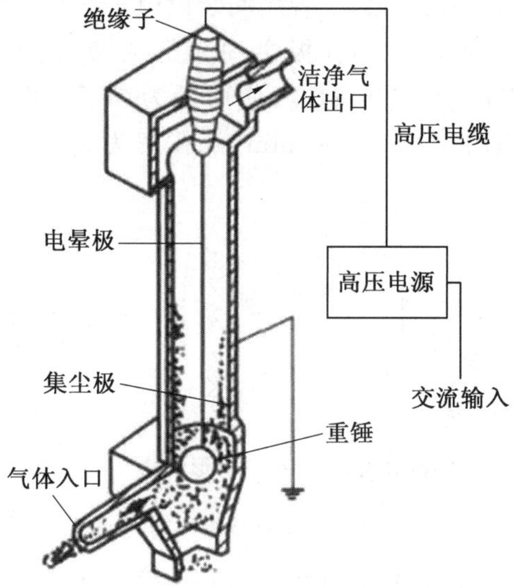

图 6.15　管式电除尘器结构示意图

②板式电除尘器。

如图 6.16 所示，板式电除尘器是在一系列平行的通道间设置电晕极的。两平行的集尘极之间的距离一般为 200～400 mm；通道数由几个到几十个，甚至上百个，高度为 2～12 m，甚至达 15 m。除尘器长度可根据对除尘效率的要求确定。

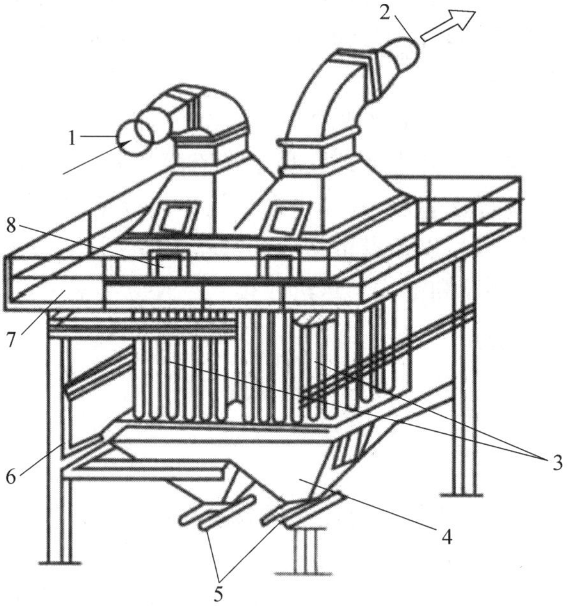

图 6.16　板式电除尘器结构示意图

1—下灰斗；2—螺旋除灰机；3—电晕极；4—集尘极；5—集尘极振打清灰装置；
6—放电极振打清灰装置；7—进气气流分布板；8—出气气流分布板

板式电除尘器由于几何尺寸很灵活，可做成大小不同的各种规格，是工业中最广泛采用的形式，绝大多数情况下用干式清灰。

(2)根据气体流向划分。

①立式电除尘器。

在这种电除尘器内，含尘气体从下往上垂直流动。管式电除尘器多为立式电除尘器，图6.17为立式多管电除尘器结构示意图。其占地面积小，但高度较大，检修不方便，气体分布不易均匀，捕集到的粉尘容易产生二次扬起。气体出口可设在顶部。其通常规格较小，处理气量小，适宜在粉尘性质便于被捕集的情况下使用。

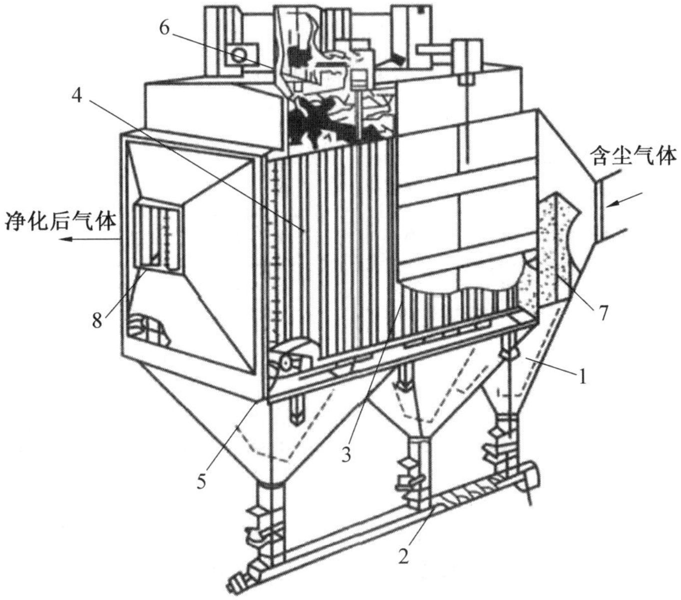

图6.17　立式多管电除尘器结构示意图

1—含尘气体入口；2—净化后气体出口；3—管状电除尘器；4—灰斗；5—排灰口；6—支架；7—平台；8—人孔

②卧式电除尘器。

气体在卧式电除尘器内沿水平方向流动，可按生产需要适当增加或减少电场的数目。其特点是分电场供电，避免各电场间互相干扰，有利于提高除尘效率；便于分别回收不同成分、不同粒度的粉尘，达到分类捕集的目的；容易保证气流沿电场断面均匀分布；由于粉尘下落的运动方向与气流运动方向垂直，粉尘二次扬起比立式电除尘器要少；设备高度较低，安装、维护方便；适于负压操作，对风机的寿命及劳动条件均有利。但其占地面积较大，基建投资较高。

立式电除尘器由于受到高度的限制，在要求除尘效率高而希望增加电场长度时，就不如卧式灵活；而且在检修方面，卧式电除尘器也较立式方便；当烟气或尘粒有爆炸危险时，可考虑采用立式电除尘器，因其上部是敞开的，爆炸时不致发生很大的损害。

(3)根据清灰方式划分。

①干式电除尘器。

对于干式电除尘器，粉尘呈干燥状态，操作温度一般高于被处理气体露点20～30 ℃，可达 350～450 ℃,甚至更高;可采用机械、电磁、压缩空气等振打装置清灰。其常用于收集经济价值较高的粉尘。

②湿式电除尘器。

对于湿式电除尘器,粉尘为泥浆状,操作温度较低,一般含尘气体都需要进行降温处理,在温度降至 40～70 ℃后再进入电除尘器,设备需采取防腐蚀措施。一般采用喷水或淋水、溢流等方式在集尘极表面形成水膜,将黏附其上的粉尘带走,由于水膜的作用避免了粉尘的再飞扬,除尘效率很高,适用于气体净化或收集无经济价值的粉尘。另外,由于水对被处理气体的冷却作用,使气量减少。若气体中有一氧化碳等易爆气体,用湿式电除尘器可减少爆炸危险。

(4)根据电极在电除尘器内的配置位置划分。

图 6.18 为单区和双区电除尘器的尘粒荷电和分离示意图。

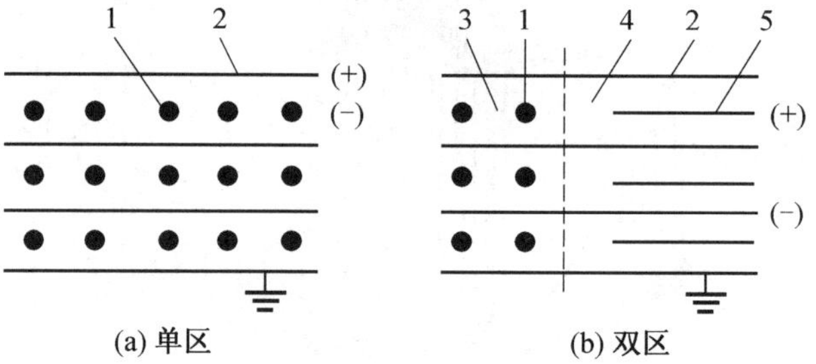

图 6.18　单区和双区电除尘器的尘粒荷电和分离示意图

1—电晕线;2—接地的集尘极;3—荷电区;4—集尘区;5—高压板

①单区电除尘器。

单区电除尘器的电晕极和集尘极都装在一个区域内,含尘气体尘粒的荷电和积尘在同一个区域中进行。单区电除尘器结构如图 6.19 所示。其通常应用于工业除尘和烟气净化,是目前应用最为广泛的一种电除尘器。

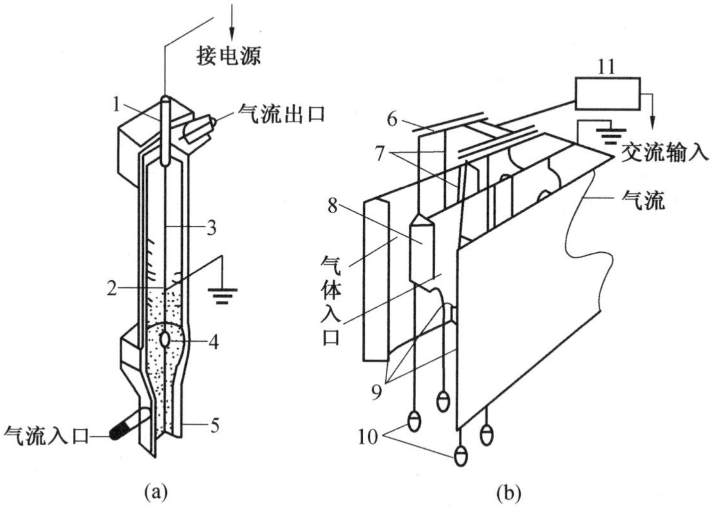

图 6.19　单区电除尘器结构示意图

1—绝缘瓶;2—集尘极表面上的粉尘;3,7—电晕极;4—吊锤;5—捕集的粉尘;6—高压母线;8—挡板;9—集尘极板;10—重锤;11—高压电源

②双区电除尘器。

双区电除尘器结构如图 6.20 所示。含尘气体尘粒的荷电和积尘在结构不同的两个区域内进行，在前一个区域内装电晕极系统以产生离子，而在后一个区域中装集尘极系统以捕集粉尘。双区电除尘器供电电压较低，结构简单，一般用于空调净化方面。近年来，在工业废气净化中也采用双区电除尘器。

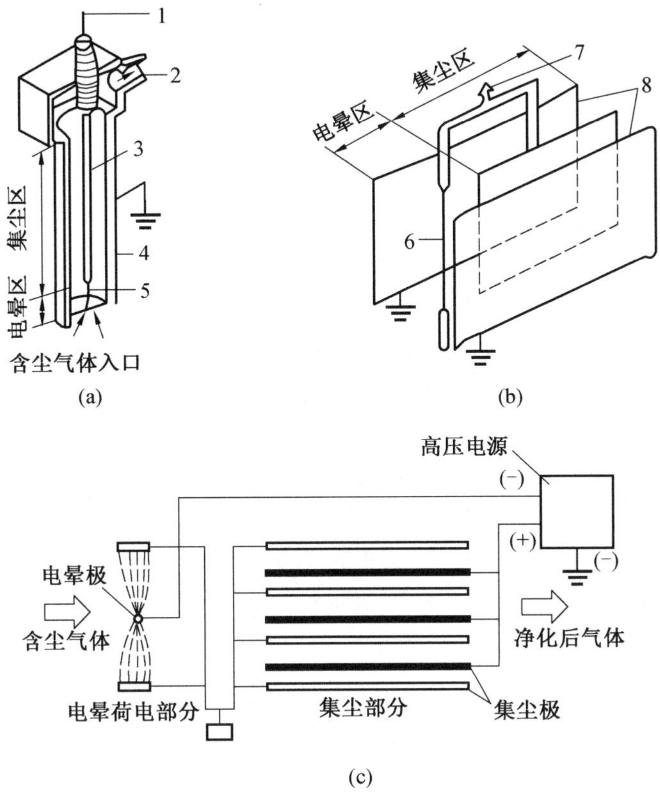

图 6.20 双区电除尘器结构示意图

1,7—连接高压电源；2—净化后气体出口；3—不放电的高压电源；4,8—集尘极板；5,6—电晕极

(5)根据电晕极采用的极性划分。

①正电晕。

在电晕极上施加正极高压，而集尘极为负极接地。

②负电晕。

在电晕极上施加负极高压，而集尘极为正极接地。

正电晕的击穿电压低，工作时不如负电晕稳定，但负电晕会产生大量对人体有害的臭氧及氮氧化物，因此用作净化送风时只能采用正电晕，而用于工业排出气体的除尘时则绝大多数采用负电晕。在工程实际应用中大部分采用干式、板式和水平卧式电除尘器。

4. 电除尘器的除尘效率及其主要影响因素

(1)电除尘器的除尘效率。

除尘效率是电除尘器主要的性能指标。

①粉尘驱进速度。

荷电的粉尘在电场中在静电力 F 和气体阻力 F_p 的综合作用下产生静电沉降，并向同本身所带电荷异性的集尘极运动，其运动的速度称为驱进速度 w，单位为 m/s。静电力为

$$F=q_pE_p \tag{6.6}$$

式中 q_p——尘粒的荷电量，C；

E_p——尘粒所处位置的电场强度，V/m。

粉尘在向集尘极移动时所受的阻力可按 Stokes 公式来计算，即

$$F_p=\frac{3\pi\mu d_p w}{k} \tag{6.7}$$

式中 F_p——气体阻力，N；

μ——气体的黏度，Pa·s；

d_p——粉尘粒子的直径，m；

k——坎宁安修正系数(无量纲)，可以近似估算为 $k=1+1.7\times10^{-7}/d_p$。

当 $F=F_p$ 时，粉尘向集尘极做匀速运动，根据式(6.6)和式(6.7)，即得到驱进速度

$$\omega=\frac{q_pE_pk}{3\pi\mu d_p} \tag{6.8}$$

驱进速度是一个表征某种尘粒静电沉降特性的参数。驱进速度越大，说明该种尘粒越容易被静电除尘。由式(6.8)可以看出，粒子的驱进速度 w 与粒子的荷电量、粒径、电场强度及气体介质的黏度有关，其运动方向与电场力方向一致。此外，气流、粒子特性等因素未考虑，所以按上式计算的驱进速度比实际驱进速度要大得多。

②除尘效率 η。

除尘效率 η 定义为捕集下来的粉尘量与烟气总含尘量之比值。如果进入电除尘器的烟气的初始烟尘浓度为 C_0，处理后的烟尘浓度为 C_1，则电除尘器的除尘效率为

$$\eta=\frac{C_0-C_1}{C_0}\times100\% \tag{6.9}$$

实际工程中，往往根据在一定的除尘器结构型式和运行条件下测得的总捕集效率值，将 η 值代入德意希－安德森方程式中，反算出相应的驱进速度值 w_e，此值也称为有效驱进速度。

德意希－安德森方程式即

$$\eta=1-\exp\left(-\frac{\omega_eA}{Q}\right) \tag{6.10}$$

式中 A——电除尘器集尘极的总表面积，m^2；

Q——通过电除尘器的气体量，m^3/s。

若令 $f=A/Q$，则 f 表示了单位时间内单位体积烟气所需的集尘面积，简称比集尘面积，$m^2/(m^3\cdot s)$。

比集尘面积是衡量电除尘器除尘能力的一个重要参数。该参数越高，说明电除尘器的除尘效率越高，相应的一次投资也越高。

有效驱进速度 w_e 常在静电除尘器的设计计算中被使用。对于工业电除尘器，有效驱

进速度变化处于 0.02～0.2 m/s 范围内。表 6.8 列出了各种工业粉尘的有效驱进速度。

表 6.8 各种工业粉尘的有效驱进速度

粉尘种类或来源	驱进速度/($m \cdot s^{-1}$)	粉尘种类或来源	驱进速度/($m \cdot s^{-1}$)
煤粉(飞灰)	0.01～0.04	冲天炉(铁焦比=10)	0.03～0.04
纸浆及选纸	0.08	水泥生产(干法)	0.06～0.07
平炉	0.06	水泥生产(湿法)	0.01～0.11
酸雾(H_2SO_4)	0.06～0.08	多层床式焙烧炉	0.08
酸雾(TiO_2)	0.06～0.08	红磷	0.03
飘悬焙烧炉	0.08	石膏	0.16～0.20
催化剂粉尘	0.08	二极高炉(80%生铁)	0.125

(2)电除尘器除尘效率的主要影响因素。

影响电除尘器除尘效率的因素除了影响电晕极放电的因素(即气体的温度、压力、流速和成分)外，还有粉尘特性、除尘器结构和操作因素等，下面对其中几个主要因素进行介绍。

①粉尘特性。

a.粉尘粒径。

粉尘粒径不同，在电场中的荷电机制就不同，那么驱进速度也就显著不同。对于粒径大于 1 μm 的颗粒，随着粒径的减小，除尘效率降低。粒径为 0.1～1 μm 的颗粒，除尘效率几乎不受粒径的影响。

b.粉尘比电阻。

粉尘的导电性能好坏，对除尘效率影响极大。粉尘比电阻小，导电性好；比电阻大，导电性差。粉尘层的比电阻定义为厚 1 cm，覆盖 1 cm^2 集尘面积的粉尘层电阻，用符号 ρ 表示。

$$\rho=\frac{AR_m}{\delta} \tag{6.11}$$

式中 ρ——粉尘比电阻，$\Omega \cdot cm$；

A——集尘面积，cm^2；

R_m——平均电阻；

δ——粉尘层厚度，cm。

粉尘比电阻不仅与粉尘本身的性质和分散度有关，还与含尘气体的温度、湿度、组分、粉尘层的孔隙率等因素有关，因此应以实际操作条件下的粉尘比电阻作为影响电除尘器性能的依据。一般情况下，电除尘器运行最适宜的粉尘比电阻范围为 $1\times10^4 \sim 2\times10^{10}\ \Omega \cdot cm$。

②除尘器结构。

a.比集尘面积。

比集尘面积增大，颗粒被捕集的机会增加，除尘效率就相应增大。

b.极间距。

气体流速一定的情况下，驱进速度一定，极间距越小，尘粒到达集尘极板的时间越短，尘粒越容易被捕集。但极间距过小易造成颗粒的二次扬起。

c. 长高比。

集尘板有效长度与高度之比直接影响振打清灰时二次扬起的多少。与集尘板高度相比，如果集尘板不够长，部分下落灰尘在到达灰斗之前可能被烟气带出除尘器，从而降低除尘效率。

③气流速度及分布。

除尘器内气流速度过高，已沉积在集尘板上的尘粒就有可能脱离极板，重新回到气流中，产生二次扬起；振打清灰时，从极板上剥落下来的尘粒也可能被高速气流卷走。因此，气流速度过高会导致除尘效率降低。从设备尺寸考虑，气流速度也不能太低，一般断面风速取0.6～1.5 m/s 为宜。

气流分布的均匀性对除尘效率也有较大的影响。若气流分布不均匀，流速低处增加的除尘效率远不能弥补流速高处除尘效率的降低，则总除尘效率下降。

5. 电除尘器的设计与选型

(1)电除尘器设计与选型原则。

①除尘效率要满足排放标准的要求。

②尽可能选择合适的有效驱进速度。在设计中，有效驱进速度值取得过高，设计的总集尘面积可能就不能满足除尘效率的要求。如果有效驱进速度值取得过低，设计的总集尘面积就可能过大，出现“大马拉小车”的现象，造成浪费。

③电除尘器各参数的匹配。对于一台已经投入运行的电除尘器，根据实测所得效率计算得到的驱进速度是一个众多因素的综合反映，是一个基本不变的参数，因为影响它的诸因素，如烟气成分、温度、湿度、含尘浓度、粉尘的成分、粒径分布、比电阻、流速、气流分布、电极构造、荷电条件及运行状况等因素已基本确定。而对于一台正在设计中的电除尘器，诸多因素尚不确定，所选取的有效驱进速度不能涵盖所有因素的作用。因此，设计并不是选出一个驱进速度值这么简单。对影响电除尘器除尘效率的诸多因素都得仔细考虑，要统筹兼顾，优化设计，追求完美。在考虑这些因素时，最重要的是要让设备参数和烟气参数匹配，设备之间的参数匹配。其中，有静电除尘器本体和电源在容量方向的匹配，电源电压和极距、极线类型的匹配等。选取同样的有效驱进速度，如果这些匹配工作做得好，总集尘面积的设计值就可以取得小一些。

(2)电除尘器设计的原始数据。

电除尘器设计的原始数据包括：锅炉技术参数，锅炉耗煤量、烟气量、烟温；制粉系统情况；空气预热器型式和过剩空气系数；烟尘浓度；除灰除渣方式；引风机型式及型号；设计煤种和校核煤种；飞灰成分分析、颗粒分析、比电阻、密度；烟气露点温度和烟气中水蒸气体积百分比；厂址气象和地理条件等。由于烟尘排放浓度标准对应的烟气量是按标准状态考虑的，故烟气量和烟尘浓度建议提供两种状态的数据，即标准状态和实际状态的烟气量(m^3/h)及烟尘浓度(g/m^3)。电除尘器排出的烟气量和烟尘浓度须达到国家排放标准。

(3)电除尘器设计的主要参数。

除尘效率、烟速、烟气在电场内停留时间和比集尘面积是电除尘器的基本工艺参数。设计人员根据用户对除尘效率的要求，以及燃料、灰尘特性而确定烟速、烟气在电场内停留时间和比集尘面积。一旦总集尘面积和断面积确定，电场长度就可以确定，也就确定了烟气在电场内停留时间。

断面积和总集尘面积确定后就可确定结构设计参数，如长高比、室数、电场数、每个电场长度、电场宽度、灰斗数等。

电除尘器长高比定义为集尘板有效长度与高度之比。它直接影响振打清灰时二次扬尘的多少。一般选择长高比为0.5～1.0，如果要求除尘效率大于99%，则电除尘器的长高比至少要为1.0～1.5。

(4)电除尘器本体的设计计算。

根据粉尘的比电阻、有效驱进速度 w_e、含尘气体的流量 Q 及预期要达到的除尘效率 η，即可进行电除尘器本体的设计计算。设计参数包括集尘极板总表面积 A、电晕极和集尘极的数量和间距，以及电场长度 L 等。

①板式电除尘器参数的设计计算。

集尘极板总表面积 A 可由下式求得。

$$A=\frac{Q}{w_e}\ln\frac{1}{1-\eta} \tag{6.12}$$

式中 Q——通过电除尘器的气体量，m^3/s；

η——除尘效率，%；

w_e——有效驱进速度，m/s，其值可参考表6.8。

集尘极板总表面积 A 值大小决定了电除尘器本体的大小，即

$$n_p hL_p=\frac{A}{2} \tag{6.13}$$

式中 L_p——集尘极板长度，m；

h——集尘极板高度，m；

n_p——集尘极的通道数。

根据电场断面的宽度和所选定的集尘极间距 $2b$，可以确定集尘极的通道数(或排数)n_p，即

$$n_p=\frac{B}{2b}+1 \tag{6.14}$$

式中 $2b$——通道宽度，即集尘极间距，m；

B——电场断面的宽度，m。

根据选定的电场风速 u(单位：m/s)，可以确定集尘极板高度 h。

$$h=\frac{Q}{2bn_p u} \tag{6.15}$$

除尘器断面积(即通道横断面面积)A_c 为

$$A_c=\frac{Q}{u}=2bhn_p \tag{6.16}$$

集尘极板总表面积 A 确定后，再根据集尘极的排数和电场宽度，可计算出电场的长度。在计算集尘极板总表面积 A 时，靠近电除尘器壳体的最外层集尘极按单面计算，其余集尘极均按双面计算。电场长度 L 的计算公式为

$$L=\frac{A}{2(n_p+1)h} \tag{6.17}$$

目前常用的单一电场长度为2～4 m，当实际要求的电场长度超过4 m时，可将电极沿气流方向分成几段，形成多个电场。

集尘时间为

$$t=\frac{L_p}{u} \tag{6.18}$$

粉尘在电场内停留时间(集尘时间)应大于或等于粉尘颗粒从电晕极飘移到集尘极所需的时间,即

$$t\geqslant\frac{b}{w_e} \tag{6.19}$$

联立式(6.18)和式(6.19),则集尘极板长度 L_p 应满足

$$L_p\geqslant\frac{b}{w_e}u \tag{6.20}$$

②管式电除尘器参数的设计计算。

$$A=2\pi RL_1n_1 \tag{6.21}$$

式中 L_1——圆管电极长度,m;

R——圆管内半径,m;

n_1——圆管集尘极个数。

集尘极高度 h 为

$$h=\frac{Q}{2bun_1} \tag{6.22}$$

式中 u——电除尘器断面气流速度,m/s;

$2b$——通道宽度(集尘极间距),m。

除尘器断面积 A_c 为

$$A_c=\frac{Q}{u}=\pi R^2n_1 \tag{6.23}$$

除尘器断面的气流速度为

$$u=\frac{Q}{\pi R^2n_1} \tag{6.24}$$

集尘时间和圆管电极长度

$$t\geqslant\frac{L_1}{u} \tag{6.25}$$

$$L_1\geqslant\frac{R}{w_e}u \tag{6.26}$$

尽管国内外的学者对电除尘器进行了大量的实验研究,但由于电除尘器受本体结构、电源特性、粉尘物性、气体温度、湿度、压力、气流速度等诸多因素的影响,目前尚有一些问题没有弄清楚,对于电除尘器的理论计算与设计也不能达到其他除尘器那样准确。

(5)电除尘器的选型。电除尘器型式和工艺配置,要根据处理的含尘气体性质及处理要求决定,其中粉尘比电阻是重要的因素。比电阻在 $1\times10^4\sim2\times10^{10}$ Ω·cm 的范围内,可采用普通干式电除尘器,若比电阻偏高,则采用特殊的电除尘器,如宽间距电除尘器、高温电除尘器等,或在烟气中加入一定量的水雾、NH_3、SO_3、Na_2CO_3 等进行调质处理。对于低比电阻粉尘,一般干式除尘器难以捕集,但荷电颗粒凝聚后变为大颗粒,在其后加一旋风除尘器或过滤式除尘器,则可获得较高的除尘效率。

湿式电除尘器既能捕集高比电阻粉尘,也能捕集低比电阻粉尘,除尘效率较高。但湿式

电除尘器的积垢和腐蚀问题较严重，产生的污泥需要处理。

例 6.2 某钢铁厂烧结机尾气电除尘器集尘板总面积为 1 982 m^2（两个电场），断面积为 40 m^2，烟气流量 44.4 m^2/s，该电除尘器进、出口烟气含尘浓度的实测值分别为 26.88 g/m^3 和 0.133 g/m^3。参考以上数据设计另一台烧结机尾气电除尘器，处理烟气量为 70.0 m^3/s，要求除尘效率达到 99.8%。

解 根据实测数据计算原电除尘器除尘效率：

$$\eta=\frac{C_0-C_1}{C_0}\times 100\%=\frac{26.8-0.133}{26.8}\times 100\%=99.5\%$$

有效驱进速度：

$$w_e=\frac{-\ln(1-\eta)}{A/Q}=\frac{-\ln(1-0.995)}{1\ 982/44.4}=0.119\ (\mathrm{m/s})$$

原除尘器断面风速：

$$u=\frac{Q}{F}=\frac{44.4}{40}=1.11\ (\mathrm{m/s})$$

设计新电除尘器：按要求的除尘效率 $\eta'=99.8\%$，取有效驱进速度 $w_e=0.119$ m/s，计算所需集尘极板面积：

$$A=\frac{Q}{w_e}\ln\frac{1}{1-\eta}=\frac{70}{0.119}\ln\frac{1}{1-0.998}=3\ 670\ (\mathrm{m^2})$$

取通道宽度 $2b=0.29$ m，集尘极板长 $L_p=8.5$ m，集尘极板高 $h=7$ m，则通道数为

$$n_p=\frac{A}{2L_p h}=\frac{3\ 670}{2\times 8.5\times 7}=30.8$$

取通道数 $n_p=31$，则新设计电除尘器电场风速

$$u=\frac{Q}{2bhn_p}=\frac{70}{0.29\times 7\times 31}=1.11\ (\mathrm{m/s})$$

6.2 气态污染物净化设备

气态污染物控制是减少气态污染物向大气排放的技术措施和管理政策。工业生产中的有害气体种类很多，主要有硫氧化物、氮氧化物、卤化物、碳氧化物、碳氢化物等。气态污染物在废气中以分子状态或蒸气状态存在，是均相混合物，可根据物理的、化学的和物理化学的原理进行分离。目前国内外采用的主要技术为吸收、吸附、冷凝、燃烧和催化转化五种。净化方法的选择部分取决于气体的流量和污染物浓度。尽可能地减少气体流量和提高污染物的浓度，可使处理费用降至最低。对于浓度较高的气体，可考虑增加预处理系统。废气中颗粒物会给气体净化装置的操作带来困难，几种废气共存也会使净化装置的设计和选择复杂化。

6.2.1 吸收净化设备

吸收法是利用各种气体在液体中的溶解度不同，使污染物组分被吸收剂选择性吸收，从而使废气得以净化的方法。能够用吸收法净化的气态污染物主要包括 SO_2、H_2S、HF、NO_x、CO、碳氢化合物及挥发性有机物（volatile organic compounds，VOCs）等。

1. 吸收净化设备的类型

气态污染物吸收净化过程中，由于气体量大而浓度低，因此常选用气相为连续相、湍流程度较高、相界面大的吸收设备，最常用的是填料塔，其次是板式塔，此外还有喷淋塔等。

(1)填料塔。

填料塔以填料作为气液接触的基本构件。填料塔结构如图 6.21 所示，塔体为直立圆筒，筒内充填一定高度的填料，下方有支承板，上方为填料压板及液体分布装置。气体在压强差的推动下，从塔底送入，经过填料间的空隙上升。吸收剂自塔顶经喷淋装置均匀喷洒，沿填料表面下流。填料的润湿表面就成为气液连续接触的传质表面，净化气体最后从塔顶排出。

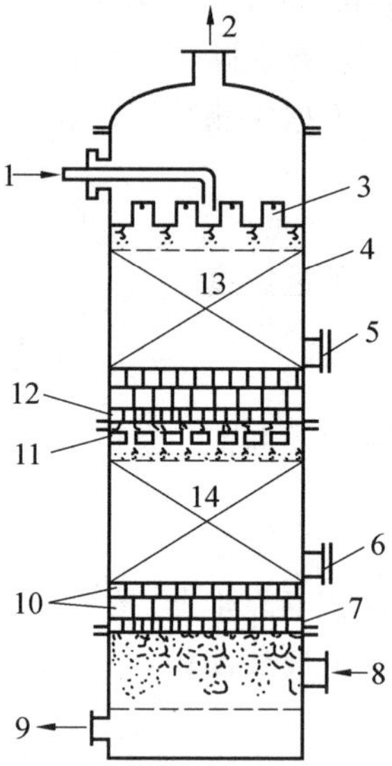

图 6.21　填料塔结构示意图

1—液体入口；2—气体出口；3—液体分布器；4—外壳；5—填料卸出口；6—人孔；7，12—填料支承；8—气体入口；9—液体出口；10—防止支承板堵塞的大填料和中等填料层；11—液体再分布器；13，14—填料

填料塔的气液接触时间、液气比均可在较大范围内调节，还具有结构简单、压力降小、操作稳定、适用范围广、便于用耐腐蚀材料制造、直径可较小等优点。塔径在 800 mm 以下时，其较板式塔造价低、安装检修容易。但直径过大时，填料塔则存在效率低、质量大、造价高及清理检修麻烦等缺点。近年来，由于填料结构的改进，新型高效、高负荷填料的开发，既提高了塔的通过能力和分离能力，又保持了压力降小及性能稳定的优点，因此填料塔已被推广到所有大型气液操作系统中，在 VOCs 污染控制工程中得到广泛应用。

湍球塔是近十几年来发展起来的高效吸收净化设备，属于填料塔中的特殊塔型，如图 6.22 所示。

湍球塔以一定数量的轻质小球作为气液两相接触的媒介。塔内有开孔率较高的筛板，一定数量的轻质小球置于筛板上。吸收剂由塔上部的喷头均匀地喷洒在小球表面。需处理的气体由塔下部的进气口经导流叶片和筛板穿过湿润的球层。当气流速度达到足够大时，小球在塔内湍动旋转，相互碰撞。气、液、固三相接触，小球表面的液膜不断更新，使得废气与新的吸收剂接触，增大了吸收推动力，提高了吸收效率。净化后的气体经过除雾器脱去湿气，由塔顶部的排出管排出塔体。

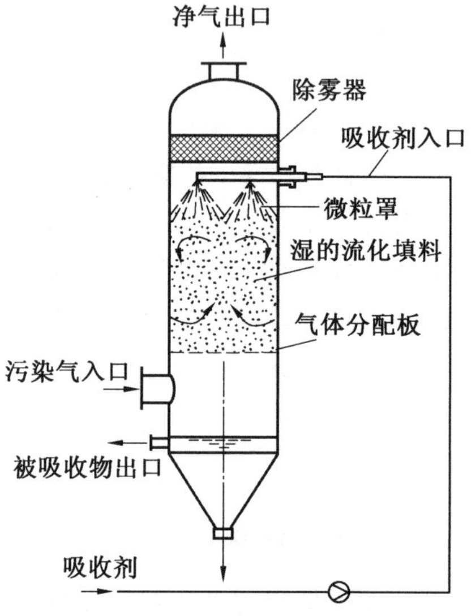

图 6.22　湍球塔结构示意图

湍球塔的优点是气流速度高，处理能力强；设备体积小，吸收效率高；能同时对含尘气体进行除尘；由于填料剧烈的湍动，一般不易被固体颗粒堵塞。其缺

点是随着小球运动,有一定程度的返混;段数多时阻力较高;塑料小球不能承受高温,且磨损大,使用寿命短,需要经常更换。湍球塔常用于处理含颗粒物的气体或液体,以及可能发生结晶的过程。

(2)板式塔。

如图 6.23 所示,板式塔通常是由一个呈圆柱形的壳体及沿塔高按一定的间距水平设置的若干层塔板所组成的。在操作时,吸收剂从塔顶进入,依靠重力作用由顶部逐板流向塔底排出,并在各层塔板的板面上形成流动的液层;气体由塔底进入,在压力差的推动下,由塔底向上经过均布在塔板上的开孔,以气泡的形式分散在液层中,形成气液接触界面很大的泡沫层。气相中部分有害气体被吸收,未被吸收的气体通过泡沫层后进入上一层塔板,气体逐板上升与板上的液体接触,被净化的气体最后由塔顶排出。

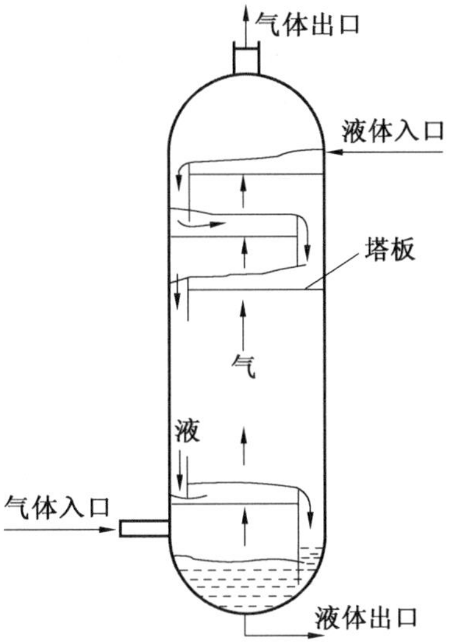

图 6.23 板式塔结构示意图

板式塔主要按塔内所设置的塔板结构的不同分类。板式塔的塔板可分为有降液管及无降液管两大类,如图 6.24 所示。在有降液管的塔板上,有专供液体流通的降液管,每层板上的液层高度可以通过溢流挡板来调节,在塔板上气液两相呈错流方式接触;在无降液管的塔板上,没有降液管,气液两相同时逆向通过塔板上的小孔呈逆流方式接触。除此以外,还有其他类型的板式塔,如导向筛板塔、网孔塔、旋流板塔等。

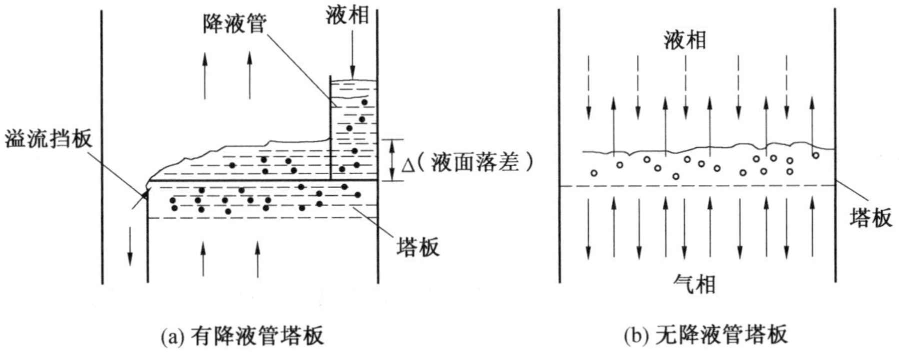

图 6.24 塔板结构类型

与填料塔相比,板式塔的空塔速度高,因而生产能力强,但压力降较高。直径较大的板式塔,检修清理较容易,造价较低。

2. 吸收净化设备的选用

气态污染物吸收净化过程中,一般处理气体量大、污染物浓度低,故常选用气相为连续相、湍流程度较高、相界面大的吸收设备,最常用的是填料塔,其次是板式塔,此外还有喷淋塔和文丘里洗涤器等。常用吸收设备及其吸收效率见表 6.9。

为了强化吸收过程、降低设备的投资和运行费用,吸收设备应具备以下条件。

①气、液相之间有较大的接触面积和一定的接触时间，处理能力要大。

②气流通过时的压力损失小。

③结构简单，制作维修方便，造价低廉。

④吸收效率高。

⑤操作稳定，并有合适的操作弹性。

⑥针对具体情况，要求具有抗腐能力。

表 6.9　常用吸收设备及其吸收效率

设备名称	吸收效率	主要吸收气体
填料塔	中等	SO_2、H_2O、HCl、NO_2
各类板式塔(多孔塔、浮阀塔、泡罩塔、栅板塔)	小～中	Cl_2、HF
喷射塔	小	HF、SiF_4、HCl
旋风洗涤器	小～中	含粉尘多的气体
文丘里洗涤器	中～大	HF、H_2SO_4、烟尘
湍流吸收塔	中	HF、NH_3、H_2S
气泡塔	中	Cl_2、NO_2
旋流板塔	中	SO_2

对于易起泡、黏度大、有腐蚀性和热敏性的物质宜用填料塔；对于处理过程中有热量放出或需加入热量的系统，宜采用板式塔；有悬浮固体和残渣的物料，或易结垢的物料，宜用板式塔；传质速率由气相控制的，宜用填料塔；传质速率由液相控制的，宜用板式塔；处理系统的液气比小时，宜用板式塔；操作弹性要求较高时，宜采用浮阀塔、泡罩塔等；伴有化学反应(特别是此反应不太迅速时)的吸收过程，采用板式塔较有利；气相处理量大的系统宜采用板式塔，处理量小则填料塔适宜。

喷射塔、文丘里洗涤器等设备结构简单、造价低、不易堵塞，但能耗高，适用于以除尘为主，同时吸收易溶气体的场合。

填料塔和板式塔生产能力强，吸收效率高，操作弹性大，是目前工业上广泛应用的吸收设备。填料塔结构简单，便于用耐腐蚀材料制造，因而在气态污染物控制上被广泛选用。

3. 填料塔的设计

填料塔主要由塔体、填料、填料支承装置、液体喷淋装置、液体再分布装置、气体进出口管等部件组成，其设计步骤如下。

(1)收集资料、找出气液平衡关系。

根据实地调查或任务书给定的气液物料系统和温度、压力条件，查阅手册或相关资料。若无合适数据可供采用，则应通过实验找出气液平衡关系。

(2)确定吸收流程。

吸收流程可采用单塔逆流流程，也可采用单塔吸收或部分吸收剂再循环的流程，或采用多塔串联、部分吸收剂循环(或无部分循环)的流程。部分吸收剂再循环的主要作用是提高喷淋密度，保证完全润湿填料和除去吸收热，此外还可以调节产品的浓度。当设计计算所得填料层高度过高时，应将其分为数塔，然后加以串联。有时填料层虽不太高，但因为系统容易堵塞或其他原因，为了维修方便也可采用数塔串联。

(3)确定吸收剂用量。

对于废气处理,一般气、液相浓度都较低,吸收剂的最小用量可按下式计算。

$$L_{\min}=\frac{y_1-y_2}{\dfrac{y_1}{m}-x_2}G \tag{6.27}$$

式中 y_1,y_2——气相进、出口摩尔分数,kmol 溶质/kmol 混合气;

x_2——液相进口摩尔分数,kmol 溶质/kmol 溶液;

m——气液相平衡常数;

G——气相摩尔流率,kmol/(m^2·h);

$L_{\min}$——最小液相摩尔流率,kmol/(m^2·h)。

为了保证填料表面充分润湿,必须保证一定的喷淋密度,否则操作无法进行。但如果吸收剂用量过大,不但增加能耗,操作时会出现带液现象严重,而且会增加吸收剂再生费用或者产生大量的工业污水污染环境。因此,一般取吸收剂的用量为

$$L=(1.2\sim2.0)L_{\min} \tag{6.28}$$

(4)选择填料。

填料是填料塔的核心部分,其作用是增加气液两相的接触表面和提高气相的湍流程度,促进吸收过程的进行。填料的选择,对填料塔的经济性有重要的影响。对于给定的设计条件,常有多种填料可供选用,因此需要对各种填料做综合比较,选择出比较理想的填料。为了使填料塔发挥良好的效能,填料应至少符合三个方面要求:一是要有较大的比表面积、良好的润湿性能及有利于液体均匀分布的形状;二是要有较高的空隙率;三是要求单位体积填料的质量轻,造价低,坚固耐用,不易堵塞,有足够的机械强度,对于气液两相介质都有良好的化学稳定性。

填料的种类很多,大致可分为通用型填料和精密填料两大类。拉西环、鲍尔环、矩鞍和弧鞍填料等属于通用型填料,其特点是适用性好,但效率低,一般由金属、陶瓷、塑料、焦炭及玻璃纤维等材质制成。θ 网环和波纹网填料属于精密填料,其特点是效率较高,但使用要求较苛刻,应用受到限制,其主要材质为金属材料。

填料在填料塔内的装填方式有乱堆(散装)和整砌(规则排列)两种。乱堆填料装卸方便,压力降大,一般直径在 50 mm 以下的填料多采用乱堆方式装填;整砌填料常用规整填料整齐砌成,压力降小,适用于直径在 50 mm 以上的填料。

(5)计算塔径。

填料塔直径应根据生产能力和空塔气速 u 确定。选择小的空塔气速,则压力降小,动力消耗少,操作弹性大,设备投资大,而生产能力低;低气速也不利于气液充分接触,使分离效率降低。若选择较高的空塔气速 u,则不仅压力降大,且操作不稳定,难以控制。

(6)计算填料层的总高度。

适当的填料层的高度是很重要的。填料层如果太高,塔内液流的器壁效应将很严重,这将导致填料表面利用率下降。因此,当填料层高度超过一定数值时,塔内填料要分层,层与层间加设液体再分布器,以保证塔截面上液体喷淋均匀。

(7)填料层分段。

为了减少放大效应,提高塔内填料的传质效率,对于较高的填料层需要进行合理分段。

(8)计算压力降。

全塔压力降由填料层压力降和塔内件压力降两部分组成。如果计算出的全塔压力降超过限定值,则需调整填料的类型、尺寸或降低操作气速,然后重复计算,直至满足条件。

(9)计算填料塔的高度。

填料塔的高度主要取决于填料层高度,另外还要考虑塔顶空间、塔底空间及塔内的附属装置等。

(10)填料塔附属结构的设计与选用。

填料塔的附属结构包括:填料紧固装置、填料支承装置、液体分布装置及再分布装置、气液体进口及出口装置、除雾装置等。

6.2.2 吸附净化设备

吸附净化是用多孔固体吸附剂将气体(或液体)混合物中的一种或数种组分聚积或凝缩在其表面,从而达到分离净化目的的过程。由于吸附作用可以进行得相当完全,因此能有效地清除用一般手段难以处理的气体或液体中的低浓度污染物。吸附净化法通常用来回收废气中的有机污染物及去除恶臭。如在人造纤维工业中回收丙酮、二硫化碳,在油漆工业中回收甲苯、二甲苯、酯类等。此外,其还可用于治理烟道气中的硫氧化物、氮氧化物、汽车排出的CO、硝酸车间尾气等。

1. 吸附净化设备的类型及结构特点

在气态污染物的吸附净化过程中,根据操作的连续性,可以将吸附工艺分为间歇式流程、半连续式流程和连续式流程。根据吸附剂运动状态的不同,吸附净化设备可分为固定床吸附器、移动床吸附器、流化床吸附器等类型。

(1)固定床吸附器。

固定床吸附器是最古老的一种吸附装置,且目前仍然是应用最广的吸附装置。

在固定床吸附器内,吸附剂颗粒均匀、固定不动地堆放在多孔支撑板上,成为固定吸附剂床层,仅是气体流经吸附剂床层。根据气体流动方向不同,固定床吸附器的形式如图 6.25所示。

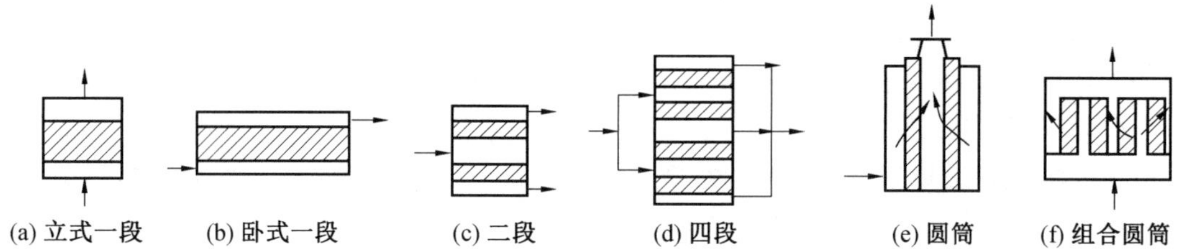

图 6.25 固定床吸附器的形式

其中,一段式固定床层厚 1 m 左右,适用于浓度较高的废气净化,其他形式固定床层厚 0.5 m 左右,适用于浓度较低的废气净化。

固定床吸附器由于结构简单、工艺成熟、制作容易,所以特别适合用于小型、分散、间歇性的污染源治理。固定床吸附器的缺点是间歇性操作,因此在设计流程时应根据其特点设计多台吸附器互相切换,以保证操作正常运行。

固定床吸附器按照床层吸附剂的填充方式可分为立式、卧式和环式三种。

①立式吸附器。

立式吸附器主要适合小气量、高浓度的情况。该吸附器可分为圆锥形和椭圆形两种。对于圆锥形立式吸附器(图6.26),吸附剂填充在可拆卸的栅板上,栅板安装在主梁上。为了防止吸附剂漏到栅板下面,在栅板上面放置两层不锈钢网或块状砾石层。为了使吸附剂再生,最常用的方法是从栅板下方将饱和蒸汽通往床层,栅板下面设置的有一定孔径的环形扩散器可直接通入蒸汽。为了防止吸附剂颗粒被带出,床层上方用钢丝网覆盖,网上用铸铁固定。

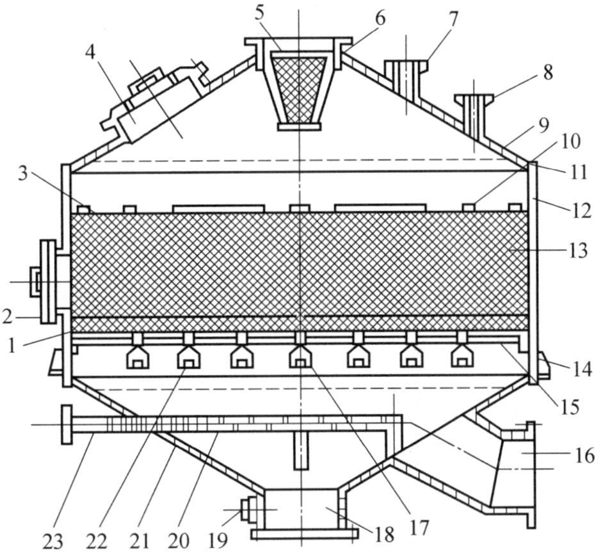

图6.26 圆锥形立式吸附器

1—砾石;2—卸料机;3—网;4—装料孔;5—原料混合物及通过分配阀用于干燥和冷却的空气入口接管;6—挡板;7—脱附时蒸汽排出管;8—安全阀接管;9—顶盖;10—重物;11—刚性环;12—外壳;13—吸附剂;14—支撑环;15—栅板;16—净化气出口接管;17—梁;18—视孔;19—冷凝液排放及供水装置;20—环形扩散器;21—底锥体;22—梁的支架;23—进入扩散器的蒸汽接管

②卧式吸附器。

卧式吸附器主要适合处理气量大、浓度低的气体,缺点是床层截面积大,容易造成气流分布不均匀。卧式吸附器壳体为圆柱形,封头为椭圆形,壳体用不锈钢板或碳素钢板制成。吸附剂床层高度为0.5～1.0 m。在图6.27所示的吸附器中,待净化的气体从入口接管被送入吸附剂床层的上方空间,净化后的气体从吸附剂床层底部接管排出。用于吸附的饱和蒸汽经一定孔径的环形扩散器送入,然后从吸附器顶部接管排出。

③环式吸附器。

环式吸附器的结构比立式和卧式吸附器要复杂。目前使用的环式吸附器多使用纤维活性炭做吸附材料,用以净化有机物蒸气。环式吸附器如图6.28所示。吸附剂填充在具有多孔的两个同心圆筒构成的环隙之间,因此具有比较大的吸附面积。待净化的气体从吸附器的底部左侧接管2进入,沿径向通过吸附剂床层,然后从底部中心管排出。环式吸附器结构的特点是吸附器比较紧凑,吸附截面积大,产生阻力小,处理能力强,在气态污染物的净化上具有独特的优势。

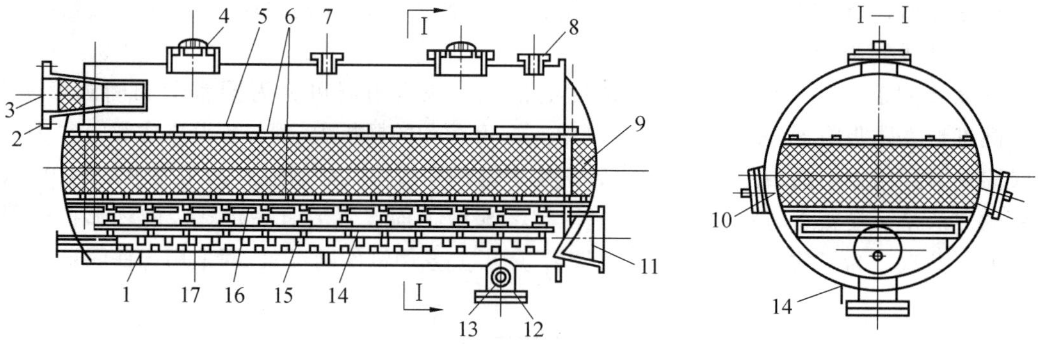

图 6.27　BTP 卧式吸附器

1—壳体；2—吸附时送入蒸汽、空气混合物及干燥和冷却时送入空气的接管；3—分布网；4—带有防爆板的装料孔；5—重物；6—网；7—安全阀接管；8—脱附时蒸汽出口接管；9—吸附剂床层；10—卸料孔；11—吸附时导出净化气体及干燥和冷却时导出废空气的接管；12—视孔；13—排出冷凝液和供水的接管；14—梁的支架；15—梁；16—可拆卸栅板；17—环形扩散器

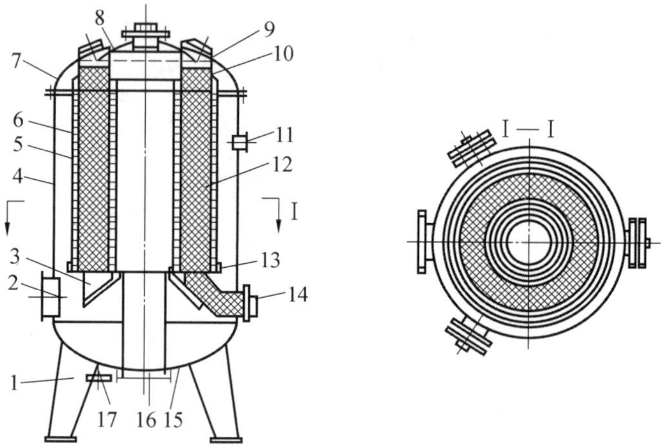

图 6.28　环式吸附器

1—支脚；2—蒸汽、空气混合物及用于干燥和冷却的空气入口接管；3—吸附剂筒底支座；4—壳体；5，6—多孔外筒和内筒；7—顶盖；8—视孔；9—装料孔；10—补偿料斗；11—安全阀接管；12—活性炭层；13—吸附剂筒底座；14—卸料孔；15—器底；16—净化气和废空气出口及蒸汽入口接管；17—脱附排出蒸汽和冷凝液及供水用接管

(2)移动床吸附器。

在移动床吸附器内固体吸附剂在吸附层中不断移动，一般固体吸附剂由上向下移动，而气体则由下向上流动，形成逆流操作。移动床吸附器吸附过程实现连续化，克服了固定床间歇操作带来的弊病，适用于稳定、连续、量大的气体净化。其缺点是动力和热量消耗较大，吸附剂磨损严重。

活性炭移动床吸附器如图 6.29 所示。最上段是冷却器 7，用于冷却吸附剂，下面是吸附段Ⅰ、精馏段Ⅱ、汽提段Ⅲ，它们之间由分配板 6 分开。吸附段中装有脱附器，它和冷却器 7 一样，也是列管式换热器。在它的下部，还装有吸附剂卸料板 5、料面指示器 12，水封管（封闭装置）3、卸料闸门（卸料阀门）2。

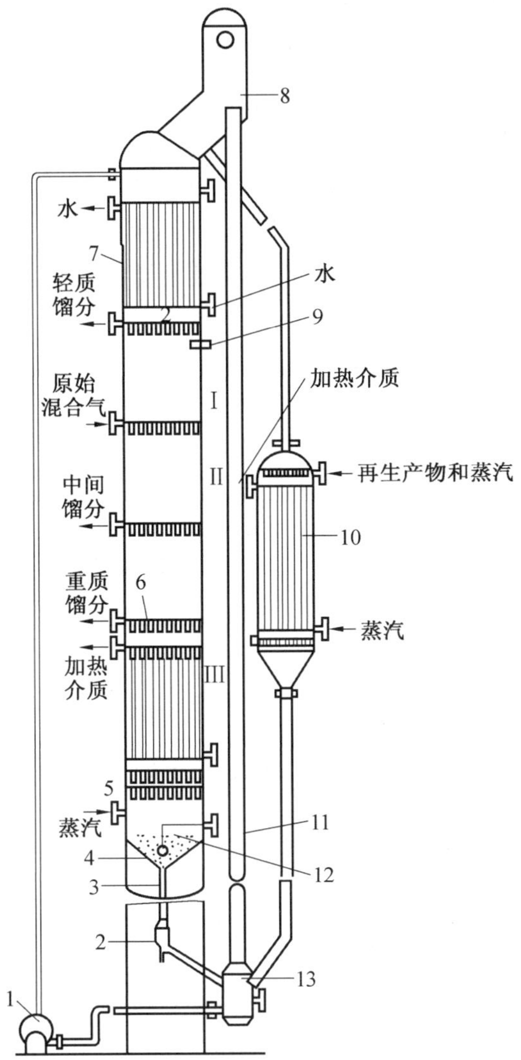

图 6.29　活性炭移动床吸附器

Ⅰ—吸附段；Ⅱ—精馏段；Ⅲ—汽提段；

1—鼓风机；2—卸料闸门；3—水封管；4—水封；5—卸料板；6—分配板；7—冷却器；

8—料斗；9—热电偶；10—再生器；11—气流输送管；12—料面指示器；13—收集器

移动床吸附器的工作原理：经脱附后的吸附剂从设备顶部进入冷却器，温度降低后，经分配板进入吸附段，借重力作用不断下降，通过整个吸附器。需净化的气体从分配板下面引入，自下而上通过吸附段，与吸附剂逆流接触，易吸附的组分全被吸附。净化后的气体从顶部引出。吸附剂下降到汽提段时，由底部上来的脱附气（即易吸附组分），与其接触，进一步吸附，并将难吸附气体置换出来，使吸附剂上的组分更纯，最后进入脱附器，在这里用加热法使被吸附组分脱附出来，吸附剂得到再生。脱附后的吸附剂用气力输送到塔顶，进入下一个循环操作。由此可见，吸附剂在下降过程中，经历了冷却、降温、吸附、增浓、汽提、再生等阶段，在同一装置内交错完成了吸附、脱附过程。

下面对该装置的主要部件做简要介绍。

吸附剂加料装置:加料装置一般分为机械式和气动式。机械式加料器如图 6.30 所示。图 6.30(a)所示的闸板式加料器,固体颗粒的加入速度靠闸板来调节;图 6.30(b)所示的星形轮式加料器,固体颗粒的加入靠改变星形轮的转数来实现;图 6.30(c)所示的盘式加料器,以改变转动圆盘的转数来调节吸附剂的加入量。脉冲气动式加料器的操作原理为用电磁阀控制的气源周期性地通气和断气,从而使置于圆盘中心上方的气嘴周期性地向存在于圆盘上的颗粒物料吹气,致使盘上的物料被周期性地排出。

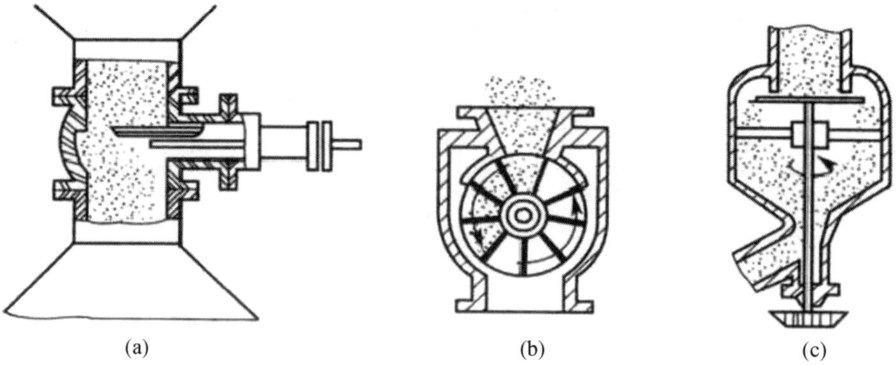

图 6.30 机械式加料器

分配板的作用是使气体分布均匀,气体与吸附剂分离而不带走吸附剂,其结构如图 6.31 所示。气体汇集在塔盘下面,并由塔壁周围均匀分布的几个口排出,进入集气环管。

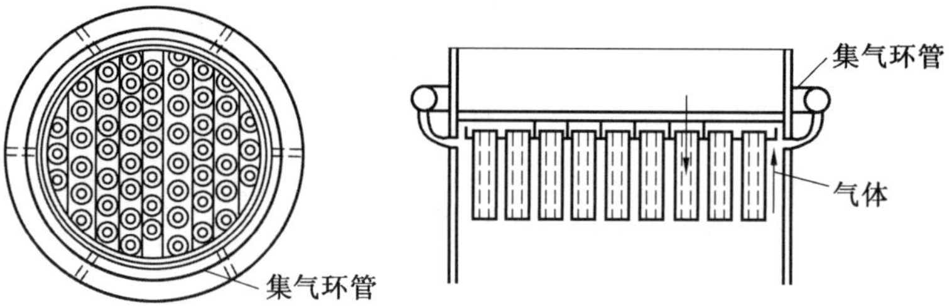

图 6.31 移动床吸附器的分配板的结构

移动床吸附剂的移动速度由卸料装置控制,最常见的卸料装置由两块固定板和一块移动板组成,如图 6.32 所示。移动板借助液压机械来完成在两块固定板间的往复运动。

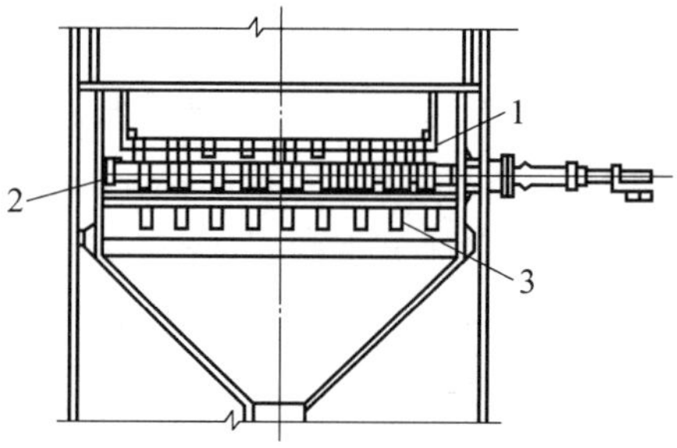

图 6.32 吸附剂卸料装置

1,3—固定板;2—移动板

(3)流化床吸附器。

在流化床吸附器中,吸附层内的固体吸附剂呈悬浮、沸腾状态。流化床吸附器的结构如图 6.33 所示。进入锥体的待净化气体以一定速度通过筛板向上流动,进入吸附段后,将吸附剂吹起,在吸附段内完成吸附过程。净化后的气体进入扩大段后,由于气速降低,气体中夹带的固体吸附剂再回到吸附段,而气体则从出口管排出。

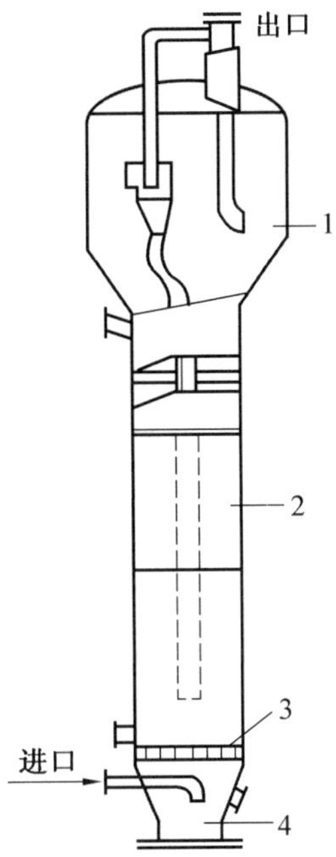

图 6.33 流化床吸附器

1—扩大段;2—吸附段;3—筛板;4—锥体

流化床吸附器的特点是,气固逆流操作,气体与固体接触相当充分,气流速度比固定床吸附器的大 3～4 倍以上,吸附速度快,处理气量大,吸附剂可循环使用。所以,其强化了生产能力,对于连续性、大气量的污染源治理非常适合。其缺点是,动力和热量消耗较大,吸附剂强度要求高。

(4)旋转床吸附器。

旋转床吸附器的结构如图 6.34 所示。在转筒上按径向以放射状分出若干个吸附室,各室均装满吸附剂。操作时,需净化的空气从转筒外环室进入各吸附室,净化后不含溶剂的空气从鼓心引出。再生时,吹扫蒸汽自鼓心引入吸附室,将吸附的溶剂吹扫出去。经收集、冷凝、油水分离后,有机溶剂可回收利用。

为了保证空气净化达到要求的程度,吸附操作在吸附剂未饱和前就应进入再生。

旋转床吸附器的优点:①解决了移动床移动时吸附剂的磨损问题;②能实现连续操作,处理气量大,易于实现自动控制;③气流压力损失小;④设备紧凑。

旋转床吸附器的缺点:①动力损耗大;②需要一套减速传动机构,转筒与接管的密封也比较复杂;③由于蒸汽吹扫之后吸附剂没有冷却时间,因此温度可能较高,吸附程度可能受一定影响。

2. 吸附器的选用

选择吸附器应注意以下几点。

(1)气体污染物连续排出时应采用连续式或半连续式流程,可选用移动床吸附器或流化床吸附器;间断排出时应采用间歇式流程,可选用固定床吸附器。

(2)排气连续且气量大时,可采用流化床或移动床吸附器;排气连续但气量较小时,则可考虑使用旋转床吸附器。

(3)固定床吸附器可用于各种场合,特别适合用于小型、分散、间歇性的污染源治理。

(4)应根据流动阻力、吸附剂利用率酌情选用不同型式的吸附器。

(5)处理的废气流中含有粉尘时,应先用除尘器除去粉尘。

(6)处理的废气流中含有水滴或水雾时,应先用除雾器除去水滴或水雾。对气体中水蒸气含量的要求随吸附系统的不同而不同。

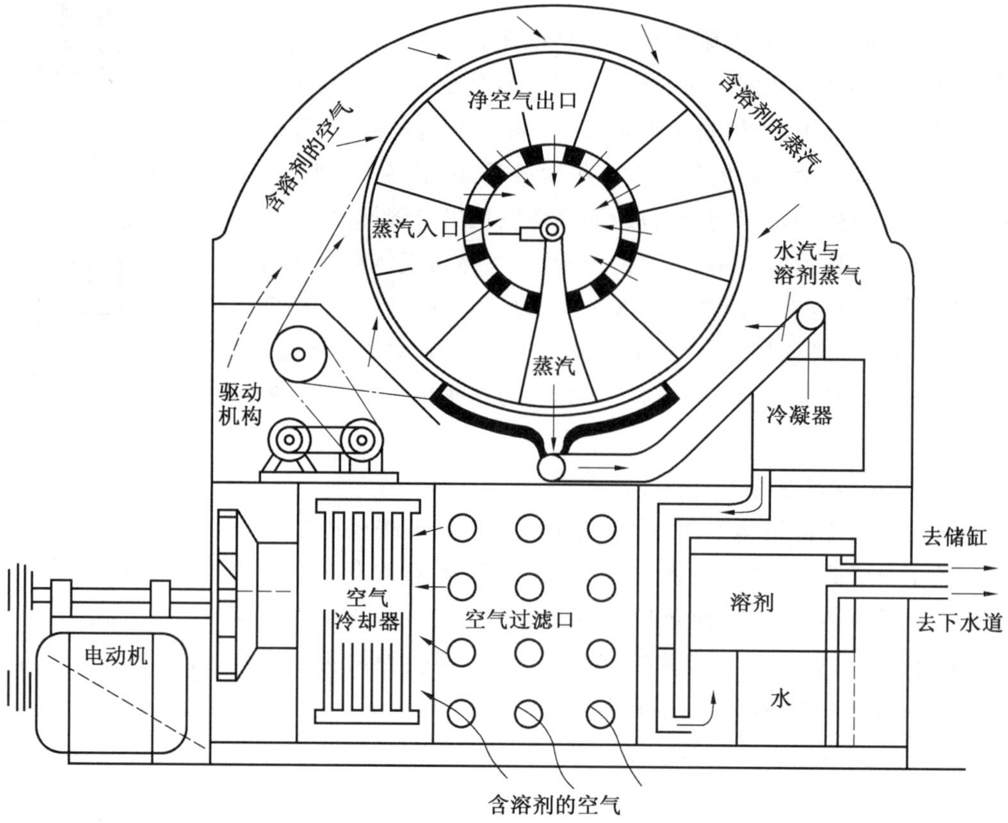

图 6.34　旋转床吸附器

6.2.3　气固催化反应设备

气固催化反应是在一定的温度、压力下通过固体催化剂的催化作用，将废气中的有害气体转化成无害物质或转化成易于进一步处理的物质。例如，将氮氧化物转化成氮气，将二氧化硫转化成三氧化硫，将碳氢化合物转化成二氧化碳和水。这类反应方式在工业上有广泛的应用。催化法对不同浓度的废气均有较高的转化率，但催化剂价格较高，还要消耗热能源，故适用于处理连续排放的高浓度废气。催化法净化气态污染物的主要设备是气固催化反应器。

1. 气固催化反应器类型及结构特点

催化反应器分固定床催化反应器和流化床催化反应器两大类。目前，主要采用中小型固定床催化反应器，且多为间歇式操作，而大型设备多为流化床催化反应器。

(1)固定床催化反应器。

固定床催化反应器特点是反应器内填充有固定不动的固体催化剂。该反应器结构简单，体积小，催化剂用量少，且在反应器内磨损少，气体与催化剂接触紧密，催化效率高，气体在催化器内的停留时间容易控制。

其缺点是催化剂层的温度不均匀，当床层较厚或气体穿过速度较高时，动力消耗大，不能采用细粒催化剂，以免被气流带走，催化剂更换或再生也不方便。

根据换热要求和方式的不同,固定床催化反应器可分为绝热催化反应器和换热催化反应器两种。用于气态污染物净化的反应器通常为绝热催化反应器,该反应器又可分为单段式、多段式、列管式等类型,如图 6.35 所示。

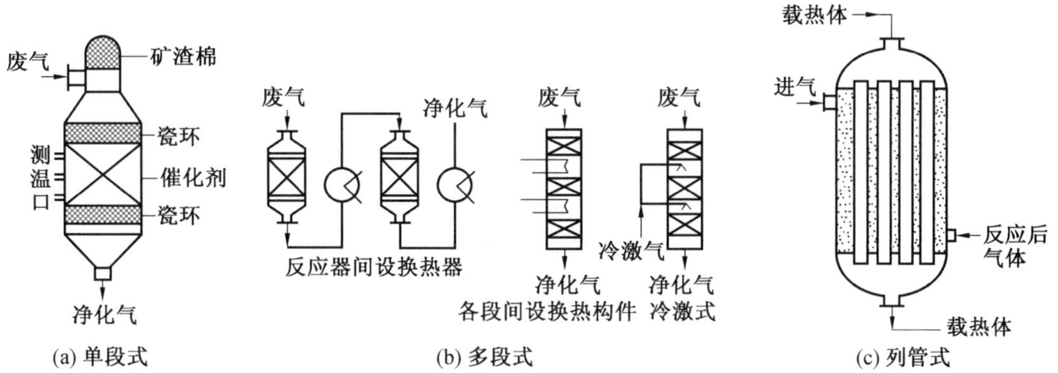

图 6.35 绝热催化反应器

①单段式绝热催化反应器。

单段式绝热催化反应器的外形一般呈圆筒形,在反应器的下部装有栅板,催化剂均匀堆置其上形成床层。气体由上部进入,均匀通过催化剂床层并进行反应。整个反应器与外界无热量交换。该反应器的优点是结构简单,气体分布均匀,反应空间利用率高,造价低,适用于反应热效应较小,反应过程对温度变化不敏感、副反应较少的反应过程。

②多段式绝热催化反应器。

多段式绝热催化反应器实际上可看作串联起来的单段式绝热催化反应器。它把催化剂分成数层,热量由两个相邻床层之间引出(或加入),避免了床层热量的积累,使得每段床层的温度保持在一定的范围内,并具有较高的反应速率。多段式绝热催化反应器又分为反应器间设换热器、各段间设换热构件、冷激式等几种形式。这种反应器适用于中等热效应的反应。

③列管式绝热催化反应器。

列管式绝热催化反应器的结构与列管式换热器相似。通常在管内装填催化剂,管间通入热载体;或者在管内通入热载体,而管间装填催化剂。列管式绝热催化反应器传热效果好,适用于反应热特别大的情况。

(2)流化床催化反应器。

流化床催化反应器的原理与流化床吸附器相类似,形式有多种,这里仅介绍一种单层流化床催化反应器,如图 6.36 所示。废气由底部的进气口送入,经过布气板进入流化床的反应区。催化剂在气流的作用下悬浮起来并呈流态化,反应产生的热量由冷却器吸收并向外输出,使冷却水转化成水蒸气。在反应器上部设有预热器,使被处理的气体通过预热器吸收反应热,同时将反应后的气体冷却。最后,反应后的气体经过多孔陶瓷过滤器排出。为了防止催化剂微粒堵塞过滤器,将压缩空气由顶部吹入进行反吹清灰。

流化床催化反应器的主要优点:采用细颗粒催化剂有利于反应气体在催化剂微孔中的内扩散,催化剂表面的利用率高;加强了床层的传热,床层温度均匀,可控制在 1～3 ℃的温度差范围内;便于催化剂的再生和更换;制造费用比列管式固定床催化反应器低得多。流化床催化反应器广泛用于空气氧化、催化裂化等反应过程。

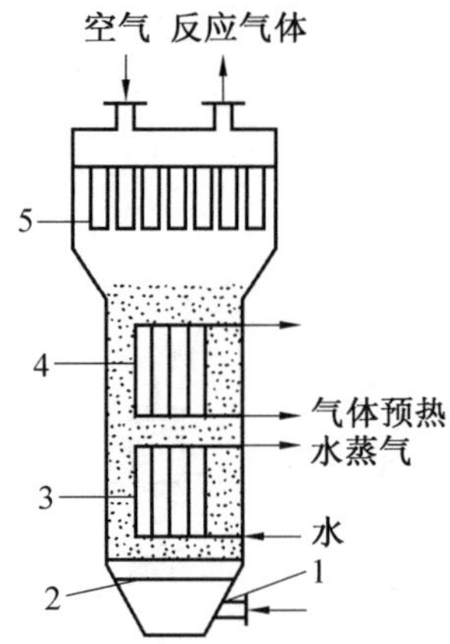

图 6.36 单层流化床催化反应器

1—进气口;2—布气板;3—冷却器;4—预热器;5—过滤器

流化床的主要缺点是,由于返混作用,对于某些反应转化率和选择性不如固定床;由于操作过程中催化剂在激烈运动中相互碰撞,所以催化剂容易磨损流失;不能使用表面型颗粒状催化剂。

2. 气一固相催化反应器的选用

在选择气一固相催化反应器的类型时,可按照如下原则进行。

(1)根据催化反应器的大小,以及催化剂的活性温度范围,选择合适的结构类型,并保证催化剂床层的温度控制在允许范围内。

(2)在净化气态污染物时,要使催化剂床层的阻力尽量减小,降低能耗。

(3)在满足温度条件的前提下,尽量提高催化剂的装填率,以提高反应设备的利用率。

(4)反应器结构简单、操作方便、安全可靠,投资省,运行费用低。

由于废气中的污染物含量低,反应热比较低,而废气量又很大,因此需要反应设备具有很高的催化效果才能达到排放标准。目前,NO_x 催化、有机废气催化燃烧及汽车尾气净化大多采用单段式绝热催化反应器。

6.3 脱硫脱硝设备

脱硫就是脱去烟气中的 SO_2,脱硝主要是脱去烟气中的 NO_x,这两种物质排入大气会产生污染形成酸雨。火电厂、水泥厂、玻璃厂等企业生产过程中会产生大量的含 SO_2 和 NO_x 废气。脱硫脱硝设备是用来处理这种废气的装置。

6.3.1 脱硫设备

烟气脱硫就是应用化学或物理方法将烟气中的 SO_2 予以固定和脱除。目前,世界各国对烟气脱硫都非常重视,已开发了数十种行之有效的脱硫技术。烟气脱硫方法通常有两种分类方法:一是根据脱硫剂的形态分为干法、半干法和湿法三类;二是根据在脱硫过程中生成物的处置分为抛弃法和回收法。其中,抛弃法在我国大多指钙法,回收法大多指氨法。

1. 湿式钙法脱硫设备

钙法，也称为石灰/石灰石－石膏法，在湿式石灰石－石膏法中，石灰石被磨成极细的粉末，并制成浆液。烟气被引入吸收塔，烟气中的二氧化硫气体被石灰石浆液吸收并发生化学反应，生成亚硫酸钙。

湿式石灰石－石膏法工艺在实际使用中流程形式较多，吸收塔形态也各异。目前最常用的是喷雾塔工艺流程(图 6.37)。锅炉的烟气从除尘器出来经热交换器降温后，从塔的下部进入吸收塔，经过气－气热交换器后烟气温度下降到 100 ℃左右。吸收剂石灰石浆液(pH 值为 7～8)由混合槽进入吸收塔的底部，并由循环泵从塔底打入到喷雾管中，与烟气逆向接触，吸收烟气中的二氧化硫生成亚硫酸钙。反应后含有亚硫酸钙的浆液沉到塔的下部，这时从塔的底部通入空气氧化浆液，使之生成硫酸钙(此时浆液 pH 值控制在 5 左右)。将氧化后的浆液从底部抽出，经脱水后得到含水量小于 10%的二水硫酸钙(石膏)。净化后的烟再经热交换器升温，并进入烟囱排出。

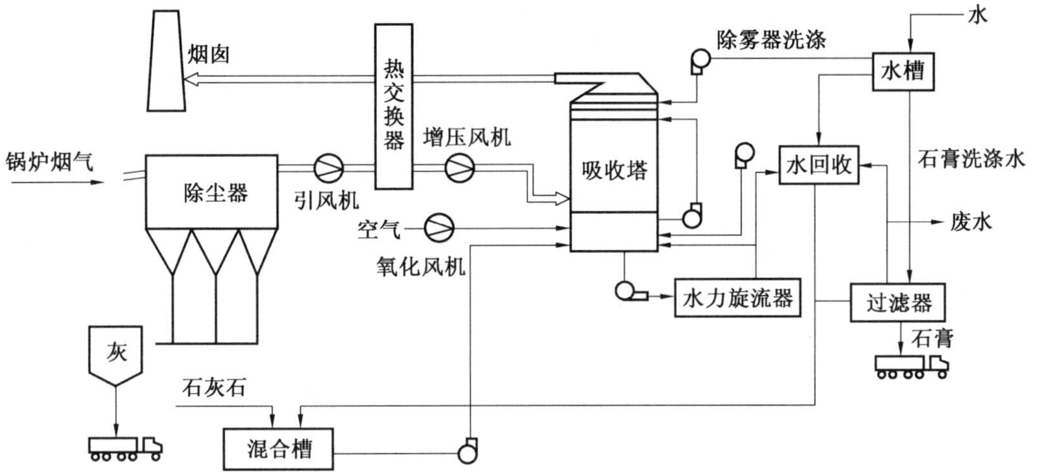

图 6.37 湿式石灰石－石膏法脱硫工艺流程(喷雾塔工艺流程)

按工艺流程，可以将湿式石灰石－石膏法工艺设备分成石灰石浆液制备系统、SO_2 吸收系统、烟气再加热系统、石膏脱水与储存系统以及废水处理系统。

(1)石灰石浆液制备系统。

石灰石浆液制备系统主要由石灰石料仓、石灰石磨机、浆液泵等组成。浆液制备有两种方式：一是用干式磨机将石灰石磨成所要求细度的干粉，石灰石粉被送到制浆池中加水，搅拌形成 20%～30%(质量分数)的石灰石浆液；二是用湿式磨机将石灰石磨成粉末，同时加入水，形成石灰石浆液，然后再加水稀释成 20%～30%(质量分数)的石灰石浆液。

(2)SO_2 吸收系统。

SO_2 吸收系统通常由吸收塔、喷嘴、强制氧化系统、浆液再循环与循环泵、除雾器五部分组成。

①吸收塔。

吸收塔是烟气脱硫系统的核心装置，是化学反应的发生容器。常用的吸收塔有喷雾塔、湍球塔、筛板塔等。进入吸收塔的烟气和吸收液有腐蚀性，所以对于吸收塔的材质有较高的要求。通常,吸收塔塔体的材料常采用高镍基合金钢、碳钢衬胶或碳钢加耐腐蚀衬里。

②喷嘴。

喷嘴按形状可分为空心锥体喷嘴和全锥形喷嘴。喷嘴必须承受强烈的磨损和腐蚀。一般选用碳化硅(SiC),制成切向喷嘴。选择喷嘴时,应在达到雾化要求的前提下,选择尽可能低的压力,以减少能耗;选择尽可能大的孔径,以防止堵塞。喷嘴可以在塔内周向布置,也可以随塔高布置,应保证喷出的锥形水雾有足够的覆盖面,并保证液体均匀分布,靠壁面的喷嘴应向塔中心偏一点以防止浆液强烈冲刷壁面。喷嘴前分配管的直径逐渐缩小,以保证各个喷嘴前流量均匀。

③强制氧化系统。

为了便于处理脱硫产物,常采用罗茨风机或离心风机向浆池内鼓入空气对浆液进行强制氧化,使脱硫产物完全氧化成石膏。同时,脱硫石膏有可能作为天然石膏的替代物。

④浆液再循环与循环泵。

通过浆液再循环可达到一定的脱硫率。浆液再循环部分的最主要设备是循环泵。湿式脱硫一般采用离心泵。由于浆液流量大,同时氯离子浓度高,循环泵的选用要考虑防腐和耐磨。脱硫系统中的循环泵常采用高镍基合金钢叶轮,泵壳常采用衬胶防腐。循环泵的流量计算方法:根据脱硫要达到的效率求得液气比,由液气比求出所需浆液流量。

⑤除雾器。

在湿式烟气脱硫系统中,烟气经过洗涤,带有大量的液滴,考虑到烟气扩散和烟道、烟囱防腐的要求,必须除去烟气中的液滴,这种执行气液分离功能的装置就是除雾器。除雾器通常布量在吸收塔内部,喷嘴层上面。通常,除雾器以粗分和细分两级布置,经过两级除雾器,对于大于 17 μm 的液滴分离率可达到 99.9%。除雾器一般要求带有喷淋冲洗装置,定时清洗除雾器,以除去沉积在除雾器上的石灰石浆液。除雾器也可布置在水平烟道内,也可在垂直、水平烟道内都布置除雾单元,成为组合布置。

(3)烟气再加热系统。

经过洗涤的烟气温度已低于露点,是否需进行再加热取决于各国的环保要求。常规做法是利用烟气再加热器对洗涤后的烟气进行再加热,达到一定温度后通过烟囱排放。德国把净化烟气引入自然通风冷却塔排放,借烟气动量和携带热量的提高,使烟气扩散得更好。美国一般不采用烟气再加热系统,而对烟囱采取防腐措施。

烟气再加热系统一般由增压风机、热交换器和烟道等设备组成。

(4)石膏脱水与储存系统。

吸收塔底部沉淀池的反应浆液在通入空气氧化后,用泵将其抽出放入一个浆液储槽。反应浆液从储槽中被引入水力分离器(或采用浆液浓缩沉淀池)浓缩至含水量(质量分数)为40%~50%,然后用真空带式过滤器或离心机过滤,得到含水量小于10%的脱硫石膏。在欧洲,石膏的储存通常采用一种圆筒形的石膏储仓,储仓的上部为进料口,下部为出料口。

(5)废水处理系统。

湿式石灰石－石膏法工艺除产生石膏外,还会产生废水。这些废水含有氯化物、亚硫酸盐、硫酸盐及重金属离子,必须通过废水处理将这些物质去掉,符合排放标准后才能排放。

(6)设备材质。

湿式石灰石－石膏法工艺的管道、设备需要使用防腐材料或涂层,应采用表 6.10 中的材料。

表 6.10 湿式石灰石—石膏法工艺中装置材料

<table>
<tr><th>设备</th><th>温度/℃</th><th>酸露点/℃</th><th>材料</th><th>设备</th><th>温度/℃</th><th>酸露点/℃</th><th>材料</th></tr>
<tr><td rowspan="3">未净化烟气通道</td><td>100</td><td><100</td><td>非合金钢</td><td rowspan="3">吸收塔</td><td rowspan="3">40～60</td><td rowspan="4"></td><td>软橡胶衬里</td></tr>
<tr><td>>85</td><td>>85</td><td>鳞片状玻璃涂层</td><td>聚丙烯(PP)</td></tr>
<tr><td><85</td><td>>85</td><td>软橡胶衬里</td><td>玻璃钢管(GF)</td></tr>
<tr><td rowspan="4">吸收塔进口区域</td><td>>85</td><td rowspan="4"></td><td>鳞片状玻璃涂层</td><td rowspan="4">净化后烟气管道</td><td>40～85</td><td>碳化硅喷嘴</td></tr>
<tr><td>>160</td><td>铬镍铁合金板</td><td>>100</td><td></td><td>软橡胶衬里</td></tr>
<tr><td>>180</td><td>耐盐酸镍合金板</td><td rowspan="2"><85</td><td><100</td><td>非合金钢</td></tr>
<tr><td>>85</td><td>软橡胶衬里</td><td><85</td><td>鳞片状玻璃涂层</td></tr>
</table>

表 6.11 列举了某电厂 2×200 MW 机组石灰石—石膏湿法烟气脱硫系统的主要设备。

表 6.11 某电厂 2×200 MW 机组石灰石—石膏湿法烟气脱硫系统的主要设备

<table>
<tr><th>编号</th><th>名称</th><th>规　格</th><th>单位</th></tr>
<tr><td>1</td><td>石灰石给料机</td><td rowspan="2">8 t/h，电机 5.5 kW</td><td rowspan="4">台</td></tr>
<tr><td>2</td><td>刮板式输送机</td></tr>
<tr><td>3</td><td>斗式提升机</td><td rowspan="2">8 t/h，电机 75 kW</td></tr>
<tr><td>4</td><td>破碎机</td></tr>
<tr><td>5</td><td>石灰石仓</td><td>49 760 mm×11 000 mm</td><td>个</td></tr>
<tr><td>6</td><td>湿式球磨机</td><td>8 t/h，电机 300 kW</td><td>台</td></tr>
<tr><td>7</td><td>浆液泵</td><td></td><td>台</td></tr>
<tr><td>8</td><td>水力旋流器</td><td></td><td>台</td></tr>
<tr><td>9</td><td>石灰石浆液箱</td><td>5 000 mm×5 000 mm×3 000 mm</td><td>个</td></tr>
<tr><td>10</td><td>石灰石浆液泵</td><td>Q=35 m^3/h，H=30 m</td><td>台</td></tr>
<tr><td>11</td><td>FGD 升压风机</td><td>Q=2 040 000 m^3/h，340 mmH_2O</td><td>台</td></tr>
<tr><td>12</td><td>烟气换热器</td><td>16 000 mm×16 000 mm×28 000 mm</td><td>台</td></tr>
<tr><td>13</td><td>吸收塔</td><td>416 000 mm×41 000 mm</td><td>座</td></tr>
<tr><td>14</td><td>浆液循环泵</td><td>Q=5 800 m^3/h，H=23 m</td><td>台</td></tr>
<tr><td>15</td><td>氧化风机</td><td>Q=6 400 m^3/h，H=23 m</td><td>台</td></tr>
<tr><td>16</td><td>事故浆液排放箱</td><td></td><td>个</td></tr>
<tr><td>17</td><td>石膏浆液排放泵</td><td>Q=90 m^3/h，H=25 m</td><td>台</td></tr>
<tr><td>18</td><td>回浆泵</td><td></td><td>台</td></tr>
<tr><td>19</td><td>旋流器组件</td><td></td><td>个</td></tr>
<tr><td>20</td><td>真空皮带过滤机</td><td>6 t/h，电机 75 kW</td><td>台</td></tr>
<tr><td>21</td><td>工艺水箱</td><td></td><td>个</td></tr>
<tr><td>22</td><td>工艺水泵</td><td></td><td>台</td></tr>
<tr><td>23</td><td>废水处理池</td><td>4 300 mm×4 300 mm×3 000 mm</td><td>座</td></tr>
</table>

2. 半干钙法脱硫设备

半干法的工艺特点是:反应在气、固、液三相中进行,利用烟气余热蒸发吸收液中的水分,使最终产物为干粉状,若与袋式除尘器配合使用,可提高10%的脱硫效率。

半干法脱硫代表性工艺为半干法喷雾干燥脱硫工艺。喷雾干燥脱硫工艺设备主要由石灰浆液制备系统、SO_2吸收系统、除尘净化系统、控制系统等组成。烟气经静电除尘器除尘后进入喷雾吸收塔,在吸收塔中烟气与喷嘴中喷出的雾状吸收液接触,由于烟温较高(约140 ℃),在气相向液相传质的同时,雾状液滴中极大部分水分被蒸发,反应产物以干灰的形式通过吸收塔下部排出。净烟气从吸收塔旁侧烟道排出,进入袋式除尘器,发生二次脱硫反应。为了提高脱硫率,在有的流程中脱硫产物被循环使用。烟气通过除尘器除尘,再经加热后排入烟囱。

其主要设备如下。

(1)石灰浆液制备系统。

石灰浆液制备系统作用:生石灰从料仓经输送装置(叶轮给料机和绞笼)送入消化池,在其中加水消化,冒出的蒸汽由风机抽出。消化池与料池中间连通,通过溢流形式将石灰浆送入料池,料池中再加水,配成所需浓度的石灰浆液。消化池和料池均设有搅拌器。制备石灰浆液的装置主要有滞流式、球磨式和打浆式三种,如图6.38~图6.40所示。

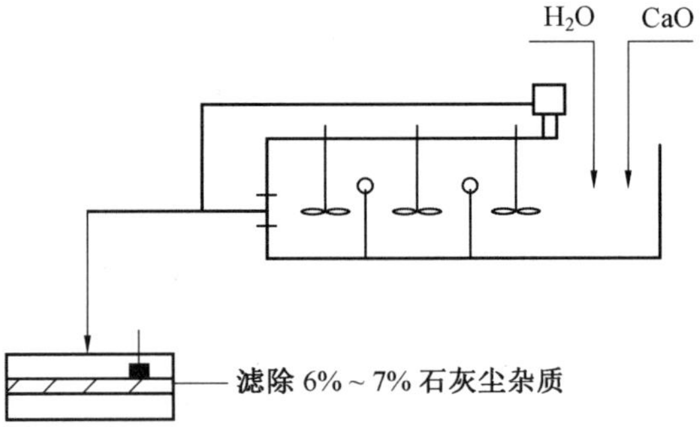

图6.38 滞流式打浆机

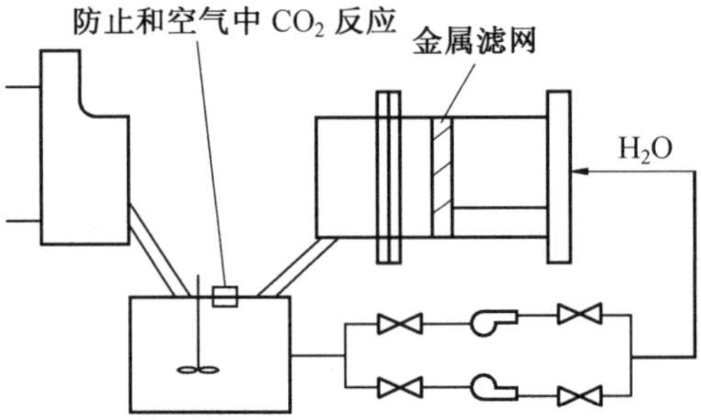

图6.39 球磨式打浆机

其中,滞流式、打浆式打浆机只用鹅卵石状石灰。CaO加水后生成$Ca(OH)_2$,要求水的质量好,否则水化不彻底。高质量水意味着含Mg、S、C等杂质少。

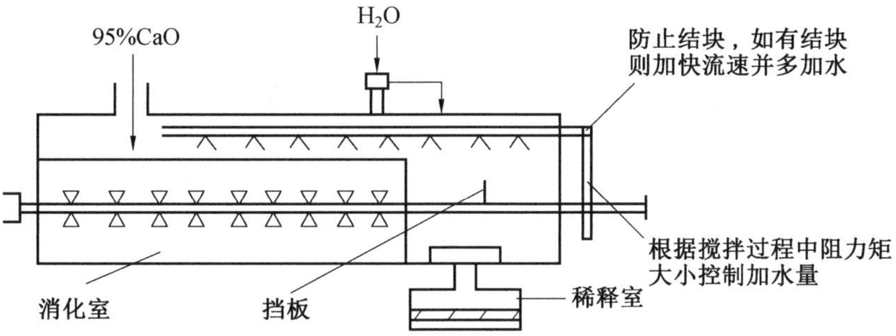

图 6.40 打浆式打浆机

1 份磨得很细的石灰(200 目左右)与 2 份常温下的水混合进入搅拌器中，水质和石灰质量均较好者，经混合后大约 8 min 温度上升到 95 ℃。而质量较差的水与石灰混合后，很长时间才能达到 90 ℃或根本达不到。$Ca(OH)_2$ 水化程度以温度衡量，在 20 min 内达不到 95 ℃则表示水化不彻底，没有完全变成 $Ca(OH)_2$。质量好的水及石灰进入滞流式打浆机中约 15 min 即可变成 $Ca(OH)_2$。另外，不论采用何种打浆机，均不要装得太满，应有 10% 余量避免溢出。

当脱硫装置出现故障时，应继续搅拌浆液以免其沉降。但不能超过 32 h，超过 32 h 石灰浆液必须排空，并用清水冲洗打浆机及管路。

(2)喷雾吸收塔。

喷雾吸收塔是脱硫的主要场所。喷雾吸收塔内温度的降低，主要靠水蒸发引起。为了使其他地方温度降低，喷雾吸收塔必须是绝热的。物质转化靠石灰浆液雾滴与烟气直接混合，同时水分蒸发(接近沸点)。当水蒸发时增加了烟气中的相对湿度，反应后的干燥物质落入塔的底部。产生雾滴的雾化器有两种：旋转式和喷嘴式。产生的雾滴直径最好在 50～70 μm，雾滴过小则很快干燥，不能很好地和 SO_2 反应，脱硫效率低；若雾滴过大则水分蒸发不好，在塔壁烟管壁上结露产生腐蚀，而且蒸发不彻底的雾滴在除尘时也会造成清灰的困难而影响除尘器的运行。吸收塔直径与旋转式雾化器直径之比 D/D_1 的最佳值为 35。

根据烟气量决定烟气在塔内的停留时间，从顶部烟气扩散器进入塔内的烟气旋转方向与雾化器旋转方向相同，烟气速度 20 m/s，这样可保证烟尘不沉降。由于石灰浆高速喷出对喷嘴磨损严重，通常喷嘴一年更换一次而且要成对更换，否则平衡性能差，振动厉害，甚至会导致雾化轮飞出。

喷嘴式雾化器一般喷雾量为 4～20 L/min，旋转式雾化器约 260 L/min(按质量分数 35%，相对密度 1.25 的浆液计)，所以需要 13～15 个喷嘴式雾化器才能和一个旋转式雾化器喷雾量相接近，而且喷嘴的数量必须为单数。

选择时应综合平衡，但不论用喷嘴式雾化器还是旋转式雾化器，体积是相同的，只是高径比(H/D)不同，消耗的浆液、雾滴的大小等都是相同的。对于旋转式，$H/D=0.2～0.9$；对于喷嘴式，$H/D=2～4$。

从经济上看，烟气量小于或等于 $20\times10^4\ m^3/h$ 时使用喷嘴式雾化器比旋转式雾化器经济，大于 $20\times10^4\ m^3/h$ 时使用旋转式雾化器比喷嘴式雾化器经济。

喷雾吸收塔的结构布置有多种形式。水平布置：雾化室与反应室中间用隔墙隔开，隔墙上开有通道，通道中架设喷嘴，喷嘴周围有旋转片，使烟气通过时发生旋流，增加烟气与反应浆液的接触时间。垂直布置：垂直布置的吸收塔上部为圆柱形，下部为圆锥形。在吸收塔的顶部装有浆液雾化装置。

(3)风机。

为克服脱硫系统的阻力损失，一般在袋式除尘器后和再加热器前增设一台风机，负压运行有利于除尘器密封，同时能耗小。

3. 氨法脱硫设备

虽然目前世界上普遍使用的商业化技术是钙法(所占比例达 90%以上)，但是与美国、欧洲各国及日本不同的是，在能源结构上，我国 70%左右依靠煤炭，这意味着燃煤烟气治理的任务异常繁重，如果在我国一味发展抛弃式钙法，肯定是没有前途的。相反，在我国发展回收法，特别是氨法，既有相当坚实的基础，又有极为光明的前途，不但 SO_2 吸收剂的供应很丰富，而且氨法的产品本身是化肥，具有很好的应用价值。

氨法烟气脱硫工艺，顾名思义是利用氨做吸收剂除去烟气中 SO_2 的工艺。该脱硫工艺采用一定浓度的氨水做吸收剂，在一结构紧凑的吸收塔内洗涤烟气中的 SO_2，达到烟气净化的目的。其形成的脱硫副产物是可做农用肥的硫酸铵，不产生废水和其他废物，浓度(质量分数)保持在 90%～99%，能严格地保证出口 SO_2 浓度在 200 mg/m^3 以下。

(1)NKK 氨法脱硫技术及设备。

NKK 氨法的工艺主要由以下两部分反应组成。

①SO_2 吸收。烟气经过吸收塔，其中的 SO_2 被吸收液吸收，并生成亚硫酸铵与硫酸氢铵。

②亚硫酸铵氧化。由吸收产生的高浓度亚硫酸铵与硫酸氢铵吸收液，先经灰渣过滤器滤去烟尘，再在结晶反应器中与氨发生中和反应，同时用水间接搅拌冷却，使亚硫酸铵结晶析出。

从原引风机出口引出热烟气(约 150 ℃)，经脱硫风机增压后进入吸收塔。该吸收塔从下往上分为三段，下段的作用是预洗涤除尘和冷却降温，在这一段没有吸收剂 NH_3 的加入；中段是第一吸收段，吸收剂 NH_3 从此段加入；上段作为第二吸收段，但是不加 NH_3，只加工艺水，吸收处理后的烟气经过加热器升温后排入烟囱。

NKK 氨法脱硫设备主要包括：烟气预除尘及冷却系统；烟气 SO_2 吸收系统；硫酸铵结晶分离系统；排气再热系统；液氨储存及氨水制备系统；工业水及软化水系统；压缩空气系统。

表 6.12 为某电厂采用 NKK 氨法脱硫工艺所需的主要设备。

(2)NADS 氨法脱硫技术及设备。

20 世纪 90 年代我国华东理工大学在借鉴 NKK 氨法的基础上，成功研发出了 NADS 氨法。这种新的脱硫方法是结合化肥生产，将烟气中的 SO_2 回收生成硫酸铵，并生产高浓度的工业浓硫酸。

表 6.12 某电厂采用 NKK 氨法脱硫工艺所需的主要设备

编号	名称	规格	单位	数量	备注
1	吸收塔	12 000 mm×40 000 mm	座	2	填料塔
2	氧化塔	2 600 mm×11 400 mm	座	2	填料塔
3	液氨储罐	3 000 mm×7 000 mm	个	2	卧式
4	氨水储罐	63 300 mm×3 000 mm	个		
5	吸收液循环槽	44 800 mm×4 500 mm	个		
6	气液分离槽		个		
7	硫酸铵母液槽	8 000 mm×14 000 mm	个		
8	蒸发罐	66 000 mm×11 000 mm	个		
9	结晶罐	48 500 mm×9 100 mm	个		
10	结晶罐加热器	92.11×10^6 kJ/h	个		
11	结晶罐冷凝器	83.74×10^6 kJ/h	个	2	
12	旋风分离器		台		
13	硫酸铵料斗		个	1	
14	抽气冷却器		台	2	
15	热风发生器		台	1	电热加热器
16	冷却塔		座		
17	后冷却器		台	1	
18	排气鼓风机		台	2	
19	热风鼓风机		台	1	涡轮鼓风机
20	空压机		台	2	
21	硫酸铵母液泵		台	1	
22	温水泵		台	1	
23	冷却排水泵		台	1	
24	硫酸铵分离机		台	2	
25	热风干燥机		台	1	气流干燥器
26	硫酸铵传送机		台	1	皮带输送机
27	气一气换热器	39.78×10^5 kJ/h	台	2	

其工艺流程如图 6.41 所示。整个工艺流程分为两个大的部分，一个是 SO_2 吸收部分，另一个是硫酸一硫酸铵部分。

①SO_2 吸收部分。

SO_2 吸收部分主要设备包括 SO_2 吸收塔和烟气再热器。在 SO_2 吸收塔中，烟气中的 SO_2 被 NH_3 和 H_2O 吸收后结合生成含有亚硫酸铵、亚硫酸氢铵和少量硫酸铵的混合水溶液。

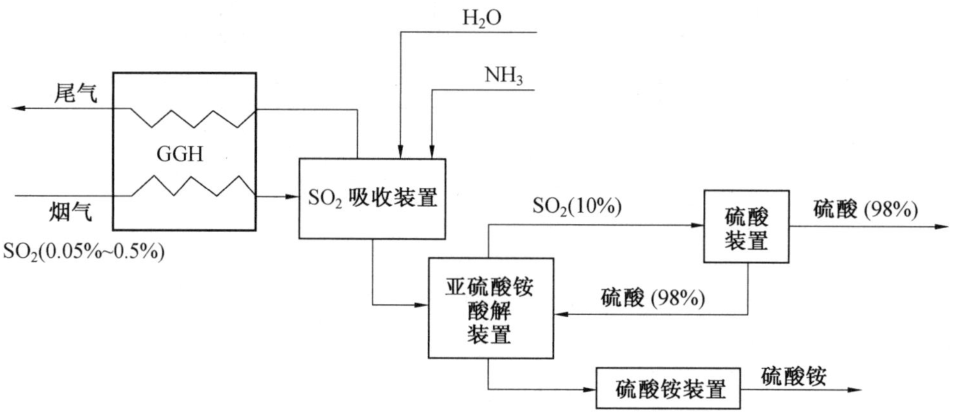

图 6.41　NADS 法的工艺流程(硫酸铵—硫酸)

NADS 技术采用筛板塔。它是一种大孔径、高开孔率的筛板塔,阻力低,通量大。在 2.5×10^4 kW 机组的装置上,每块塔板的阻力为 0.15～0.3 kPa(相当于 15～30 mmH_2O),是传统塔板的 50%;空塔气速达到 4 m/s,是传统塔板的 2 倍。它采用整体玻璃钢拼装技术,容易大型化,防腐性能高,使用寿命长,可确保大于 25 年。在筛板塔上,气、液接触的方式是喷雾方式,而不是鼓泡或泡沫方式,因此具有较高的 SO_2 吸收效率。与喷淋塔和填料塔相比,筛板塔更易实现一塔多级的操作,如图 6.42 所示。

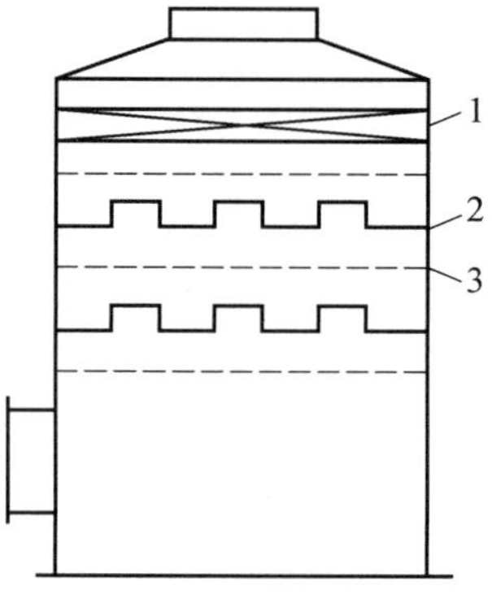

图 6.42　SO_2 吸收塔结构

1—除沫构件;2—隔板;3—筛板

NADS 技术中,SO_2 吸收塔采用整体玻璃钢制造,因此具有相当好的防止稀酸和湿 SO_2 烟腐蚀的性能。此塔使用寿命可达 50 年,一般可大于 25 年,且运行维护工作量很小。烟气再热器功能是再利用烟气的热量,将温度为 45～60 ℃的吸收尾气加热到 70～90 ℃,有利于尾气从烟囱排放。

②硫酸—硫酸铵部分。

硫酸—硫酸铵部分包括亚硫酸铵溶液酸解装置、硫酸生产装置、硫酸铵生产装置。

a. 亚硫酸铵溶液酸解装置。在该装置中,亚硫酸铵和亚硫酸氢铵与硫酸(或磷酸、硝酸)反应,生成对应的硫酸铵(或磷酸氢二铵、硝酸铵)溶液和 SO_2 气体。同时,在酸解装置中鼓入空气。

b.硫酸生产装置。由于该装置中的 SO_2 气体非常干净(不像其他硫酸生产装置中含有砷、氟、尘等杂质),所以生产的硫酸品质是很高的。在设备上,其成套装置包括将 SO_2 催化氧化(催化剂为 V_2O_5/SiO_2)为 SO_2 的转化器和换热器、SO_2 气体干燥塔和 SO_2 气体吸收塔,以及酸循环槽等。

c.硫酸铵生产装置。在该装置中,硫酸铵溶液经过蒸发结晶、离心分离、干燥、包装得到硫酸铵产品。具体的工艺流程如图 6.43 所示。

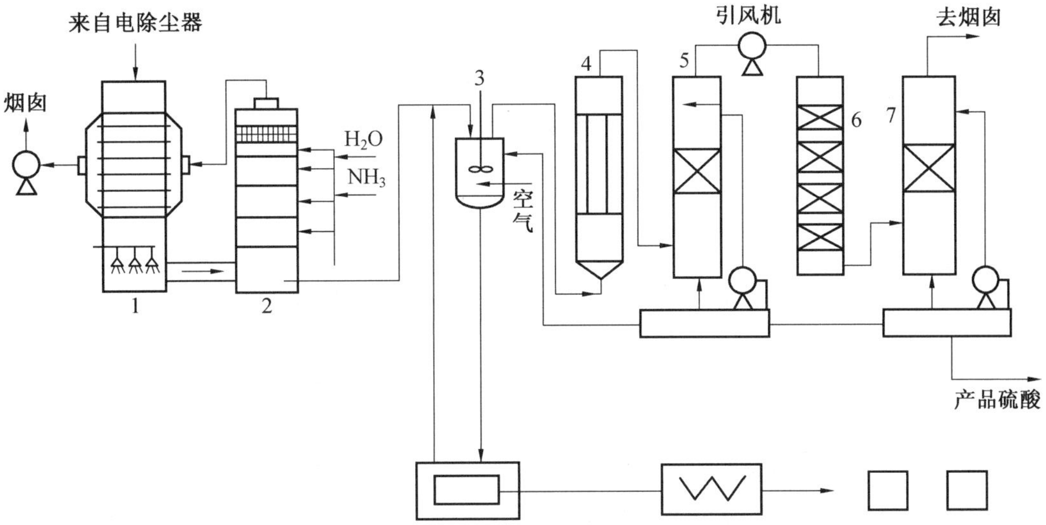

图 6.43 NADS 技术的工艺流程(硫酸铵—硫酸方案)

1—再热冷却塔;2—吸收塔;3—中和釜;4—冷凝器;5—干燥塔;6—SO_2 转化器;7—吸收塔

由电除尘器来的 SO_2 烟气(温度 140~160 ℃)经过再热器回收热量后,温度降为 100~120 ℃,再经水喷淋冷却到小于 80 ℃,进入 SO_2 吸收塔。吸收塔的吸收温度在 50 ℃左右,SO_2 吸收率大于 95%,烟气出口氨含量小于 20 mL/m^3。吸收后的烟气进入再热器,升温到大于 70 ℃,进入烟囱排放。吸收塔为多级循环吸收,一般为 3~5 级。

从吸收塔出来的亚硫酸铵溶液经过离心分离除去灰尘后,进入中和釜,得到硫酸铵溶液和高浓度的 SO_2 气体。硫酸铵溶液经过蒸发结晶、干燥、包装得到商品硫酸铵化肥。SO_2 气体进入硫酸生产装置生产 98%(质量分数)的硫酸。硫酸 70%~80%返回中和釜,20%~30%作为商品出售。

6.3.2 脱硝设备

现有的烟气脱硝技术有选择性催化还原(SCR)、选择性非催化还原(SNCR)、SNCR—SCR 联合法三种。三种方法各有千秋,在世界范围内都得到较快的发展,目前 SCR 工艺在工业上应用最广。SCR 工艺是利用还原剂(NH_3)对 NO_x 的还原功能,在催化剂的作用下将 NO_x 还原为 N_2 和水。"选择性"指氨有选择性地将 NO_x 还原。SCR 装置一般布置在锅炉省煤器出口与空气预热器入口之间,催化反应温度 300~400 ℃。

如图 6.44 所示,SCR 法烟气脱硝系统一般由氨的储存系统、氨与空气混合系统、氨气喷入系统、反应器系统、省煤器旁路、SCR 旁路、检测控制系统等组成。液氨从液氨罐车由卸料压缩机送入氨罐,再经过蒸发器蒸发为氨气后通过氨缓冲槽和输送管道进入锅炉区,与空气均匀混合后由分布导阀进入 SCR 反应器内部反应。SCR 反应器设置于空气预热器前,氨气在 SCR 反应器的上方,通过一种特殊的喷雾装置和烟气均匀混合,混合后烟气通过反应器内催化剂层进行还原反应。

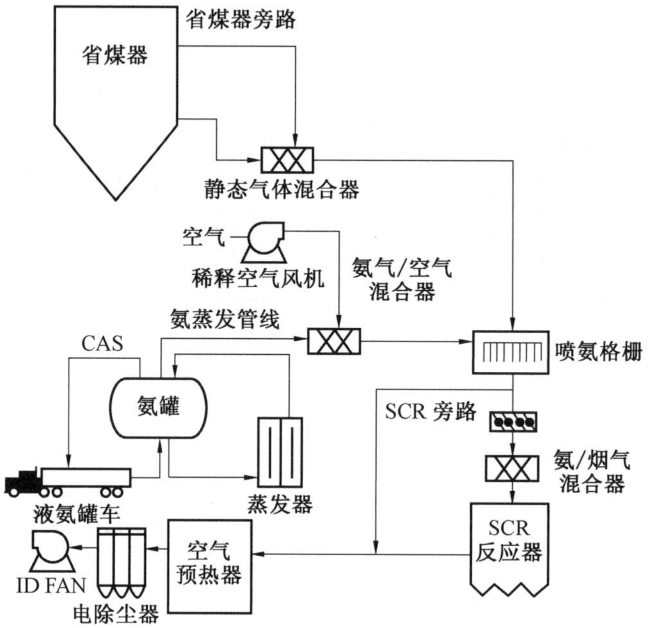

图 6.44　SCR 法烟气脱硝系统组成

第7章　噪声控制设备

噪声控制一般从三个方面考虑：一是噪声源的控制，二是传播途径的控制，三是接受者的防护。在传播途径上控制噪声是目前噪声控制中的普遍技术，按其工作原理可分为吸声、隔声和消声，相应的设备为吸声降噪设备、隔声设备和消声器。

7.1　吸声降噪设备

在吸声降噪过程中，常采用多孔材料吸声结构、共振吸声结构来实现降噪目的。

7.1.1　多孔材料吸声结构

1. 吸声板结构

如图7.1所示，吸声板结构是由多孔材料与穿孔板所组成的板状吸声结构。穿孔板的穿孔率一般大于20%，孔心间距越大，低频吸声性能越好。轻织物多采用玻璃布和聚乙烯塑料薄膜，聚乙烯塑料薄膜的厚度应小于0.03 mm，否则会降低高频吸声性能。

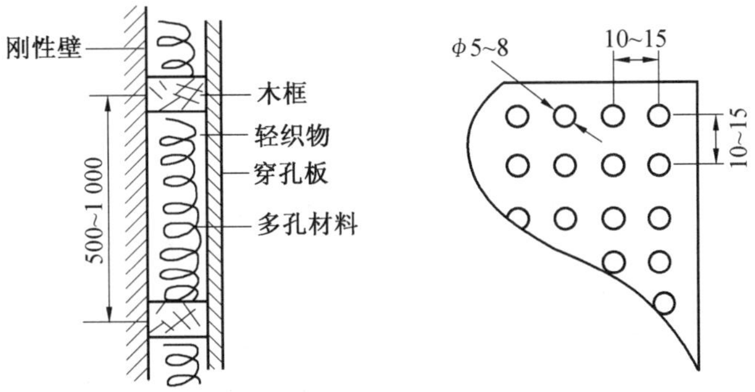

图7.1　常用吸声板结构

实际应用中应根据气流速度的不同设计如表7.1所示的不同护面形式的吸声结构。近年来已发展出了定型规格化生产的穿孔石膏板、穿孔石棉水泥板、穿孔硅酸盐板及穿孔硬质护面吸声板等。若在这些吸声板上涂各种颜色图案，又能增加材料的美观效果。

2. 空间吸声体

空间吸声体由框架、吸声材料和护面结构组成，一般悬挂在室内离墙壁一定距离的空间中。空间吸声体常用的几何形状有板形、圆柱形、菱形、球形、圆锥形等。其中，板形吸声体应用最为广泛，球形吸声体因其体积与表面积之比最大而吸声效果最好。空间吸声体具有较高的低频响应，安装时可以靠近声能流密度大的位置（例如靠近声源处、反射有聚焦的地方），可以获得较好的效果。空间吸声体加工制作简单、原材料易购、价格低廉、安装容易、维修方便、不影响采光。

表 7.1　不同护面形式的吸声结构

适应流速/(m·s^{-1})	结构示意图	适应流速/(m·s^{-1})	结构示意图
<10	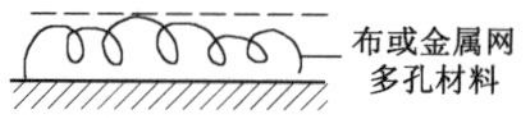	23～45	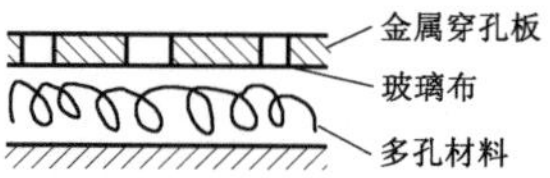
10～23	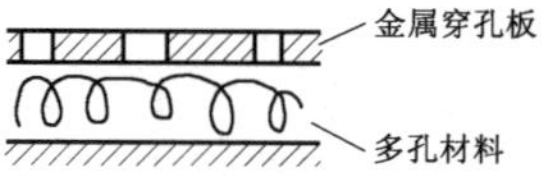	45～120	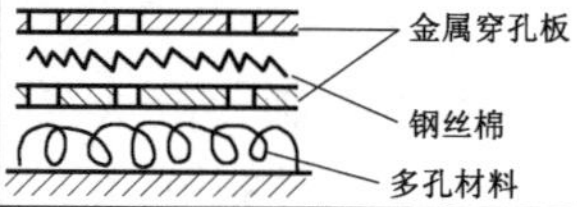

3. 吸声尖劈

吸声尖劈是一种楔子形空间吸声体，即在金属网架内填充多孔吸声材料。吸声尖劈是消声室或强吸声场所一种常用的强吸声结构。其吸声原理：利用特性阻抗逐渐变化，即从尖劈端面特性阻抗接近于空气的特性阻抗，逐渐过渡到吸声材料的特性阻抗，达到吸声效果。该吸声结构低频特性好，当吸声尖劈的长度大约等于所需吸收声波最低频率波长的一半时，其吸声系数可达 0.99。

吸声尖劈的形状有阶梯状、无规则状等。实际安装时，尖劈应交错排列，在底板后面设穿孔共振器，或留有一定厚度的空气层。

7.1.2　共振吸声结构

多孔材料对中、高频声吸声效果较好，对低频声吸收效果较差，若采用共振吸声结构则可以改善低频吸声性能。共振吸声结构是利用共振原理制成的，常用的有薄板共振吸声结构、薄膜共振吸声结构、穿孔板共振吸声结构、微穿孔板吸声结构等。

1. 薄板共振吸声结构

把薄的板材（如胶合板、薄木板、硬质纤维板、石膏板、石棉水泥板、金属板等）周边固定在框架上，将框架固定在刚性壁面上，薄板与刚性壁面间留有一定厚度的空气层，就构成了薄板共振吸声结构。其吸声的机理是，当声波入射到薄板上引起板面振动，薄板振动要克服本身的阻尼和板与框架之间的摩擦，使一部分声能转化为热能而耗损。当薄板振动结构的固有频率与入射声波频率一致时，将发生共振，吸声能力最强。

实际应用中，常取薄板厚度为 3～6 mm，空气层厚度为 30～100 mm，共振频率为 80～300 Hz，吸声系数一般为 0.2～0.5，共振频率处的吸声系数大于 0.5。薄板共振吸声结构通常用于吸收低频声，若在薄板结构的边缘（板与框架交接处）放一些增加结构阻尼特性的软质材料，如橡皮条、泡沫塑料条、毛毡等，或在空气层中沿框架（龙骨）四周适当填放一些多孔吸声材料，如矿棉、玻璃棉等，则可以明显提高薄板共振结构的吸声性能，使吸声频带变宽。

2. 薄膜共振吸声结构

刚度很小的弹性材料（如聚乙烯薄膜、漆布、不透气的帆布及人造革等）和其后的空气层一起，可构成薄膜共振吸声结构。薄膜结构与薄板结构的吸声机理基本相同，薄板结构固有频率的计算公式同样适用于薄膜结构。一般在薄膜后填充多孔吸声材料可改善低频吸声性能。薄膜的面密度比较小，故其共振频率向高频移动。通常薄膜结构的共振频率为 200～1 000 Hz，最大吸声系数为 0.3～0.4。

3. 穿孔板共振吸声结构

通常在钢板、铝板、硬质纤维板、胶合板、塑料板、石棉水泥板、水泥加压板等板材上面，以一定的孔径和穿孔率打上孔，并在板背后留有一定厚度的空气层，就构成了穿孔板共振吸声结构。穿孔板上每个孔后都有对应空腔，相当于多个并联的亥姆霍兹共振器。当声波入射到穿孔板时，孔中的空气柱受声波激发产生振动，由于摩擦和阻尼作用而消耗掉一部分声能量。当入射声波的频率与结构的固有频率一致时将产生共振，空气柱往复振动的速度、幅值最大，此时消耗的声能量最多，吸声能力最强。而且，穿孔率越高，共振频率就越高，因此，可通过改变穿孔率来控制共振频率。工程中用于共振吸声结构的穿孔板，常用穿孔率在5%以下，而当穿孔率大于15%时，穿孔板仅起护面作用。

在噪声控制工程设计中，穿孔板共振吸声结构主要用于低频及部分中频吸声。穿孔板共振吸声结构的板厚度一般为1.5～10 mm，孔径为20～40 mm，孔距为10～100 mm，板后空腔深为6～100 nm，共振吸声系数约为0.30～0.50。为加宽吸声频带宽度，可在穿孔板背后贴一层纱布或玻璃丝布，或在空腔内填装多孔吸声材料。

4. 微穿孔板吸声结构

在板厚小于1.0 mm的薄板上穿孔径小于或等于1.0 mm的微孔，穿孔率在1%～5%范围内，后部留有一定厚度的空气层，这样就构成了微穿孔板吸声结构。微穿孔板吸声结构比普通穿孔板共振吸声结构的吸声系数高，吸声频带宽。

微穿孔板可用铝板、钢板、镀锌板、不锈钢板、塑料板等材料制作。微穿孔板吸声结构由于板薄、孔径小、声阻抗大、质量小，因而吸声系数和吸声频带宽度比穿孔板共振吸声结构要好。在实际应用中，为使吸声频带向低频方向扩展，可采用双层或多层微穿孔板吸声结构。同时，由于微穿孔板后的空气层内不需要填装多孔吸声材料，所以不怕水、不霉、耐潮、不蛀、防火、耐高温、耐腐蚀、清洁无污染，能承受高速气流的冲击。微穿孔板的缺点是孔小、易堵塞，微孔加工较困难。

微穿孔板在国内噪声控制工程及改善厅堂音质方面得到了广泛的应用。例如，一些对清洁环境要求较高的场所相继采用了微穿孔吸声处理，高架路声屏障也可用透明微穿孔板吸声结构。

7.1.3 吸声结构选择

吸声处理只能降低反射声的影响，对直达声是无能为力的，因此不能希望通过吸声处理而降低直达声。吸声降噪的效果是有限的，其降噪量一般为4～12 dB，因此吸声结构选用与设计需注意以下几个方面。

(1)优先考虑对声源进行隔声、消声等处理，以吸声处理作为辅助手段。

(2)当房内原有的平均吸声系数很小时，采取吸声处理才能达到预期效果。单独的风机房、泵房、控制室等房间面积较小，所需降噪量较高，宜对天花板、墙面同时做吸声处理；车间面积较大，宜采用空间吸声体、平顶吸声处理；声源集中在局部区域时，宜采用局部吸声处理，同时设置隔声屏障；噪声源较多且较分散的生产车间宜做吸声处理。

(3)在靠近声源直达声占支配地位的场所，采取吸声处理不能达到理想的降噪效果。

(4)若噪声高频成分很强,可选用多孔吸声材料;若中、低频成分很强,可选用薄板共振吸声结构或穿孔板共振吸声结构;若噪声中各个频率成分都很强,可选用复合穿孔板或微穿孔板吸声结构。通常要把几种方法结合,才能达到最好的吸声效果。

(5)对于湿度较高或有清洁要求的环境,一般采用填充有多孔材料的薄膜共振吸声结构或采用单、双层微穿孔板吸声结构。微穿孔板的板厚及孔径均不大于1 mm,穿孔率可取0.5%～3%,空腔深度可取50～100 mm。

(6)进行吸声处理时,应满足防火、防潮、防腐、防尘等工艺要求,同时兼顾通风、采光、照明、装修要求,以及考虑省工、省料等经济因素。

7.2 隔声设备

7.2.1 复合隔声板

用钢板、吸声材料、阻尼材料和装饰表面板等多层结构组成一个整体,即构成复合隔声板。复合隔声板的长度和宽度按需要可有多种尺寸,厚度按噪声源性质的不同分为50 mm、80 mm、100 mm、120 mm等几种。以高频声为主的小型设备选用50 mm厚;以高频声为主的大型设备选用80 mm厚;以低、中频声为主的小型设备选用100 mm厚;以低、中频声为主的大型设备选用120 mm厚,中间再加阻尼层和吸声材料。

目前轻质复合结构隔声材料的开发比较活跃。常用的轻质复合板是用金属或非金属的坚实薄板做面层,内侧覆盖阻尼或夹入吸声材料或空气层等组成。这种结构因质轻且隔声性能良好,广泛运用于交通或工业噪声控制中作为隔声屏、隔声罩,或作为车、船、飞机等的壳体。

7.2.2 隔声罩

隔声罩是用隔声构件将噪声源封闭在一个较小的空间内,以降低噪声源向周围环境辐射噪声的罩形结构。将噪声源封闭在隔声罩内,需要考虑机电设备运转时的通风、散热问题;同时,安装隔声罩可能给监视、操作、检修等工作带来不便。

隔声罩基本结构如图7.2所示,罩壁一般由罩板、阻尼涂料和吸声层构成。为便于拆装、搬运、操作、检修,以及考虑到经济方面的因素,罩板通常采用薄金属、木板、纤维板等轻质材料。当采用薄金属板做罩板时,必须涂覆相当于罩板2～4倍厚度的阻尼层,以改善共振区和吻合效应处的隔声性能。

隔声罩一般分为全封闭隔声罩、局部封闭隔声罩和消声箱式隔声罩。全封闭隔声罩不设开口,多用来隔绝体积小、散热要求不高的机械设备。局部封闭隔声罩设有开口或局部无罩板,罩内仍存在混响声场,一般应用于大型设备的局部发声部件或发热严重的机电设备。消声箱式隔声罩是在隔声罩的进、排气口安装有消声器,多用来消除发热严重的风机噪声。图7.3所示为带有进排风消声通道的隔声罩构造。

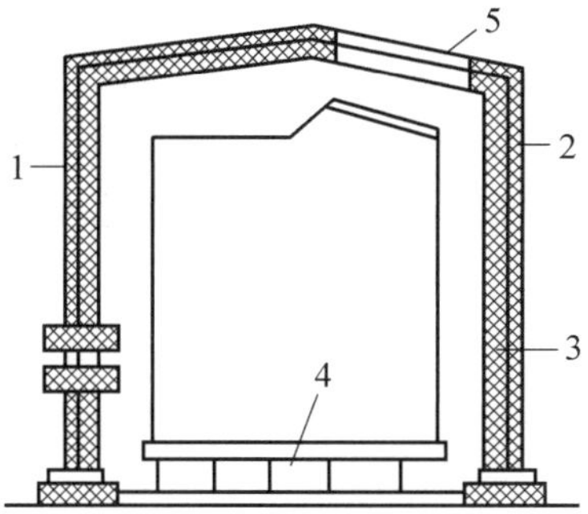

图 7.2 隔声罩基本结构

1—钢板；2—吸声材料；3—护面穿孔板；4—减振器；5—观测窗

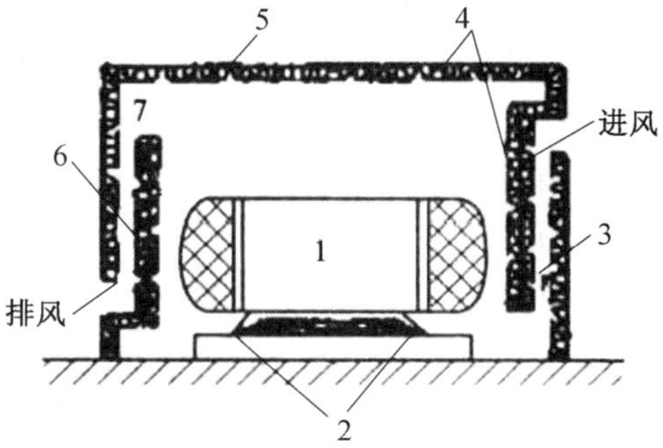

图 7.3 带有进排风消声通道的隔声罩构造

1—机器；2—减振器；3，6—消声通道；4—吸声材料；5—隔声板；7—排风机

选择或制作隔声罩应注意的事项如下。

(1)罩面必须选择有足够隔声能力的材料制作，罩面形状宜选择曲面形体，其刚度较大，利于隔声；内部壁面与声源设备之间的距离不得小于 100 mm；罩壁宜轻薄，宜选用分层复合结构。

(2)采用钢板或铝板制作的罩壳，须在壁面上加筋，涂贴一定厚度的阻尼材料以抑制共振和吻合效应的影响，阻尼材料层厚度通常为罩壁的 2～3 倍。阻尼材料常用内损耗大的黏弹性材料，如沥青、石棉漆等。

(3)隔声罩内的所有焊缝应避免漏声，隔声罩与地面的接触部分应密封。

(4)罩体与声源设备及其机座之间不能有刚性接触，以免形成“声桥”，导致隔声量降低。机器与隔声罩之间，以及它们与地面或机座之间应有适当的减振措施。

(5)隔声罩内表面须进行吸声处理，需衬贴多孔或纤维状吸声材料层，平均吸声系数不能太小。

(6)隔声罩应易于拼装，考虑声源设备的通风、散热等要求。

7.2.3 隔声间

隔声间也称隔声室，是用隔声围护结构建造成的一个较安静，且有良好的通风、采光的空间。隔声间是由隔声墙板、隔声门、隔声窗、通风消声装置、阻尼材料和减振器等多种声学构件组合而成的。

设计隔声门时，不仅要有足够的隔声量，还要保证门开启机构灵活方便，同时门扇与门框之间应密封好。隔声门常采用轻质复合结构，在层与层之间填充吸声材料，隔声量可达 30～40 dB。双层充气隔声门的隔声量可达 46～60 dB。隔声门的隔声性能与门缝的密封程度有关。即使门扇设计的隔声量很大，若密封不好，其隔声效果也会下降。隔声门的密封方法应该根据隔声要求和门的具体使用条件确定，例如人员出入较少的隔声间的门可以采用隔声效果较好的双企口结构压紧橡皮条的密封方法，而人员出入较频繁的隔声间就不使用这种方法。为使隔声门关闭严密，在门上应设加压关闭装置，一般采用较简单的锁闸。门铰链应有距门边至少 50 mm 的转轴，以便门扇沿着四周均匀地压紧在软橡皮垫上。门框与墙体的接缝处也应注意密封。

隔声窗按照其所使用的场所不同和隔声量不同，可分多种形式。

隔声采光窗上安装的玻璃可以是两层，也可以是多层。隔声窗的隔声量除了取决于玻璃的厚度（或单位面积玻璃的质量），还取决于窗结构，窗与窗框之间、窗框与墙壁之间的密封程度。玻璃厚度一般为 5 mm 或 6 mm，每层玻璃的厚度最好不相等，其总厚度一般为 60 mm、80 mm、100 mm、120 mm。

通风隔声窗应满足通风和隔声两种功能要求。正面采用大块玻璃隔声采光，周边为橡胶条密封结构，下面和两侧面是进风或出风通道，在通道上进行吸声处理，相当于安装了阻性消声器。根据需要，可以在隔声窗内侧安装轴流风机，进行机械通风。

消声遮阳百叶窗具有遮阳、采光、降噪、通风等多种功能，可以安装于建筑物的窗洞口或隔声室、隔声罩的进出口。可在百叶片上装以吸声材料，利用百叶片之间阻性消声达到降噪的目的，其消声降噪量为 10 dB(A)左右。

7.2.4 声屏障

在噪声源和需要进行噪声控制的区域之间，安置一个有足够面密度的密实材料的板或墙，使声波传播有明显的附加衰减，这样的“障碍物”称为声屏障（noise barriers）。声屏障主要用于交通噪声的治理。在高速公路、高架道路、立交桥、铁路、轻轨铁路等交通要道与道路周边住宅之间常看到声屏障。

1. 声屏障降噪原理

声屏障的降噪作用是基于声波的衍射原理的。如图 7.4 所示，噪声在传播途中遇到障碍物（声屏障），障碍物尺寸远大于声波波长时，大部分声能被反射和吸收，一部分绕射，于是声波在声屏障背后一定距离内形成“声影区”，同时声波绕射必然产生衰减。一般 3～6 m高的声屏障，其声影区内降噪效果为 5～12 dB。同时可由图 7.4 看出声屏障对不同频率声的效应。由于高频声声影区大，波长短，所以最容易被阻挡，其次是中频声，而声屏障后面形成的声影区中所产生的低频声，由于声波波长长，最容易绕射过去，所以声屏障对低频噪声的隔声效果是较差的。声屏障对中、高频声隔声衰减效果较好，但对于频率在 250 Hz 以下的低频声的隔声衰减效果不明显，常借助吸声材料使低频噪声衰减。因此，声屏障应具有隔声和吸声的双重性能。

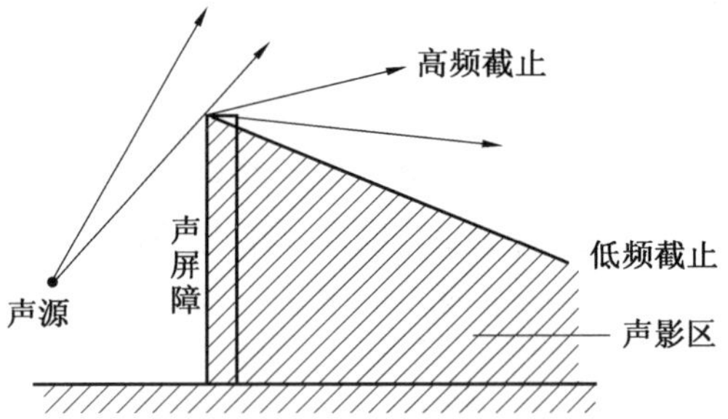

图 7.4　声屏障降噪原理示意图

2. 道路声屏障结构形式

传统道路声屏障不仅结构单调、密度大、耐久性较差，而且降噪效果欠佳，特别对中、低频噪声吸声性能很差。近二十年来国内外一直有许多学者致力于声屏障声学性能的研究，有关新型声屏障的研究论文屡有发表。声屏障顶部既是声线的绕射点，又是亮区与声影区的分界点。为了在不增加道路声屏障高度的条件下降低顶部绕射声波的传播，从而提高声屏障的降噪能力，一方面可在声屏障上端面安置软体或吸声材料，另一方面可改变声屏障的形状。

(1)不同结构形式声屏障。

①吸声型屏障。吸声型屏障即在声屏障面向道路的一侧外表面布置吸声材料(其吸声系数应大于0.5),做成吸声表面,降低反射声,从而改善屏障的降噪效果。例如,图7.5所示为沿街道路一侧有一几十米长的厂房,墙外表面布置了吸声材料,从而减少了该墙面对交通噪声的反射,保障了厂房对面社区的声环境质量。

图7.5 安装在工厂外墙上的吸声型屏障

②"软表面"结构形式屏障。按照声学原理,声学软表面的特性阻抗远远小于空气的特性阻抗,这样,软表面的声压远远小于一般吸声表面,理想的软表面声压几乎为0。早在1976年,Rawlins首次提出,附在刚性障板的边缘上的"声学软表面"能阻碍声屏障顶部绕射声的传播。后来,Alfredson R. J.、Fujiwara K.等继续研发"软表面"结构屏障,这些声屏障一个共同的特征是,在原声屏障上边缘附着一层或一个管状"声学软表面"结构。用常规材料难以制成软表面,该类声屏障开发的关键问题是寻找一种合适"软表面"材料。

③T形屏障。2003年Defrance J.和Jean P.利用射线追踪及边界元法研究了一种T形屏障模型(图7.6)的声学性能。该屏障顶冠为截面尺寸0.85 m×0.25 m的水泥木屑板。实际应用中,考虑有限长声屏障对无限不连续的线声源情形,该声屏障顶冠的附加声衰减量为2~3 dB(视衍射角及声传播路径情况而定)。

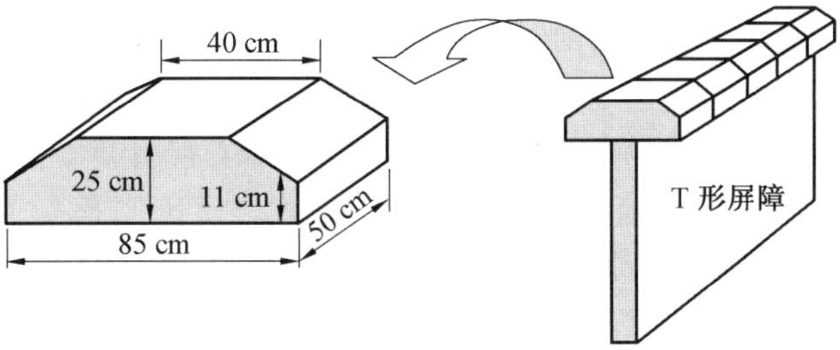

图7.6 T形屏障的顶冠模型

④F形屏障。F形屏障顶端按一定角度折向道路内侧(图7.7),从而改善了屏障的降噪效果。

图7.7 F形道路声屏障总体布局图

⑤带管状顶部的屏障。带管状顶部的屏障即在原有方形屏障的顶部加置一个管状单元,该单元常见有圆柱形和蘑菇形两种形式。声屏障顶部安置的吸声体可降低声屏障顶部的声压,从而减小声屏障背后衍射区 2～3 dB 的声压值。顶部带蘑菇形吸声体的屏障将逐渐取代顶部带圆柱形吸声体的屏障,成为现代声屏障建设的主流,因为前者景观效应更好。

⑥Y 形屏障。Y 形屏障的结构形式设计比 T 形屏障更合理,因为前者排水性能更好。在垂直型声屏障顶部附加板,形成"Y"结构,不仅能提高屏障的降噪效果,而且能降低屏障的高度,造价也合理。Shima H. 等在传统 Y 形屏障的基础上开发出一种声学性能更好的新颖 Y 形屏障,其结构如图 7.8 所示。

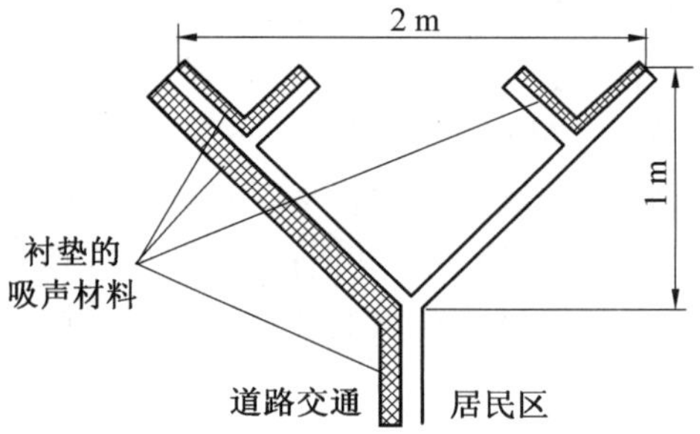

图 7.8　新颖 Y 形屏障结构

⑦多重边缘声屏障。多重边缘屏障即在原有单层屏障板上面增加两道(或更多)边板,边板最好置于原主屏障板的声源一侧,这明显增大了屏障的声衰减量,一般可获得 3 dB 左右的附加衰减量(高频区的附加衰减量比低频区大)。多重边缘声屏障板上一般不加吸声材料,因为吸声材料对该类屏障降噪作用不大。

⑧掩蔽式声屏障。城市交通干道两侧的高层建筑物,形成城市"峡谷"。研究表明,平行"峡谷"中由于声反射而使该区的声压级相对于单侧屏障有所升高。此时,采用一般的声屏障来控制交通噪声向窗户处的辐射是困难的。掩蔽式声屏障则是一个解决问题的典型例子,如图 7.9 所示。该声屏障又称隧道式声屏障,造价高,在许多国家(如日本、加拿大)都已采用,为了采光,顶部常用透明材料或设置采光罩。

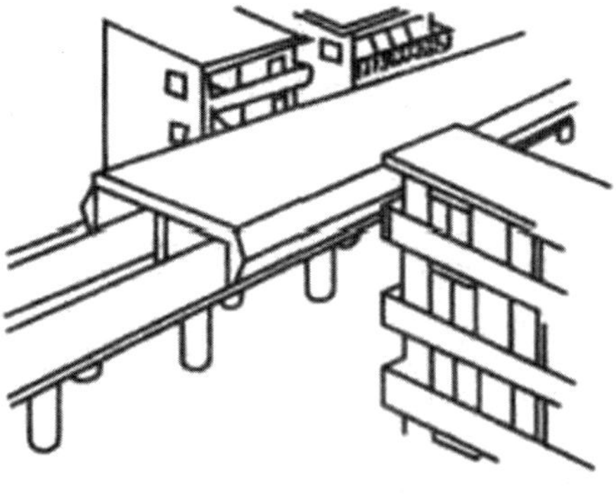

图 7.9　居住区高架路上的掩蔽式声屏障

(2)不同结构形式屏障降噪性能对比。

由表 7.2 可见,吸声结构、软体结构都能较好地改善声屏障的声学性能,但结构形状的改变对声屏障的声学性能改善并不明显。刚性屏障中只有多重衍射边缘型屏障有较好的降噪效果。软体边缘 T 形屏障降噪效果最明显，其3 m高可达到 10 m 普通型屏障的降噪效果。

表 7.2 各种声屏障的降噪效果比较

刚性结构	 (普通)15.2	 1.0/16.2	 1.7/16.9	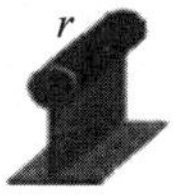 −0.7/14.5	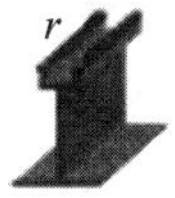 2.5/17.7	 3.3/18.5	 0.2/15.4
吸声结构	 5.0/20.2	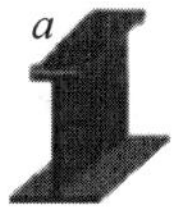 5.6/20.8	 4.4/19.6	 5.4/20.6	 5.6/20.8		 2.4/17.6
软体结构	 7.8/23	 8.2/23.4	 7.6/22.8	 8.0/23.2			

注：图表中的分数(例如 5.6/20.8)的含义：分母值(20.8)代表 3 m 高某类声屏障插入损失值 IL＝20.8 dB，分子值(5.6)代表相对于 3 m 高普通屏障插入损失值(15.2 dB)的附加衰减量 ΔIL 为5.6 dB。

3. 道路声屏障设计

道路声屏障设计一般分三部分：声学设计、结构设计和景观设计。声学设计即以治理目标值为基础进行声屏障的位置、几何尺寸、结构形式等设计选择与比较；结构设计用以保证所选择的声屏障能安全、牢固地建在所要设置的部位上，包括承重结构设计与构造设计；景观设计的目的是利用人的视觉与知觉对周围环境所产生的反应给予人在视觉上的舒适协调和保证行车安全。声屏障的设计程序如图 7.10 所示。

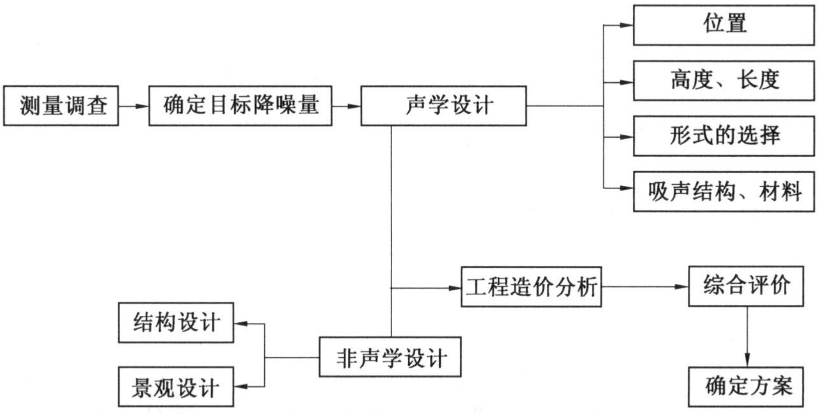

图 7.10 声屏障的设计程序

(1)声学设计。

声学设计是声屏障设计中的关键环节，包括以下内容。

①设计目标值的确定。根据声环境评价的要求，确定噪声防护对象，它可以是一个区域，也可以是一个或一群建筑物。声屏障设计目标值的确定与受声点处的道路交通噪声值(实测或预测的)、受声点的背景噪声值及环境噪声标准值的大小有关。受声点的背景噪声值等于或低于功能区的环境噪声标准值时，设计目标值可以由道路交通噪声值(实测或预测的)减去环境噪声标准值来确定。当采用声屏障技术不能达到环境噪声标准或背景噪声值时，设计目标值也可在考虑其他降噪措施的同时(如建筑物隔声)，根据实际情况确定。

②位置的确定。应根据道路与防护对象之间的相对位置、周围的地形地貌，选择最佳的声屏障设置位置。选择的原则是声屏障靠近声源或者受声点，或者可利用的土坡、堤坝等障碍物等，力求以较少的工程量达到设计目标所需的声衰减。由于声屏障通常设置在道路两旁，而这些区域的地下通常埋有大量管线，故应该做详细勘察，避免造成破坏。

③几何尺寸的确定。根据设计目标值，可以确定几组声屏障的长与高，形成多个组合方案，计算每个方案的插入损失，保留达到设计目标值的方案，并进行比选，选择最优方案。

④形式的选择。声屏障的形式包括直立型、折板型、弯曲型、半封闭型、封闭型。对于封闭型声屏障，降噪效果好，但存在造价高、汽车尾气不易扩散等问题，一般只在城市道路近旁高楼林立的情况下才采用。因此，声屏障的形式选择需要综合考虑现场条件和保护点声环境要求等多种因素，做出合理的选择。

⑤吸声结构设计。当双侧安装声屏障时，应在朝声源一侧安装吸声结构；若道路声屏障仅为一侧安装，则可以不考虑吸声结构。吸声结构的降噪系数 NRC 应大于 0.5。吸声结构的吸声性能不应受到户外恶劣气候环境的影响。

(2)结构设计。

在结构设计中，声屏障应满足在运输、安装和使用过程中的强度、稳定性和刚度要求，符合降噪、防火、防腐蚀、防潮(水)、防老化、防眩目、防尘等要求。声屏障的结构设计由两部分组成，一是声屏障承重结构的设计与计算；二是结构上和声学上需要满足的构造设计。承重结构设计偏重从结构的强度、刚度、安全度上考虑；而构造设计则是结合声学的要求及结构上要求进行的设计。声屏障的构造主要涉及屏障的结构与材料，它应满足技术合理、经济、施工简单、造型美观、安全耐用等方面的要求。

(3)景观设计。

声屏障的景观设计要遵循建筑形式美的一般原则，使其保持与道路及周围环境的整体性和一致性，同时不影响驾驶安全性。例如，设计中利用声屏障顶端线条的多样变化，使单调的障壁成为给人以动感感受的视觉景观；在声屏障表面采用淡雅明朗的障板色彩变化组成几何图案，给人以明快轻巧的感觉。

7.3 消　声　器

空气动力性噪声是一种常见的噪声污染，从喷气式飞机、火箭、宇宙飞船，到各种动力机械、通风空调设备、气动工具、内燃发动机、压力容器及管道阀门等的进排气，都会产生声级很高的空气动力性噪声。控制这种噪声最有效的方法之一就是在各种空气动力设备的气流通道上或进排气口上加装消声器。一个合适的消声器能使气流噪声降低 20～40 dB。

7.3.1 消声器种类与性能要求

按消声原理和结构的不同，消声器大致可分为阻性消声器、抗性消声器、阻抗复合式消声器、微穿孔板消声器、喷注耗散型消声器、有源消声器等类型，见表7.3。

表7.3 消声器类型与适用范围

消声器类型	所包括的形式	消声频率特性	适用范围
阻性消声器	直管式、片式、折板式、声流式、蜂窝式、弯头式	中、高频	消除风机、燃气轮机进气噪声
抗性消声器	扩张室式、共振腔式、干涉式	低、中频	消除空压机、内燃机汽车排气噪声
阻抗复合式消声器	阻一扩型、阻一共型、阻一扩一共型	低、中、高频	消除鼓风机、大型风洞、发动机试车台噪声
微穿孔板消声器	单层微穿孔板消声器 双层微穿孔板消声器	宽频带	高温、高湿、有油雾及要求特别清洁卫生的场合
喷注耗散型消声器	小孔喷注型、降压扩容型、多孔扩散型	宽频带	消除压力气体排放噪声，如锅炉排气、高炉放风、化工工艺气体放散等噪声
喷雾消声器		宽频带	消除高温蒸汽排放噪声
有源消声器		低频	作为消除低频噪声的一种辅助措施

一个性能好的消声器应满足以下几方面要求。

①声学性能。消声器在所需要的消声频率范围内应有足够大的消声量。

②空气动力性能。消声器对气流的阻力损失或功能损耗要小。

③结构性能。要体积小、质量轻、坚固耐用、结构简单，便于加工、安装和维修。

④外形及装饰。除消声器几何尺寸和外形应符合实际安装空间的要求外，消声器的外形应美观大方，表面装饰应与设备总体相协调。

⑤价格费用。在消声量达到要求的条件下，消声器要价格便宜，使用寿命长，有一个较好的性能价格比。

7.3.2 阻性消声器

通常把不同种类的吸声材料按不同方式固定在气流通道中，即构成各式各样的阻性消声器。阻性消声器结构由于充分利用中、高频吸声特性较好的吸声材料，所以中、高频消声效果良好。其按气流通道的几何形状可分为直管式、片式、折板式等，如图7.11所示。各类阻性消声器的特性与适用范围见表7.4。

阻性消声器的设计步骤如下。

(1)确定消声量。应根据有关的环境保护和劳动保护标准，适当考虑设备的具体条件，合理确定实际所需的消声量。对于各频带所需的消声量，可参照相应的NR曲线来确定。

(2)选择消声器的结构形式。根据气体流量和消声器所控制的流速，计算所需的通流截面，并由此来选定消声器的结构形式。一般说来，气流通道截面当量直径小于300 mm，可采用单通道直管式；通道截面直径为300～500 mm，可在通道中加设吸声片或吸声芯；通道截面直径大于500 mm，则应考虑选用片式、蜂窝式或其他形式。

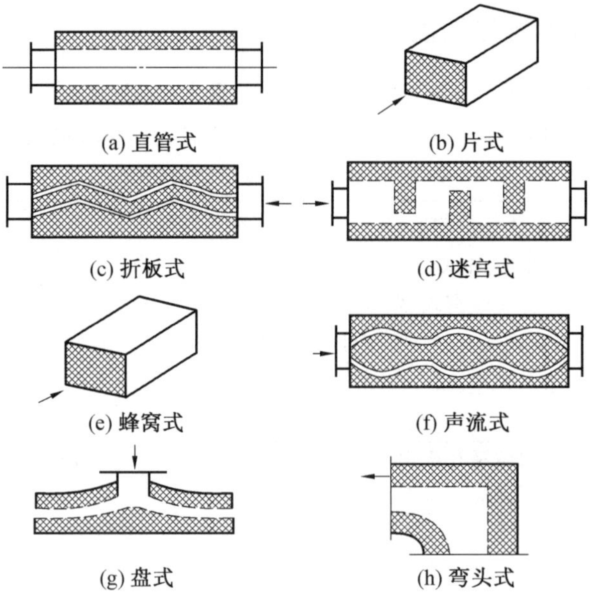

图 7.11　常见阻性消声器的形式

表 7.4　各类阻性消声器的特性与适用范围

种类	特性与适用范围
直管式	结构简单，阻力损失小，适用于小流量管道及设备的进、排气口
片式	单个通道的消声量即为整个消声器的消声量，结构损失大，不适用于流速较高的场合
折板式	是片式消声器的变种，提高了高频消声性能，但阻力损失大，不适用于流速较高的场合
迷宫式	在容量较大的箱(室)内加衬吸声材料和吸声障板，具有抗性作用，消声频率范围宽，但体积庞大，阻力损失大，仅在流速很低的风道上使用
蜂窝式	高频消声效果差，但阻力损失较大，构造相对复杂，适用于气流流量较大，流速不高的场合
声流式	是折板式消声器的改进型，改善了低频消声性能，阻力损失较小，但结构复杂，不易加工，造价高
弯头式	低频消声效果差，高频消声效果好，一般结合现场情况，在需要弯曲的管道内衬贴吸声材料构成

(3)选用吸声材料。除了考虑材料的吸声性能外，还应考虑消声器的实际使用条件，在高温、潮湿、易腐蚀等特殊环境中，则应考虑吸声材料的耐热、防腐蚀、抗腐蚀性能。

(4)确定消声器的长度。消声器的长度应根据噪声源的强度和现场降噪要求来决定。增加消声器的长度可以提高消声量，但还应注意现场有限空间所允许的安装尺寸。一般空气动力设备如风机、电机的消声器长度为 1～3 m，特殊情况下为 4～6 m。

(5)选择吸声材料的护面结构。阻性消声器的吸声材料在气流中工作时必须用牢固的护面结构固定。通常采用的护面结构有玻璃布、穿孔板或铁丝网等。如护面结构不合理，吸声材料会被气流吹跑或者使护面结构产生振动，导致消声器的性能下降。护面结构的形式主要由消声器通道内的气流速度决定。不同流速下的合理护面结构见表 7.1。

(6)验算消声效果。根据“高频失效”和气流再生噪声的影响验算消声效果。若设备对消声器的压力损失有一定要求，应计算压力损失是否在允许的范围之内。

7.3.3　抗性消声器

抗性消声器仅依靠管道突变或旁接共振腔等在声传播过程中引起阻抗的改变而产生声能的反射、干涉，从而降低由消声器向外辐射的声能，达到消声的目的。抗性消声器适用于窄带和中、低频噪声的控制，能在高温、高速、脉动气流下工作，适用于汽车、拖拉机、空压机等排气管道的消声。抗性消声器有扩张室式、共振腔式、干涉式、穿孔板式等类型，其中扩张室式和共振腔式是两种常用的类型。

1. 扩张室式消声器

(1)扩张室式消声器的消声性能。

扩张室式消声器也称膨胀式消声器，是利用管道横断面的扩张和收缩引起的反射和干涉来进行消声的。在工程中为了减少对气流的阻力，常用的是扩张管。扩张室消声器的消声量是由扩张比 m 决定的。但是，扩张比 m 不可盲目选得太大，应对消声量与消声频率范围二者兼顾。在实际工程中，一般取 $9<m<16$，最大不超过 20，最小不小于 5。

不管扩张比 m 多大，单节扩张室消声器消声量 ΔL 总是为零，即存在许多消声量为零的通过频率。改善扩张室消声器消声频率特性的方法如下。

①将单节扩张室改进为内插管室，即在扩张室两端各插入长度分别为扩张室长度的1/2和 1/4 的管，以分别消除 n 为奇数和偶数时的通过频率低谷，以使消声器的频率响应曲线平直，如图 7.12 所示。但实际设计的消声器多是两端插入管连在一起，在其间的 $l/4$ 长度上打孔，穿孔率大于 30%，以减少气流阻力，如图 7.13 所示。

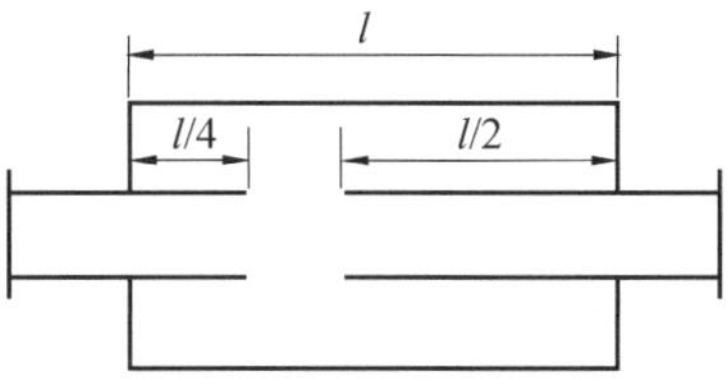

图 7.12　带插入管的扩张室

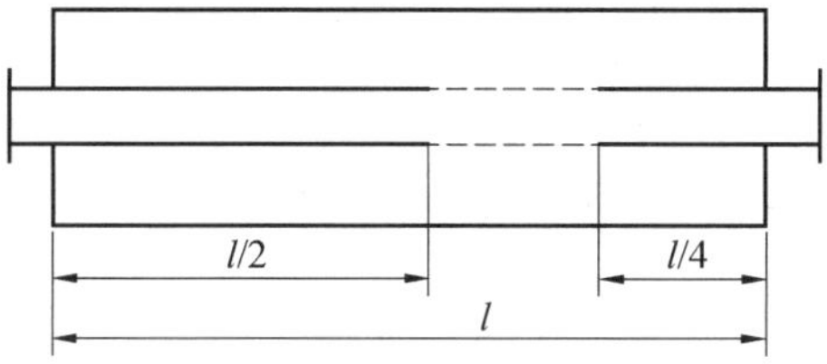

图 7.13　内接穿孔管的扩张室消声器

②设计多节扩张室，将它们串联起来，各节扩张室长度不相等，如图 7.14 所示。同时使各自的通过频率相互错开。如此，既可提高总的消声量，又可改善消声频率特性。

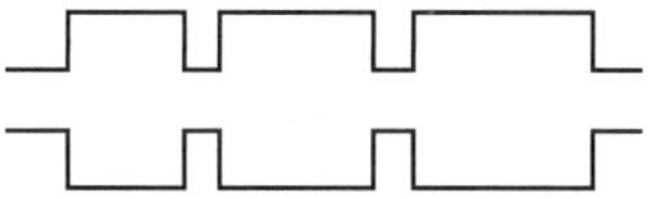
图 7.14　长度不同的多节扩张室串联

(2)扩张室式消声器设计步骤。

①根据需要的消声频率特性，合理地分布最大消声频率，确定各节扩张室消声器的长度及其插入管的长度；

②根据有关标准，确定所需要的消声量，尽可能选取较大的扩张比 m，设计扩张室各部分的截面尺寸；

③验算所设计扩张室消声器的上下频率是否在所需要消声的频率范围之外。如不符合，则重新修改方案。

2. 共振腔式消声器

在一段气流通道的管壁上开若干个小孔，并与外侧密闭空腔相通，小孔和密闭的空腔就组成了一个共振腔式消声器。其消声原理和穿孔板共振吸声结构是相似的，小孔与空腔组成一个弹性振动系统，小孔孔颈中具有一定质量的空气，在声波的作用下往复运动，与孔壁产生摩擦，使声能转变成热能而消耗掉。当声波频率与消声器固有频率相同时，发生共振。在共振频率及其附近，空气振动速度最大，因此消耗的声能最多，消声量最大。

共振腔式消声器的气流通道截面是由管道中气体流量和气流速度决定的。在条件允许的情况下，应尽可能缩小通道的截面积。一般通道截面直径不应超过 250 mm。如气流通道较大，则需采用多通道共振腔并联，每一通道宽度取 100～200 mm，且竖直高度小于共振波长的 1/3。

共振腔式消声器适用于低、中频成分突出的气流噪声的消声，但有效消声频率范围较窄，对此可采用以下改进方法。

(1)在空腔内填充一些吸声材料，以增加共振腔消声器的声阻，使有效消声的频率范围展宽。这样处理尽管会使共振频率处的消声量有所下降，但由于偏离共振频率后的消声量变得下降缓慢，从整体看还是有利的。

(2)采用多节共振腔串联。把具有不同共振频率的几节共振腔消声器串联，并使其共振频率互相错开，可以有效地展宽消声频率范围。

为了使共振腔消声器取得应有的效果，设计时应注意以下几点。

(1)共振腔的最大几何尺寸都应小于共振频率 f 处波长 λ_r 的三分之一。

(2)穿孔位置应均匀集中在共振腔式消声器内管的中部，穿孔范围应小于其共振频率相应波长的 1/12；孔心距应大于孔径的 5 倍。若不能同时满足上述要求，可将空腔分割成几段来分布穿孔位置，总的消声量可近似视为各腔消声量的总和。

(3)为展宽共振腔式消声器的有效消声频率范围，采取增大共振腔深度、减小孔径、在孔径处增加阻尼等措施。穿孔板的厚度宜取 1～5 mm，孔径宜取 3～10 mm，穿孔率宜取 0.5%～5%，腔深宜取 10～20 cm。

7.3.4 阻抗复合式消声器

阻性消声器在中、高频范围内有较好的效果，而抗性消声器可以有效地降低低、中频噪声。而在实际噪声控制工程中，往往遇到宽频带噪声，即低、中、高频的噪声都很高。为了在较宽的频率范围内获得较好的消声效果，通常将阻性结构和抗性结构按照一定的方式组合起来，就构成了阻抗复合式消声器。常用的阻抗复合式消声器有阻性－扩张室复合消声器、阻性－共振腔复合消声器，阻性－扩张室－共振腔复合消声器，如图 7.15 所示。

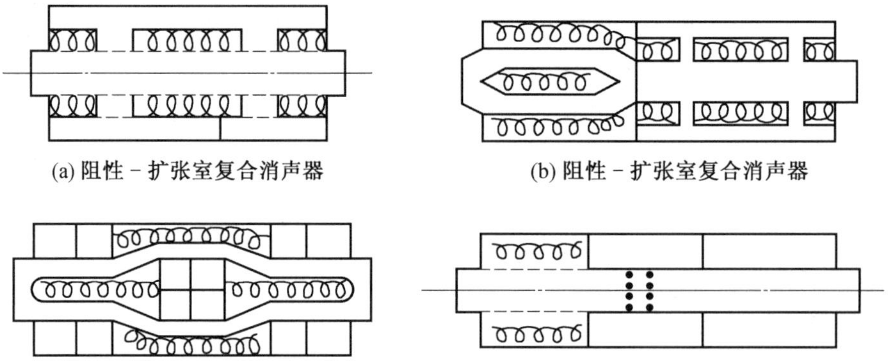

(a) 阻性－扩张室复合消声器　　(b) 阻性－扩张室复合消声器

(c) 阻性－扩张室－共振腔复合消声器　　(d) 阻性－扩张室－共振腔复合消声器

图 7.15　几种阻抗复合式消声器

阻抗复合式消声器主要用于消除各种风机和空压机的噪声。但由于阻性段有吸声材料，因此阻抗复合式消声器一般都不适于在高温和含尘的环境中使用。

7.3.5 微穿孔板消声器

微穿孔板消声器是用微穿孔板制作的，是阻抗复合式消声器的一种特殊形式。多种类型的微穿孔板消声器在通风空调系统和噪声控制工程中得到了广泛的应用。

微穿孔板消声器采用微穿孔薄板制成，不用任何多孔吸声材料。微穿孔板材料一般用厚度为 0.20～1.0 mm 的钢板、铝板、不锈钢板、镀锌钢板、PC 板、胶合板、纸板等制作。

为加宽吸收频带，孔径应尽可能地小，但因冲孔制造工艺的限制，以及微孔过小易堵塞，常用孔径为 0.50～1.0 mm，穿孔率一般为 1%～3%。为获得宽频带、高吸声效果，一般用双层微穿孔板结构。微穿孔板与风管壁之间，以及微穿孔板与微穿孔板之间的空腔，按所需吸收的频带不同而异。

微穿孔板消声器消声量高，消声频带宽，压力损失小，气流再生噪声低，不用多孔性吸声材料，无粉尘或其他纤维泄出，十分清洁，因此特别适用于环境标准要求较高的通风空调系统，例如净化车间、无菌室、高级宾馆等。微穿孔板消声器防潮、防水，能承受较高气流速度的冲击，耐高温，适应性较强。

7.3.6 消声器选用

消声器选用过程中，应注意以下几个方面。

(1)噪声源特性分析。消声器用于降低空气动力性噪声，对其他噪声源是不适用的。应按不同性质、不同类型的噪声源，有针对性地选用不同类型的消声器。

噪声源的声级高低及频谱特性各不同，消声器的消声性能也各不相同，在选用消声器前应对噪声源进行测量和分析。一般测量 A 声级、C 声级、倍频程或 1/3 倍频程频谱特性，使噪声源的频谱特性和消声器的消声特性两者相对应。噪声源的峰值频率应与消声器最理想、消声量最高的频段相对应。这样，安装消声器后才能得到满意的消声效果。同时，应对噪声源的安装使用情况，周围的环境条件，有无可能安装消声器，消声器装在什么位置等事先有个考虑，以便正确合理地选用消声器。

(2)噪声标准确定。在具体选用消声器时，必须弄清楚安装所选用的消声器后能满足何种噪声标准的要求。

(3)消声量计算。按噪声源测量结果和噪声允许标准的要求来计算消声器的消声量。消声量过高或过低都不恰当。过高，可能达不到，或提高成本，或影响其他性能参数；过低，则达不到要求。计算消声量时要考虑的影响因素：第一，背景噪声的影响，有些待安装消声器的噪声源使用环境条件较差，背景噪声很高或有多种声源干扰，这时对消声器质量的要求不一定苛刻；第二，自然衰减量的影响，声波随距离的增加而衰减。

(4)选型。正确地选型是保证获得良好消声效果的关键。根据噪声源所需要的消声量、空气动力性能要求，以及空气动力设备管道中的防潮、耐油、防火、耐高温等要求，选择消声器的类型。

①对低、中频为主的噪声源(如离心通风机等)，可采用阻性或阻抗复合式消声器；

②对宽频带噪声源(如高速旋转的鼓风机、燃气轮机等)，可采用阻抗复合式消声器或微

穿孔板消声器；

③对脉动性低频噪声源(如空燃机、内燃机等)，可采用抗性消声器或微穿孔板消声器；

④对高压、高速排气放空噪声，可选用新型节流减压及小孔喷注消声器；

⑤对潮湿、高温、油雾、有火焰的空气动力设备，可采用抗性消声器或微穿孔板消声器；

⑥对于特别大风量或通道面积很大的噪声源，可以设置消声房、消声塔或以特制消声元件组成的大消声器。

(5)消声器只能降低空气动力设备进排气口或沿管道传播的噪声，而对该设备的机壳、管壁等辐射的噪声无能为力。因此，在选用和安装消声器时应全面考虑噪声源的分布传播途径、污染程度及降噪要求等。采取隔声、隔振、吸声、阻尼等综合治理措施，才能获得较理想的效果。

(6)消声器的空气动力性能损失应控制在能使该机械设备正常工作的范围内。

(7)为了降低消声器的阻力损失和气流再生噪声，保证消声器的正常使用，必须降低消声器和管道中的气流速度。对于空调系统，主管道中和消声器内的流速应控制在10 m/s以下。内燃机进、排气消声器中的气流速度一般应控制在60 m/s以下。鼓风机、压缩机、燃气轮机进、排气消声器中的气流速度应控制在30 m/s以下。周围无工作人员的高压高速排气放空消声器，气流速度应限制在60 m/s以下。

(8)应考虑到隔声及坚固耐用，并使其体积大小与空气动力机械设备相匹配。

7.3.7 消声器安装

在风机管路系统中，消声器安装使用部位对实际取得的效果影响甚大。安装部位适当，则效果能达到设计要求的消声量；若安装部位不妥当，实际使用效果会达不到设计要求，甚至完全没有效果。因此一定要根据消声器安装结构示意图所标明的位置安装与风机适配的消声器。在安装使用消声器时应注意以下几点。

(1)明确风机噪声源的部位。风机噪声源的部位按其强度大小，依次为排气口辐射的噪声、进气口辐射的噪声、机壳和管道表面辐射的噪声、电机噪声。消声器仅对进、排气噪声有明显的效果。

(2)要选定在室内或室外安装消声器。若进气口或出气口离风机机壳和电机较近，为了消除其噪声的影响，充分显示出消声器的效果，消声器应安装在室外，若进气口或出气口离风机机壳和电机都很远，消声器也可以安装在室内。

(3)消声器在室外时，消声量可达到20 dB(A)以上；消声器在室内，若进气口消声器或出气口消声器安装的位置紧靠风机机壳，其最好效果可降到10～15 dB(A)。

(4)在安装消声器时，消声器到风机进口或出口的距离至少要大于管道直径的3～4倍。为减少机壳振动对消声器性能的影响，对于通风机，应尽量使用软连接。

(5)所有法兰盘连接处都应加垫圈，以防漏声和漏气。

(6)为了提高消声效果，防止管道壁的辐射噪声，风管上应刷上沥青并贴上一层牛毛沥青纸，再捆上石棉绳，然后箍上钢网，最后用石灰水粉刷，或者捆扎50～100 mm厚的矿渣棉、玻璃棉等吸声材料。

(7)通风气流管道中含有较多的水或尘时，不宜采用阻性消声器。

(8)进、排气消声器，对于通风机可互换使用，对鼓风机和压缩机千万不可互换使用。

(9)消声器要定时进行检修,以保证消声器的效果。消声器安装示意图如图7.16～图7.19所示。

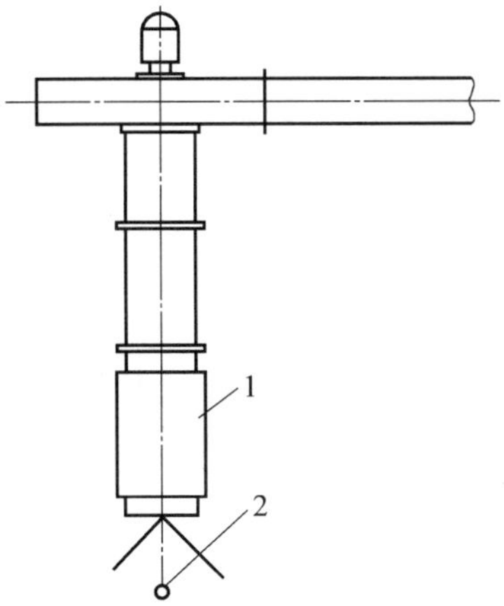

图7.16 消声器安装在进气口管道上(室内、室外均可)
1—消声器;2—测点

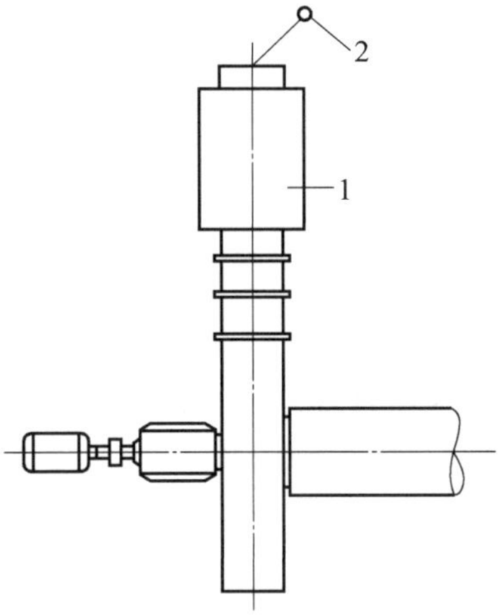

图7.17 消声器安装在排气口管道上(室内、室外均可)
1—消声器;2—测点

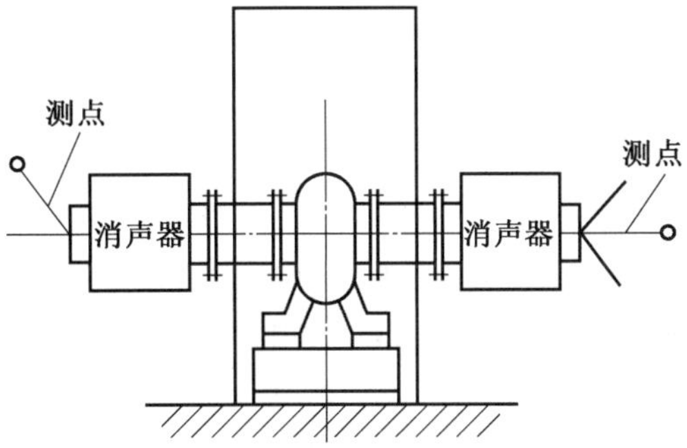

图7.18 消声器安装在进(排)气管道上(室外)

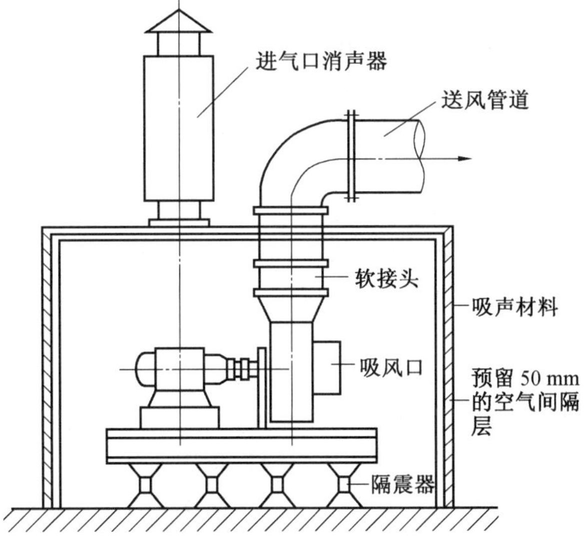

图7.19 噪声综合治理安装示意图

第8章 固体废弃物处理设备

8.1 固体废弃物预处理设备

固体弃废物预处理技术是指采用物理、化学或生物方法，将固体废物转变成为便于运输、储存、回收利用和处置的形态。固体废弃物预处理设备包括压实设备、破碎设备、分选设备等几大类设备。

8.1.1 压实设备及其选用

压实设备又称压实器。压实器可分固定式和移动式两大类。固定式和移动式压实器的工作原理大致相同，均由容器单元和压实单元组成。容器单元容纳废物，压实单元在液压或气压的驱动下依靠压头将废物压实。固定式压实器一般设在废物转运站、高层住宅垃圾滑道的底部，以及需要压实废物的场合。移动式压实器一般安装在垃圾收集车上，常用于废物处置场所。常见的压实设备包括水平式压实器、三向联合压实器、回转式压实器三种。

为了最大限度减容，获得较高的压缩比，应尽可能选择适宜的压实器。影响压实器选择的因素很多，除废物性质外，主要应从压实器性能参数进行考虑。

(1)装载区容积。压实器的装载区的容积一般为0.765～9.18 m^3。装载区的容积应足够大，以便容纳用户所产生的最大件的废物。

(2)循环时间。循环时间指压头的压面从装料箱把废物压入容器，然后再回到原来完全缩回的位置，准备接收下一批废物所需要的时间。循环时间变化范围很大，通常为20～60 s。如果希望压实器接收废物的速度快，则要选择循环时间短的压实器。

(3)压面压力。压面压力根据某一具体压实器的额定作用力这一参数来确定，额定作用力作用在压头的全部高度和宽度上。固定式压实器的压面压力一般为103～3 432 kPa。

(4)压面行程。压面行程指压面压入容器的深度，为防止压实废物填埋时反弹回装载区，要选择行程长的压实器。现在的各种压实容器的实际进入深度为10.2～66.2 cm。

(5)体积排率。体积排率即处理率，它等于压头每次压入容器的可压缩废物体积与每小时机器的循环次数之积，通常要根据废物产生率来确定。

(6)压实器与容器匹配。压实器与容器最好是由同一厂家制造，这样才能使压实器的压面行程、循环时间、体积排率及其他参数相互协调，否则很容易发生诸如容器膨胀变形等问题。

8.1.2 破碎设备及其选用

1. 破碎设备

破碎设备可分为机械能破碎设备和非机械能破碎设备两大类。机械能破碎设备是利用破碎工具(例如破碎机的齿板、锤子，球磨机的钢球等)对固体废物施力将其破碎的，如颚式破碎机、锤式破碎机、冲击式破碎机、辊式破碎机、剪切式破碎机及球磨机等。非机械能破碎设备是利用电能、热能等对固体废物进行破碎的，如低温破碎设备、减压破碎设备及超声波破碎设备等。一般破碎机都是用两种或两种以上的破碎方法联合作用对固体废物进行破碎的，例如压碎和折断、冲击破碎和磨碎等。

(1)颚式破碎机。

颚式破碎机属于挤压型破碎机械。根据可动颚板的运动特性分为简单摆动式、复杂摆动式和综合摆动式。颚式破碎机具有结构简单、坚固、维护方便、工作可靠等特点。在固体废物破碎处理中，其主要用于破碎强度及韧性高、腐蚀性强的废物。例如，煤矸石作为沸腾炉燃料、制砖和水泥原料时的碎料等。颚式破碎机既可用于粗碎，也可用于中、细碎。

(2)锤式破碎机。

锤式破碎机按转子数目不同可分为单转子和双转子两类，按转轴方向不同可分为卧轴和立轴锤式破碎机，常见的是卧轴锤式破碎机，即水平轴式破碎机。

目前专用于破碎固体废物的锤式破碎机主要有 BJD 型锤式破碎机、Hammer Mills 型锤式破碎机、Novorotor 型双转子锤式破碎机三种类型。BJD 型锤式破碎机主要用于破碎废旧家具、厨房用具、床垫、电视机、冰箱、洗衣机等大型固体废物，可以破碎到 50 mm 左右，不能破碎的废物从旁路排出。经 BJD 型锤式破碎机破碎后，金属切屑的松散体积减小至原来的 1/8～1/3，便于运输至冶炼厂冶炼。锤子呈钩形，对金属切屑施加剪切、拉撕等作用。Hammer Mills 型锤式破碎机主要用于破碎汽车等粗大固体废物。

(3)冲击式破碎机。

冲击式破碎机是利用冲击作用进行破碎的设备，主要有 Universa 型和 Hazemag 型，其构造如图 8.1 所示。Hazemag 型冲击式破碎机装有两块冲撞板，形成两个破碎腔。转子安装有两个坚硬的板锤，机体内表面装有特殊钢制衬板，用以保护机体不受损坏。固体废物从上部进入，在冲击和剪切作用下破碎。冲击式破碎机适用于破碎中等硬度、软质、脆性及纤维状等多种固体废物。

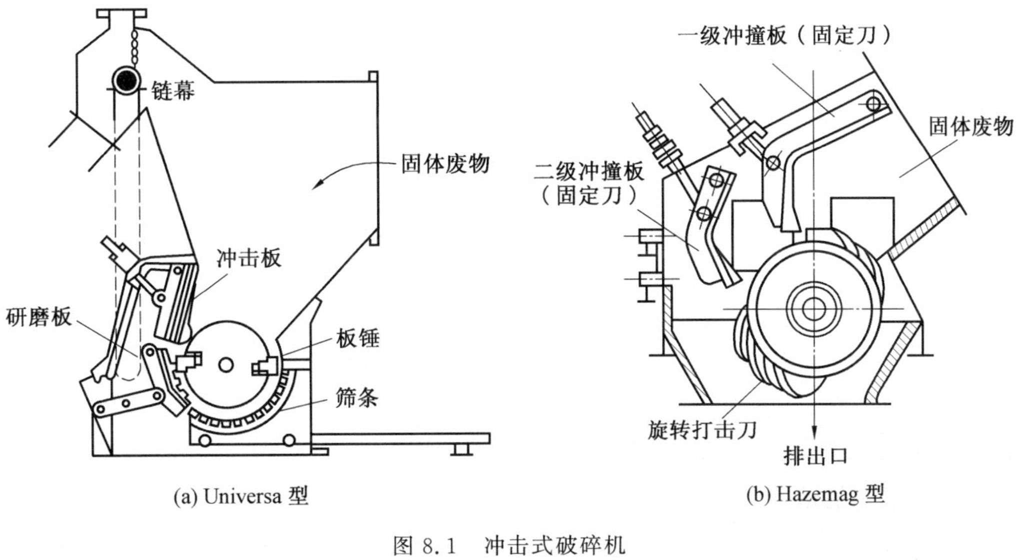

图 8.1　冲击式破碎机

(4)辊式破碎机。

辊式破碎机主要靠剪切和挤压作用。辊式破碎机根据辊子的数目,可分为单辊、双辊、三辊和四辊破碎机;根据辊子表面的形状,可分为光辊破碎机和齿辊破碎机。光辊破碎机的辊子表面光滑,靠挤压破碎,兼有研磨作用,可用于硬度较大的固体废物的中碎和细碎。齿辊破碎机辊子表面带有齿牙,主要破碎形式是劈碎,用于破碎脆性和含泥黏性废物。辊式破碎机可有效地防止产品过度破碎,能耗相对较低,构造简单、工作可靠。但其破碎效果不如锤式破碎机,运行时间长,使得设备较为庞大。

(5)剪切式破碎机。

剪切式破碎机借助固定刀刃和可动刀刃(又分为往复刃和回转刃)之间的齿合作用,将固体废物剪切成适宜的形状和尺寸。剪切式破碎机特别适用于破碎低二氧化硅含量的松散物料。根据刀刃的运动方式不同其可分为往复式和回转式。

(6)球磨机。

球磨机主要由圆柱形筒体、端盖、中空轴颈、轴承和传动大齿圈等部件组成,其工作原理图如图 8.2 所示。筒体内装有直径为 25～150 mm 的钢球,其装入量为整个筒体有效容积的 25%～50%。筒体内壁敷设有衬板,防止筒体磨损,兼有提升钢球的作用。筒体两端的中空轴颈有两个作用:一是起轴颈的支承作用,使球磨机全部质量经中空轴颈传给轴承和机座;二是起给料和排料的漏斗作用。电机通过联轴器和小齿轮带动大齿轮和筒体缓缓转动。当筒体转动时,在摩擦力、离心力和衬板共同作用下,钢球和物料被衬板提升;当提升到一定高度后,在钢球和物料本身重力作用下自由下落和抛落,从而对筒体内底脚区内的物料产生冲击和研磨作用,使物料粉碎。物料达到磨碎细度要求后,由风机抽出。球磨机常用于矿业废物和工业废物处理。

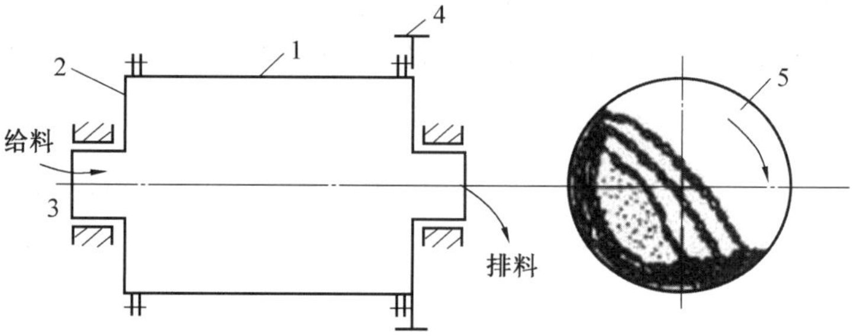

图 8.2　球磨机工作原理图

1—筒体;2—端盖;3—轴承;4—大齿轮;5—传动大齿圈

(7)湿式破碎机。

湿式破碎机为一立式转筒,底部设有多孔筛,筛上安装一个带有多把刀和叶轮的转子。旋转的转子切碎垃圾,并搅拌成浆液。浆液通过筛网,再经分离剔除无机物后,从中能初步回收纸浆纤维。破碎机内未被粉碎的金属、瓦砾等可从机器的侧口排出,并由斗式提升机送去磁选。该设备主要用于纸类废物破碎。

2. 破碎设备的选用

选择破碎方法时,需视固体废物的机械强度,特别是废物的硬度、脆性而定。纤维等物质具有抗冲击性,因此只能以剪断破碎为主;塑料、橡胶类物质在低温下变脆,可进行低温破碎;对坚硬废物采用挤压破碎和冲击破碎十分有效;对韧性皮物采用剪切破碎和冲击破碎或剪切破碎和磨碎较好;对脆性废物则采用劈碎、剪断破碎、冲击破碎为宜;纸类废物在水中会形成浆液,所以能采用湿式破碎。

垃圾破碎设备在向专用性方向发展的同时,又呈现破碎功能综合性的趋势,即一台破碎机往往兼有多种破碎方式,甚至还具有分选等其他后道工序的处理功能。垃圾破碎设备通常体积大,造价高,从经济角度考虑,应尽量向多功能方向发展,做到一机多用,适应不同的处理对象。近年来,国外根据垃圾处理的需要,开发了以特定的大型垃圾为处理对象的破碎机,如装机总动力 1 000 kW 以上的废汽车破碎机;推广了以家庭厨房垃圾为处理对象的小型破碎机。在开发各种固定式破碎机的同时,还研制车载移动式破碎机。

8.1.3 分选设备及其选用

1. 分选设备

垃圾分选设备包括筛分设备、重力分选设备、磁力分选设备、电选设备及浮选设备等。

(1)筛分设备。

筛分是利用筛子使物料中小于筛孔的细粒物料透过筛面,而大于筛孔的粗粒物料留在筛面上,从而完成粗、细料分离的过程。最常用的筛分设备主要有固定筛、滚筒筛、惯性振动筛、共振筛等几种类型。

①固定筛。

固定筛的筛面由许多平行排列的筛条组成,可以水平安装或倾斜安装。固定筛有格筛和棒条筛两种。格筛一般安装在粗碎机之前,以保证入料大小适宜。棒条筛主要用于粗碎和中碎之前,安装倾角应大于废物对筛面的摩擦角,一般为 30°～35°,以保证废物沿筛面下滑。棒条筛孔尺寸为要求筛下粒度的 1.1～1.2 倍,一般筛孔尺寸不小于50 mm。筛条宽度应小于 50 mm。筛条宽度应大于固体废物中最大粒度的 2.5 倍。由于其构造简单,不需耗用动力,设备费用低,维修方便,因此在固体废物处理中得到广泛的应用。

②滚筒筛。

滚筒筛又称转筒筛。其筛面为带孔的圆柱形筒体或截头圆锥筒体。在传动装置的带动下,筛筒绕轴缓缓旋转。为使废物在筒内沿轴线方向前进,筛筒的轴线应倾斜3°～5°安装。固体废物由筛筒一端给入,被旋转的筒体带起,当达到一定高度后因重力作用而自行落下,如此不断地做起落运动,使小于筛孔尺寸的细粒过筛,而筛上产品则逐渐移动到筛的另一端排出。滚筒筛有单筒式和双筒式,通常带切割装置与刮板装置,比较适合含水量较高的生活垃圾分选,常用于堆肥的前处理和后处理。

③惯性振动筛。

惯性振动筛是通过由不平衡物体的旋转所产生的离心惯性力而使筛箱产生振动的一种筛子。筛网固定在筛箱上,筛箱安装在弹簧上,振动筛主轴通过滚动轴承支撑在箱体上。主轴两端装有偏心轮,调节重块在偏心轮上的位置使主轴转动时产生不同的惯性力,从而可将装在筛子上面的物料进行筛分。当电机带动带轮做高速旋转时,配重轮上的重块就产生离心惯性力,其水平分力使弹簧横向变形,由于弹簧横向刚度大,所以水平分力被横向刚度所吸收;而垂直分力则垂直于筛面,通过筛箱而作用于弹簧,强迫弹簧做拉伸及压缩运动。因此,筛箱的运动轨迹近似于圆。惯性振动筛适用于细粒废物(0.1～15 mm)的筛分,也可用于潮湿及黏性废物的筛分。

④共振筛。

共振筛利用装有弹簧的曲柄连杆机构驱动，使筛子在共振状态下进行筛分，其构造及工作原理如图 8.3 所示。筛箱、弹簧及下机体组成一个弹性系统，该弹性系统固有的振动频率与传动装置的强迫振动频率接近或相同时，使筛子在共振状态下进行筛分，故称为共振筛。共振筛的工作过程是筛箱的动能和弹簧的位能相互转化的过程，在每次振动中，只需要补充为克服阻尼的能量就能维持筛子的连续振动。所以，这种筛子虽大，但消耗的功率却很小。

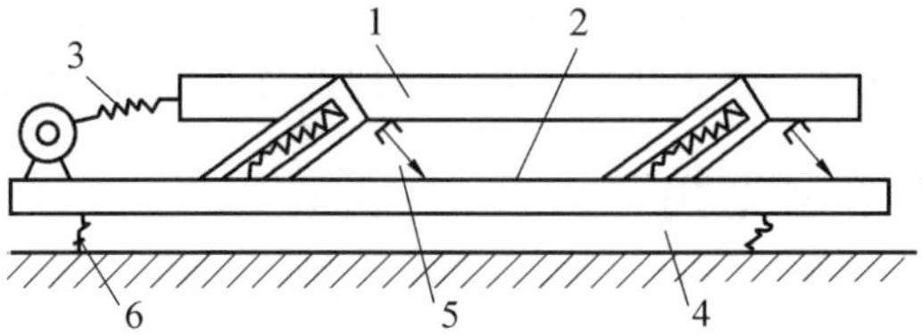

图 8.3　共振筛的构造及工作原理

1—上筛箱；2—下机体；3—传动装置；

4—共振弹簧；5—板簧；6—支承弹簧

共振筛具有处理能力大、筛分效率高、耗电少、结构紧凑等优点，是一种有发展前途的筛子，但同时也有制造工艺复杂、机体笨重、橡胶弹簧易老化等缺点。共振筛的应用十分广泛，适用于废物中细粒的筛分，还可用于废物分选作业的脱水、脱重介质和脱泥筛分等。

筛分设备的选择：选择筛分设备时应考虑如下因素：颗粒的大小、形状、尺寸分布、整体密度、含水率、黏结性；筛分器的构造材料，筛孔尺寸，形状，筛孔所占筛面比例，转筒筛的转速、长与直径，振动筛的振动频率、长与宽；筛分效率与总体效果要求；运行特征，如能耗、日常维护、可靠性、噪声、非正常振动与堵塞的可能等。在垃圾的预处理和分选作业中，欧美各国由于垃圾中废纸较多，通常采用滚筒筛，我国由于城市垃圾成分比较复杂，多采用振动筛。

(2)重力分选设备。

重力分选是利用不同物质颗粒间的密度差异，在运动介质中通过重力、介质动力和机械力的作用，使颗粒群产生松散分层和迁移分离，从而得到不同密度产品的分选过程。重力分选设备主要有风力分选机、跳汰分选设备、重介质分选设备三种。

①风力分选机。

风力分选机属于干式分选，主要用于城市垃圾的分选，将城市垃圾中以可燃性物料为主的轻组分和以无机物为主的重组分分离，以便回收利用或处理。

按气流吹入分选设备内的方向不同，风力分选机可分为两种类型：水平气流风力分选机(又称为卧式风力分选机)和上升气流风力分选机(又称为立式风力分选机)。

立式风力分选机分选精度较高。水平气流风力分选机构造简单，维修方便，但分选精度不高，一般很少单独使用，常与破碎、筛分、立式风力分选机组成联合处理工艺。

研究表明，要使物料在风力分选机内达到较好的分选效果，就要使气流在分选筒内产生湍流和剪切力，从而把物料团块分散。为达这一目的，人们对分选筒进行了改造，比较成功的有锯齿形、振动式和回转式分选筒的气流通道，如图 8.4 所示。

为了取得更好的分选效果，通常可以将其他的分选手段与风力分选在一个设备中结合起来，例如振动式风力分选机和回转式分选机。前者兼有振动和气流分选的作用，它是让给

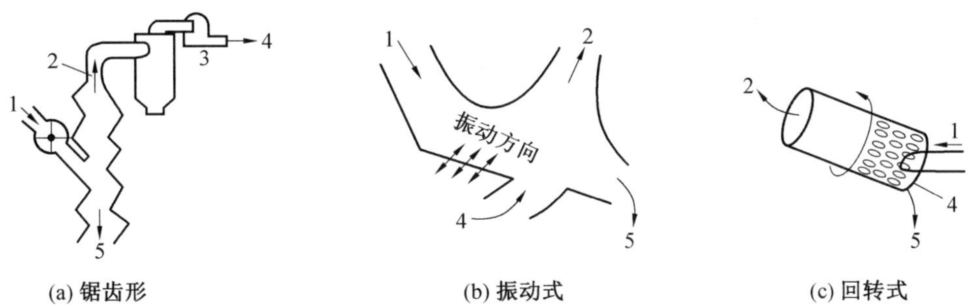

图 8.4　锯齿形、振动式和回转式气流分选

1—给料；2—提取物；3—风机；4—空气；5—排出物

料沿着一个斜面振动，较轻的物料逐渐集中于表面层，随主流气体从出口排出；后者实际上兼有滚筒筛的筛分作用和风力分选的作用，当圆筒旋转时，较轻颗粒悬浮在气流中而被带往集料斗，较重和较小的颗粒则透过圆筒壁上的筛孔落下，较重的大颗粒则在圆筒的下端排出。

②跳汰分选设备。

跳汰分选是在垂直变速介质流中按密度分选固体废物的一种方法。跳汰分选通常使用水为介质，故称为水力跳汰分选。水力跳汰分选设备称为跳汰机。按推动水流运动方式的不同，跳汰分选设备分为隔膜跳汰机和无活塞跳汰机两种。隔膜跳汰机利用偏心连杆机构带动橡胶隔膜做往复运动，借以推动水流在跳汰室内做脉冲运动。无活塞跳汰机采用压缩电气推动水流。

跳汰分选主要用于混合金属的分离与回收。尽管在此过程中水的消耗量并不大，但所排放的跳汰用水仍需处理。

③重介质分选设备。

目前常用的重介质分选设备是鼓形重介质分选机，适用于分离粒度较粗（40～60 mm）的固体废物。其有结构简单、紧凑、便于操作、动力消耗低、分选机内密度分布均匀等特点，但轻重产物量调节不方便。

(3)磁力分选设备。

磁力分选有两种类型，一类是传统的磁力分选，主要应用于供料中磁性杂质的提纯、净化及磁性物料的精选；另一类是近年发展起来的磁流体分选法，可应用于城市垃圾焚烧厂焚烧灰，以及堆肥厂产品中铝、铁、铜、锌等金属的提取与回收。目前在废物处理系统中最常用的磁力分选设备为悬挂带式磁选机和滚筒式磁选机。悬挂带式磁选机有利于吸除输送带表层的铁，滚筒式磁选机则有利于吸除贴近皮带底部的铁，因此在工艺上往往将它们串联在一起，以提高铁的分选效率。

(4)电选设备。

电力分选简称电选，是利用固体废物中各组分在高压电场中的导电性能的差异实现分离的一种方法。通过电选既可以分离导体和绝缘体，也可对不同介电常数的绝缘体进行分离。电选设备主要有滚筒式静电分选机和 YD－4 型高压电选机等。

(5)浮选设备。

浮选是固体废物资源化的一种重要技术，常用于从粉煤灰中回收炭，从煤矸石中回收硫铁矿，从焚烧炉渣中回收金属等。目前我国常用的浮选设备是机械搅拌式浮选机。

2. 分选设备的选用

分选设备的选用主要依据待分选设备的性质、物料性质及分选设备的性能三个方面，其中以物料性质与分选设备性能最为重要。

8.2 堆肥设备

堆肥系统设备的应用流程如下：进料供料设备→预处理设备→一次发酵设备→二次发酵设备→后处理设备→产品细加工设备。堆肥的进料和供料系统是由贮料仓、进料斗等组成的。堆肥系统的预处理设备是由破碎机、筛选机及混合搅拌机等组成的。物料经过预处理后被送到一次发酵设备中，使发酵过程被控制在适当的条件下，并使物料基本达到无害化和资源化；然后，送到熟化设备即二次发酵设备中，进行完全发酵；之后通过后处理设备进行更细致的筛选，以除去杂质。最后烘干，形成颗粒、压实，包装后运出。在这整个过程中会产生臭气，必须用适当的设备来进行除臭，以达到环境能够接受的水平。供水和排水设备提供水源给每台设备和每座建筑物，并将污水排入污水处理设备中进行处理。本节将主要介绍预处理设备、发酵设备和后处理设备。

8.2.1 预处理设备

预处理设备主要由破碎机、混合设备、输送设备及各类分选设备组成。

8.2.2 发酵设备

有机物好氧分解的发酵过程是整个堆肥系统的关键组成部分。发酵的整个工艺过程包括通风、温度控制、翻堆、水分控制、无害化控制、堆肥的腐熟等几个方面。发酵设备不仅应尽可能地满足工艺要求，而且要实现机械化生产需要。好氧堆肥主要设备为卧式发酵滚筒和立式发酵塔，配以自动进料、机械破碎、连续翻转、强制通风、除臭、除尘等装置。

1. 达诺式发酵滚筒

如图 8.5 所示的发酵滚筒在世界上应用相当广泛。这种发酵设备结构简单，物料在滚筒内反复升高、跌落，同时可使物料的温度、水分均匀化，达到与曝气同样的效果，实现物料预发酵的功能。

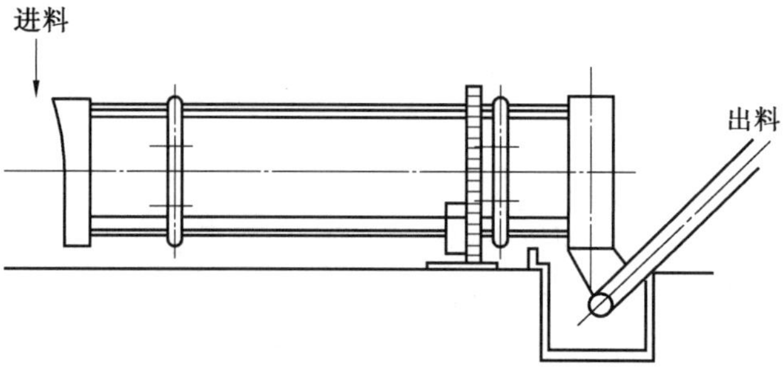

图 8.5　达诺式发酵滚筒结构示意图

物料每转一周，均能从空气中穿过一次，达到充分曝气的目的，新鲜空气不断进入，废气不断被抽走,充分保证了微生物好氧分解的条件。物料随着滚筒的旋转,在螺旋板的拨动下不断向另一端推进,经过 36 h 或 48 h,物料将移到出料端。这种设备主要应用于预发酵阶段,常与立式发酵塔组合使用,能实现自动化大量生产。其在德国的应用尤为广泛。

2. 多层立式发酵塔

如图 8.6 所示,发酵塔的内外层均由水泥或钢板制成。物料由发酵塔旋转臂上的犁形搅拌浆搅拌翻动,并从上层往下层移动。物料下移的同时用鼓风机将空气送到各层进行强制通风。塔是封闭型的,从塔的上部到下部,分为低温区、中温区和高温区;需保持微生物在适宜的活动温度和所需空气环境下进行活动,以生产出高质量的堆肥。

这种堆肥设备具有处理量大、占地面积小的优点,但一次性投资较高。

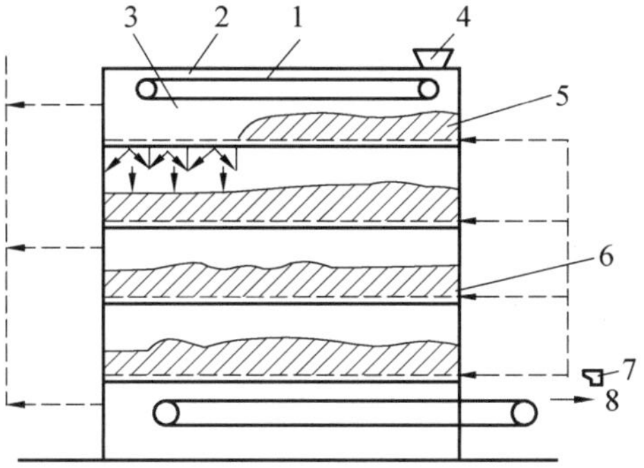

图 8.6 多层立式发酵塔结构示意图

1—驱动装置;2—塔体;3—犁形搅拌浆;4—进料口;5—窥视孔;6—进风管;7—风机;8—出料口

3. 多层桨式发酵塔

如图 8.7 所示。在这种塔内,其中心安有一圆柱形的旋转主轴,上面支持着旋转桨。每层上都有旋转桨,并且每层都有排料口。所有的桨都通过其中心的轴和齿轮带动,同时以相当慢的速度进行旋转。在运行期间,每层上的可堆肥化物料同时被搅拌,并被桨往后翻动,同时在与桨旋转相反的方向堆积起来,通过反复的作用,物料一层层地从上往下运行。

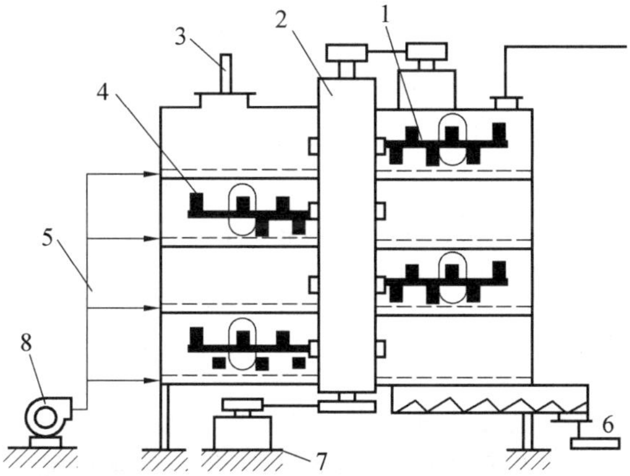

图 8.7 多层桨式发酵塔结构示意图

1—空气管道;2—旋转主轴;3—进料口;4—旋转桨;5—空气干管;6—堆肥;7—电机;8—鼓风机

4. 料仓型发酵装置

(1)犁式翻堆机。

如图 8.8 所示,这种发酵装置是一种犁式搅拌设备,它具有与耕犁一样的功能,可以使物料保持通气状态,使物料翻堆成均匀状态,并将物料从进口处移向出口处。空气输送管道配有一种特殊的爪形散气口,通气装置安装在料仓的底部,通过强制通风提供所需的空气。

图 8.8　犁式翻堆机结构

(2)搅拌式发酵装置。

这种发酵装置属水平固定类型,通过安装在槽两边的翻堆机来对物料进行搅拌,为的是使物料水分均匀并均匀接触空气,迅速分解防止臭气的产生。

5. 组合型发酵系统及设备

这种系统是各类设备的组合,组合方式决定于经济实力、物料性质、场地大小、二次污染的要求等条件。经济发达国家通常是一次发酵采用达诺式发酵滚筒,二次发酵采用多层立式发酵塔,堆放可以采用熟化设备使之熟化。堆化场下设通风装置,促进堆肥熟化。这种组合投资最大,占地最小,效率最高,二次污染最小。另外还有组合为桨式翻堆机与吊斗式翻堆机;还可以有多种组合方式,都可以达到同样效果。因此一定要根据实际条件,选择合理的组合设备。

8.2.3　二次发酵设备

二次发酵设备也称熟化设备。只有经过二次发酵后的熟化堆肥才是有价值的产品,才能被植物吸收,变成有用的养料,而且熟化堆肥能够有效地防止二次污染,即不再分解释放出臭气及产生污水。熟化的工艺方法及设备也是多种多样的。熟化过程中微生物的代谢毕竟不像一次发酵那样激烈,在无条件的情况下,可以采用静态条垛式堆放,一般 3 m 高,可以适当给予通风。有条件考虑大规模生产的地区,可以采用多层式或多层立式发酵塔、桨式立式发酵塔、水平桨式翻堆机等设备,较多情况下是采用仓式熟化设备。

8.2.4　后处理设备

为提高堆肥产品的质量,精化堆肥产品,物料经二次发酵后,必须除去其中的玻璃、陶瓷、塑料、木片、纤维及石子等杂质,净化处理后得到散装堆肥产品。后处理设备包括分选、研磨、压实造粒、打包装袋等的设备,在实际工艺过程中,根据当地的需要来选择组合后处理设备。

(1)分选设备。由于经预处理及二次发酵后的堆肥粒度范围往往远远小于预处理的物料粒度范围，因此后处理分选设备比预处理分选设备更精巧，多采用弹性分选机、静电分选机等分选设备。

(2)造粒精化设备。造粒精化设备用于堆肥物料的粒化，使其有利于贮存、运输，从而适应季节性堆肥需求的变化。

(3)打包机。为方便运输、管理和保存，常使用打包机包装堆肥产品。而且，往往需根据堆肥的数量和用途来选择包装的材料、大小和形状，以及包装机的规格。

(4)小型焚烧炉。小型焚烧炉用于焚烧分选出的塑料、纺织品、木块等可燃物(也可直接送往焚烧厂)。

除上述设备外，堆肥厂还应配置除尘、降噪减振、污水治理、除臭等防治二次污染方面的设备。

例 8.1　某城市 100 t/d 快速堆肥实验工厂处理设备如图 8.9 所示，共分 3 个组成部分：①受料预分选机组；②发酵进出料机组；③精分选机组。

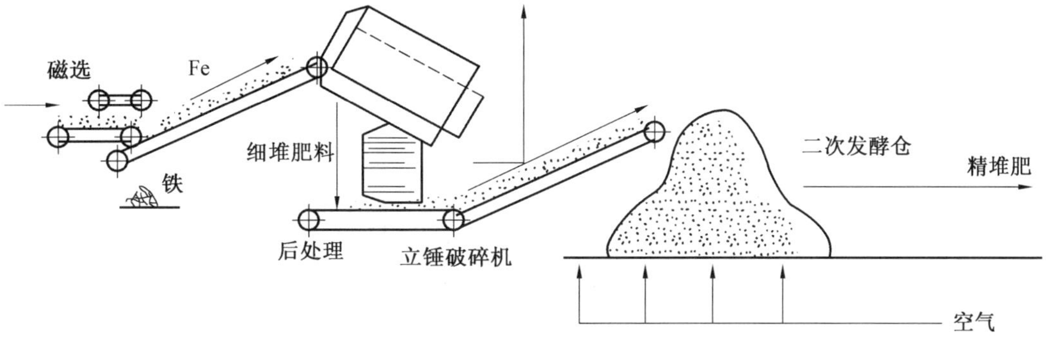

图 8.9　某城市 100 t/d 快速堆肥实验工厂处理设备流程示意图

由居民区收集的生活垃圾先运至中转站，然后再转运到堆肥处理厂。运来的垃圾倒入受料坑内，由吊车把垃圾转送到板式给料机上，经磁选除铁后送至复式振动筛进行粗分选，将粒径大于 100 mm 的粗大物件及粒径小于 5 mm 的煤灰等分选出去。然后经输送带送入长方形的、容积为 146 m^3 的一次发酵池。在装料的同时，用污泥泵从贮粪池内将粪水分若干次喷洒到垃圾中，按一次发酵含水率 40%～50%的要求加入粪水，并使之与垃圾充分混合。待装池完毕后加盖密封，并开始强制通风，温度控制在 65 ℃左右。约经 10 d，一次发酵完成。一次发酵堆肥物由池底经螺杆出料机排至皮带输送机上，再经二次磁选分离铁件后送入高效复合筛分破碎机。通过筛分机的作用，大块无机物(石块、砖瓦、玻璃等)及高分子化合物(塑料等)被去除，粒径大于 12 mm 而小于 40 mm 的可堆肥料被送至破碎机，破碎后的物料与筛分出的细堆肥料一起被送到二次发酵仓，继续进行二次堆肥处理。一次发酵池的废气通过风机送入二次发酵仓底部，为二次发酵仓继续通风，同时还可起到脱除臭气的作用。此外，为防止一次发酵池中渗出的污水污染地面水源，在一次发酵池底部设有排水系统，将渗沥水导入集水井后，经污水泵打回粪池回用。二次发酵一般需要 10 d 左右的时间。

垃圾堆肥化处理工艺的完善，在很大程度上依靠于正确的机械设计和设备正常运行；各城市的垃圾结构差异较大，不可能有普遍适用的机械设备。每个垃圾厂的机械设计必须依据垃圾结构不同，设计较符合工艺要求的机械设备。本工程中，主要机械的设计参数如下。

(1)板式布料机。链板速度，0.002 5～0.15 m/s；生产能力，50 m^3/h；功率，7.5 kW；功

能，使汽车集中来料变成均匀给料。

(2)高效复合筛分破碎机。双层滚筒筛尺寸，ϕ1 420×ϕ1 710×6 000 mm；内筒筛孔ϕ40 mm，外筒筛孔 ϕ13 mm；筛筒转速，5～18 r/min；额定处理量，20～25 t/h；功率，7.5 kW；功能为筛选粒径大于 40 mm 不可堆肥物，粒径小于 40 mm、大于 12 mm 可堆肥物以立锤破碎至<12 mm，细筛产生粒径小于 12 mm 可堆肥物。

(3)组合式振动格筛(粗分选机)。功能，去除>60 mm 的粗大物；尺寸，2 500 mm×1 200 mm；功率，3 kW；能力，16 t/h。

(4)进料桥式小车。其包括 2 条横向进料皮带；总功率，7.4 kW；功能，一次发酵池进料用。

(5)出料机。能力，100 t/h；总功率，9 kW；功能，一次发酵池出料用。

8.3 焚烧设备

固体废物焚烧系统通常由进料漏斗、给料系统、推料器、焚烧炉、助燃设备、废气排放与污染控制系统、排渣系统、回收系统等构成。固体废物焚烧系统如图 8.10 所示。

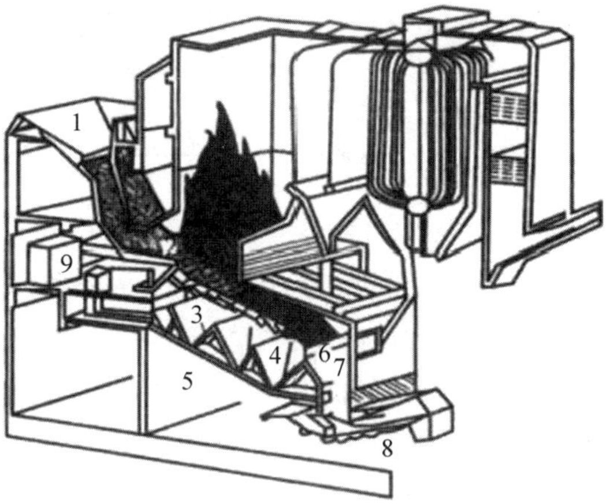

图 8.10 固体废物焚烧系统

1—进料漏斗；2—推料器；3—炉排；4—风箱；5—出灰管；

6—落灰调节器；7—落灰管；8—排渣系统；9—炉排控制

(1)进料漏斗。进料漏斗是将固体废物吊车抓斗投入的垃圾进行暂时储存，再连续送入焚烧炉内的设备。它具有连接滑道的喇叭状漏斗，另附有单向双瓣阀，以备停机时或漏斗未盛满垃圾时防止外部的空气进入炉内或炉内的火焰窜出炉外。

(2)给料系统。给料系统是将储存在垃圾漏斗内的垃圾，连续供给焚烧炉内燃烧的装置。目前应用较广的进料方式有炉排进料、螺旋给料、推料器给料等几种形式。

(3)推料器。推料器应具备下述功能：①连续、稳定、均匀地向炉内供应垃圾；②按要求调节垃圾供应量。推料器是水平往返移动的，一般可改变推料器的冲程、运动速度、间隔时间来供给适当的垃圾量，驱动方式一般采用液压式。

常用的推料器有如下几种。

①炉排并用式。将干燥炉排的上部延伸至漏斗下方，随着炉排的运动，将漏斗通道内的垃圾送入。因给料设备与炉排合为一体，故无法单独调整加料量。

②螺旋进料器。采用螺旋进料器，可维持较高的气密性，也可以起到破袋与破碎的功能，垃圾的进料量调整通常以螺旋转数来控制。

③旋转进料器。旋转进料器适用于具有前破碎处理的固体废物焚烧系统，一般设置在给料输送带的末端，输送带的形式多采用螺旋式或裙式。旋转进料器的气密性高，且输送能力大，给料量可调整。此外，应在旋转进料器后装设拨送器，以使垃圾分散装入炉内。

(4)焚烧炉。焚烧炉是整个固体废物焚烧系统的核心。目前世界各地应用的各种型号的焚烧炉达到200多种，但应用广泛、具有代表性的焚烧炉主要有四大类，即机械炉排焚烧炉、流化床焚烧炉、回转窑焚烧炉、垃圾热解气化焚烧炉。炉膛有多种形式，但其结构设计大致相同，一般由耐火材料砌筑或水管壁构成。炉膛的容积应满足燃烧烟气滞留时间等设计要求，并要考虑烟气的混合效果、二次空气的喷入、助燃器的布置等。在炉墙上设置有二次风供给装置、人孔与观察孔等。炉膛设计除了应满足一般锅炉设计要求以外，还要考虑垃圾的特有性质，比如易结焦、易结块，以及垃圾的磨损、炉温的保持等。

(5)助燃设备。助燃装置的作用是：①启动炉时升温和停炉时降温；②焚烧低热值垃圾时的助燃；③新筑炉和补修炉时的干燥。助燃设备的位置和数目应根据炉型和操作特性决定。另外，燃烧器容量根据启炉和停炉时的升降幅度，及垃圾热值低于自燃界限时助燃所需的容量，取其大者。

(6)废气排放与污染控制系统。废气排放与污染控制系统包括烟气通道、废气净化设施与烟囱。焚烧过程产生的主要污染物是粉尘与恶臭性物质，有少量的氮、硫的氧化物，主要污染控制对象是粉尘与气味。控制粉尘污染的常用设施是沉降室、旋风除尘器、湿式泡沫除尘设备、过滤器、电除尘器等。废气通过除尘设施后，含尘量应达到国家允许排放废气的标准。恶臭的控制目前尚无十分有效的方法，只能根据某种气味的成分进行适当的物理化学处理，减轻排出废气的异味。烟囱的作用有二：一是产生焚烧炉中的负压，使助燃空气能顺利通过燃烧带；二是将燃烧后废气从顶口排入高空大气，使剩余的污染物、臭味与热量通过高空大气的稀释扩散作用，浓度得以降低。

(7)排渣系统。燃尽的残渣通过排渣系统及时排出，保证焚烧炉正常操作。排渣系统由移动炉排、通道及与履带相连的水槽组成。灰渣在移动炉排上由重力作用经过通道，落入贮渣室水槽，经水淬冷却的灰渣由传送带送至渣斗，用车辆运走，或用水力冲击设施将炉渣冲至炉外运走。同时，燃烧炉采用适当的控制系统，对克服焚烧固体废物所带来的许多问题，保证焚烧过程高效率地良好运行是必要的。焚烧过程的测试与控制系统包括空气量的控制、炉温控制、压力控制、除尘器容量控制、压力与温度的指示、流量指示、烟气浓度及报警系统等。

(8)回收系统。建立固体废物焚烧系统的主要目的之一是回收热能资源。焚烧炉热能回收有三种方式：

①与锅炉合建焚烧系统，锅炉设在燃烧室后部，使热能转化为蒸汽回收利用；

②利用水墙式焚烧炉结构，炉壁以纵向循环水管替代耐火材料，管内循环水被加热成热水，再通过后面相连的锅炉生成蒸汽回收利用；

③将加工后的垃圾与燃料按比例混合作为大型发电站锅炉的混合燃料。

8.4 填埋场设备

建设垃圾卫生填埋场，需要选择与填埋工艺相一致的设备，以保证其顺利运行，并尽可能降低运行费用。表8.1列出了一般垃圾填埋场主要大型机械设备的配置要求。

表8.1 一般垃圾填埋场主要大型机械设备的配置要求

规模/$(t \cdot d^{-1})$	推土机/台	压实机/台	挖掘机/台	铲运机/台	备 注
≤200	1			1	实际使用设备数量
200～500	2	1	1	1	
500～1 200	2～4	1～2	1	1～2	
≥1 200	5	2	2	3	

8.4.1 推土机

推土机用于将填埋场的大块垃圾在相对较短的距离内从一处搬运或推铺至另一处。推土机具有推铺、搬移和压实垃圾的功能。选择推土机时要注意：推土机接地压力应适当，以避免推土机在垃圾上下陷；推土机功率应合适，能在填埋场正常作业。推土机的作业效率与运距有关，表8.2列出了推土机的经济运距。

表8.2 推土机的经济运距

行走装置	机 型	经济运距	备 注
履带式	大	50～100 m(最远150 m)	上坡用小值，下坡用大值
	中	50～100 m(最远120 m)	
	小	<50 m	
轮胎式		50～80 m(最远150 m)	

最常用的履带式推土机的主要功能是分层推铺、压实垃圾、场地准备、日常覆盖及最终覆土、一般土方工作等。为使履带式设备达到最好的压实效果，要装上一个合适的推板，同时通过增加推板的面积来提高其推垃圾的能力，铁隔栅可用来增加推板的高度，但要避免挡住司机的视线。压力大小决定了压实的程度，每层垃圾铺得薄，压缩效果好。履带式机械的接地压力较小，因此压实效果并不很理想。

8.4.2 压实机

压实机的主要作用是铺展和压实废弃物，也可用于表层土的覆盖，当然最重要的是获得最大的压实效果。

影响压实后密度的最重要的可控因素是每一层的深度。为了达到最大压实密度，废弃物应以400～800 mm厚为一层进行铺展和压实(成分不同，厚度不同)。一般情况下采用500 mm层厚。此外，垃圾的密度也取决于压实的次数。压实2～4次后可以达到理想的密度，继续压实效果不会太明显。

按压实过程工作原理，移动式压实过程可分为碾(滚)压、夯实、振动三种，相应的压实机械有碾(滚)压实机、夯实压实机、振动压实机三大类，垃圾压实主要用碾(滚)压方式。填埋场常用的压实机具有下列形式：胶轮式压实机、履带式压实机和钢轮式布料压实机。

选用压实机应注意以下几点。

①在同等效率下，应选取压实力较大、功率较小的压实机，且整机对地面压力要小于垃圾表面的承载力。

②每天处理垃圾的吨数、体积及填埋场占地费用是决定合适的压实机质量的主要参考数据。

③高度压实可延长填埋场的使用寿命，从而降低填埋场单位面积垃圾的处理成本。

在选择压实机时还应综合考虑压实方法、道路运输情况、天气、表面覆盖材料的类型和特性等。

8.4.3 挖掘机

挖掘机的基本结构由工作装置、动力装置、行走装置、回转机构、司机室、操纵及控制系统等部分组成。挖掘机在填埋场主要用于挖掘各种基坑、排水沟、电缆沟、壕沟，拆除旧建筑，也可用于完成堆砌、采掘和装载等。

填埋场常用的挖掘机有履带式挖掘机和前铲式挖掘机。

(1)履带式挖掘机。履带式挖掘机主要用于挖土并装汽车，适用于日常或初始的垃圾覆盖，它可以用来完成一些特定的土方工程。挖掘机装有柴油发动机和液压系统，液压系统控制着挖掘臂和铲斗的运动。挖掘整个过程由装料、装料抖动、卸料、卸料拌动四个阶段组成。

(2)前铲式挖掘机。前铲式挖掘机主要用来挖填垃圾的沟，日常的填埋单元的初步覆盖(没有压实和平整的功能)。这些设备装有机械操作的挖掘臂，其长度为 10～15 m。根据设备型号不同，其旋转半径为 6.1～13.7 m，挖掘深度可达 7.5 m。

8.4.4 铲运机

铲运机是一种利用铲斗铲削土壤，并将碎土装入铲斗进行运送的机械，能够完成铲土、装土、运土、卸土和分层填土、局部辗实的综合作业，其适用于中等距离的运土。在填埋场作业中，其用于开挖土方、填筑路堤、开挖沟渠、修筑堤坝、挖掘基坑、平整场地等工作。铲运机由铲斗、行走装置、操纵机构和牵引机等组成。铲运机的装运质量与其功率有关。

8.4.5 装载机

装载机用于将垃圾从一处运至另一处，如可将垃圾从低处搬至较高的位置，并可用于不需要推铺及推土处。装载机可分为轮式装载机和履带式装载机两类，前者适用于挖掘较软的土层，后者适用于挖掘较硬的土层。

8.4.6 运输设备

垃圾场内垃圾的运输方式有多种，许多填埋场均允许场外垃圾运输车直接进场，把垃圾倾倒于指定的填埋单元。常用的车辆类型包括密闭式压缩垃圾车、普通垃圾自卸车、垃圾多用车等。除长距离运输车辆外，还有短距离的运输设备，包括带式输送机、固定带式输送机、移动带式输送机等。

①密闭式压缩垃圾车。密闭式压缩垃圾车车厢采用框架式全封闭结构，为了保证车厢具有足够的强度和刚度，在车厢外部增加了两道加强筋，后门与车厢通过铰链连接，后门上装有旋转板和滑板，在液压油缸的驱动下，旋转板旋转，将投入车内的垃圾收入车厢，同时滑板对垃圾进行压缩。排出垃圾时后门可高高抬起，启动车厢内多节伸缩套筒式油缸，驱动推板将垃圾一次排出，在后门的底部设计有污水收集箱。

②带式输送机。带式输送机又称胶带输送机或皮带输送机，其功能主要是水平或倾斜输送散物料和成型物品。带式输送机靠挠性带做牵引件和承载件，连续输送物料。带式输送机又可分为固定式带式输送机和移动式带式输送机。移动式带式输送机的机架安装在行走轮上，并且装有调整输送高度的装置，可根据现场需要，变换输送高度，随时进行移动，并且可将几台移动带式输送机相互搭接，形成一条长的运输线。

8.4.7 起重设备

起重设备用于垃圾装卸。起重设备包括各种简易起重设备，葫芦及通用桥式、门式起重机，冶金起重机等，是起重运输行业里生产品种最多的一个类别。

起重机的类型大致包括汽车式起重机、轮胎式起重机、履带式起重机、塔式起重机。

(1)汽车式起重机。汽车式起重机通常指安装在通用或专用载重汽车底盘上的起重机，又叫汽车吊。其具有行驶速度快、转移作业场地迅速、机动灵活、安装维修方便、生产成本低的特点，适用于流动性大，作业场地不固定的环境。

(2)轮胎式起重机。轮胎式起重机是一种将起重机安装在专门设计的自行轮胎底盘上的起重设备，具有作业范围广(可在起重机的前后左右四面进行)，起重能力大，在平坦地面可不用支腿就能吊重的特点；而且可以吊物慢速行驶，轮距宽且稳定性好，轴距小，车身短，转弯半径小，但行驶较慢、机动性差。其适用于狭窄作业场地及转移不频繁的场合。

(3)履带式起重机。履带式起重机是把起重机装在履带底盘上的自行起重设备，实际上是将单斗挖掘机换上起重装置。履带行走装置具有与地面接触面积大、接地压力小、牵引力大、爬坡度大、越野能力强、稳定性好、不需要安装支腿的优点。但其行驶速度慢，行驶过程中对路面有损伤，转移工作场地需用拖车，自重较大，制造成本高。其适用于在松散、泥泞、崎岖不平的场地行驶和作业，起吊质量大的货物。

(4)塔式起重机。塔式起重机也称为塔吊，是一种具有竖直塔身，起重臂可回转的起重设备。起重臂在塔身的上方形成“T”形工作间，这种结构形式具有工作空间大、有效高度大的优点。

8.4.8 筛分设备

筛分设备是用于从垃圾中回收有用资源的设备，可分为固定筛、滚动筛、惯性振动筛、共振筛和熟化垃圾组合筛碎机。筛分是利用筛子让物料中小于筛孔的细颗粒透过筛面，而大于筛孔的粗颗粒留在筛面上，完成粗、细粒物料分离的作业。熟化垃圾组合筛碎机是筛分和破碎熟化生活垃圾堆肥的专用设备，它成功地解决了垃圾筛分设备研制中普遍存在的细筛网网孔易堵和多台设备串联布置造成占地面积大的问题，能把熟化生活垃圾根据需要分成细、中、粗不同粒径的物料，并能把中料加以破碎，形成细料。

第 9 章　污水处理厂污水处理系统主要设备的常见故障及排除方法

9.1　格栅机的常见故障及排除方法

格栅机的常见故障及排除方法见表 9.1。

表 9.1　格栅机的常见故障及排除方法

故障	主要原因	排除方法
除渣不理想	提耙、张耙、合耙、落耙不到位	调整
	耙斗、耙齿水平度误差过大	调整
	个别渣物太大	人工清除
	耙斗、耙齿磨损	修复或更换
	格栅机安装角度误差过大	调整或重新安装
	格栅条磨损、损坏	修复或更换
	时间继电器失灵	修复或更换
	行走轨道上有杂物使耙斗、耙齿走偏	清除、调整
	行走轮安装误差太大，与行走轨道有摩擦或碰撞	修复、调整
	行走轮磨损、损坏使耙斗、耙齿走偏	修复、调整或更换
污水流动不畅	格栅间间隙堵塞	清除
	渣未及时清除	及时清除
	污水水源压力不足，液体浓度过大	加大污水供水压力，稀释
	沉积物太多	清除
	液位控制器失灵	修复或更换
	渣物太大	人工清除
有异常声响	耙斗、耙齿移动时有卡阻	调整或修复
	轴承损坏	修复或更换
	转鼓细格栅机底部沉积物太多	清除
	导向移动装置导向轮磨损，或导向轮已损坏	调整、修复或更换

续表 9.1

故障	主要原因	排除方法
有异常声响	行走轮安装误差太大，与行走轨道有摩擦或碰撞	修复、调整
	格栅机转动、移动部位有卡阻	检查、清理、修复
	联轴器间隙过大或间隙不均匀	重新调整
	行走轨道上有杂物	清除
钢丝绳、链条损坏	缺少保养	加润滑脂或更换
	长时间磨损	修复或更换
	材质不适合工作环境	更换
	链条脱扣	修复或更换
	两侧受力不均匀，造成单边磨损	修复或更换
格栅机振动过大	基础地脚螺栓有松动	重新安装
	联轴器间隙过大或间隙不均匀	重新调整
	转鼓细格栅机水平度误差过大	重新调整
	行走轨道上有杂物	清除
	行走轮安装误差太大，与行走轨道有摩擦或碰撞	修复、调整
	导向移动装置的导向轮磨损，或导向轮已损坏	调整、修复或更换
减速机漏油、损坏	齿轮过度磨损，齿间间隙过大	修复或更换
	轴承已损坏	更换
	连接螺栓未上紧	紧固螺栓
	联轴器间隙过大或间隙不均匀	重新调整
	箱体和箱盖之间的密封圈装备不良或失效损坏	拆卸检修，或更换密封圈
	加油过量，油品变质	按规定加油、更换
	电机内部进水或潮湿、线圈损坏	修复或更换
	长时间负荷过大、线圈损坏	修复或更换
	锈蚀	修复
	轴承损坏	修复
电机损坏	电机内部进水或潮湿、线圈损坏	修复或更换
	长时间负荷过大、线圈损坏	修复或更换
	锈蚀	修复
	轴承损坏	修复

9.2 潜水污水(泥)泵的常见故障及排除方法

潜水污水(泥)泵的常见故障及排除方法见表9.2。

表9.2 潜水污水(泥)泵的常见故障及排除方法

故障	主要原因	排除方法
机组泵不出水或泥	泵或管路未完全疏通	通过从弯座上提起泵并再次放下进行疏通
	积垢物堵住泵的进水处	清洁泵的进口、零件及止回阀
	管路损坏或泄漏	修复或更换损坏的管路或密封
	无电压而导致电机不转	检查线路
	电机缺相运行	更换有故障的保险丝,或检查电缆连接
	电机线圈或电缆故障	更换
	线圈温度过高导致监测线圈仪器停止工作	冷却后电机自动启动
	由于超出允许的线圈温度,所超范围的温度虽然已被释放,但热敏释放装置不带自动重启设备	检查或使用手工启动
	下部球轴承温度超过允许范围,电机已通过轴承温度监测保护装置自动停机	进行泵侧轴承的热敏监测检查
	温度保护传输失灵,电机内部潮湿	检查、烘干、修复
	泄漏腔的监测回路已被触发	对浮动开关进行测试,并检查泄漏腔
泵的流量不足	泵所承受的出口压力太大	打开出口阀门直至压力到设计要求
	出口侧阀门未完全打开	完全打开出口阀门
	进水管或叶轮堵塞,转子运转滞钝	清除泵内、管路的积垢物
	泵内部零件磨损	更换磨损零件
	管路损坏或泄漏	修复或更换损坏的管路或密封
	泵送介质中含不允许的空气或其他气体	清除
	转向错误	相线对调
	电机缺相运行	更换有故障的保险丝,或检查电缆连接
	接法错误	检查、重新连接
	运行时水位下降过多	检查供水,液位控制器

续表 9.2

故障	主要原因	排除方法
电流、功率耗量过大	泵未在运行范围内运行	检查泵的运行操作数据
	叶轮腔内有脏物,如纤维等	清除,使叶轮运转轻松
	泵内部零件磨损	更换磨损零件
	转向错误	相线对调
	运转电压不足	检查电源、电缆的连接
	电机线圈或电缆故障	更换
	电机内径向轴承故障	更换
扬程太低	进水管或叶轮堵塞,转子运转迟钝	清除泵内、管路的积垢物
	泵内部零件磨损	更换磨损零件
	管路损坏或泄漏	修复或更换损坏的管路或密封
	泵送介质中含不允许的空气或气体	清除
	转向错误	相线对调
	电机缺相运行	更换有故障的保险丝,或检查电缆连接
	接法错误	检查、重新连接
泵运行不均匀且有噪声	泵未在运行范围内运行	检查泵的运行操作数据
	进水管或叶轮堵塞,转子运转迟钝	清除泵内、管路的积垢物
	叶轮腔内有脏物,如纤维等	清除,使叶轮运转轻松
	泵内部零件磨损	更换磨损零件
	泵送介质中含不允许的空气或其他气体	清除
	装置原因引起振动	检查、重新调整、修复
	转向错误	相线对调
	电机内径向轴承故障	更换

9.3 阀门的常见故障及排除方法

阀门的常见故障及排除方法见表 9.3。

表 9.3 阀门的常见故障及排除方法

故障	主要原因	排除方法
阀门无法完全打开或完全关闭	阀门闸板处有异物卡阻	清除
	开度限位器与阀门闸板旋转角度不相符合	重新调整
	手动阀杆锈蚀卡死,或阀杆与闸板断裂脱开	修复或更换
	阀门两侧压力相差过大	利用旁通阀或其他办法消除压力差
	限位器已损坏	修复或更换
阀门外部泄漏	法兰之间的密封圈装备不良或失效损坏	重新安装或更换密封圈
	法兰之间有间隙	重新安装
	管道焊接有裂缝	修复或更换
电动机无法作用	电机已损坏	修复或更换
	电压缺相或线路接错	修复
	电机进水或潮湿	烘干、修复或更换
减速器损坏	减速器进入泥浆等杂物	清洗、更换润滑剂、修复或更换
	齿轮过度磨损,齿间间隙过大	修复或更换
	轴承已损坏	更换
减速机漏油	轴端密封圈装备不良或失效、损坏	更换密封圈
	连接螺栓未上紧	紧固螺栓
	加油过量、油品变质	按规定加油、更换

9.4 生物除臭系统的常见故障及排除方法

生物除臭系统的常见故障及排除方法见表 9.4。

表 9.4 生物除臭系统的常见故障及排除方法

故障	主要原因	排除方法
臭气泄漏	臭气收集密封罩泄漏	检查修复
	臭气风管泄漏	检查修复
	门窗泄漏	检查修复
	密封罩、风管、门窗锈蚀腐烂	修复或更换

续表 9.4

故障	主要原因	排除方法
离心风机有异常声音,振动过大	联轴器同心度误差过大,间隙不均匀	调整
	联轴器间隙过大	调整
	轴承损坏	更换
	离心风机安装水平度、垂直度误差过大	调整或重新安装
	离心风机地脚螺栓有松动	重新安装
	二次灌浆未浇筑好	重新安装
臭气处理不完全	生物滤池中的生物菌浓度不够	调整浓度
	生物滤池的湿度不够	加大水供给量
	生物滤池的养分不够	调整浓度
	生物菌浓度自动报警装置损坏	检查修复
	臭气源与生物菌种类不匹配	更换

9.5 曝气器及管路系统的常见故障及排除方法

曝气器及管路系统的常见故障及排除方法见表 9.5。

表 9.5 曝气器及管路系统的常见故障及排除方法

故障	主要原因	排除方法
电动机不正常	线路故障	检查、排除
	电动机已损坏	修复或更换
	安装尺寸过低,使叶轮、叶片入水深度过大,负荷过重、电流过大	检查、调整、排除
	液位与设计的叶轮、叶片入水深度不相符,负荷过重、电流过大	调整
	叶轮、叶片角度误差过大,负荷过重、电流过大	检查、调整、排除
	叶轮、叶片上有杂物,负荷过重、电流过大	人工清除
减速机不正常	润滑系统损坏,润滑不良,油温升高	拆卸检修,更换零件
	齿轮过度磨损,齿间间隙过大、有噪声	拆卸检修,更换零件
	齿轮损坏有噪声	拆卸检修,更换零件
	轴承损坏有噪声	拆卸检修,更换零件
	箱体和箱盖之间的密封圈因安装不当或老化失效导致损坏漏油	拆卸检修,或更换密封圈
	连接螺栓未上紧、漏油	上紧螺栓
	联轴器间隙过大或间隙不均匀	重新调整
	加油过量、油品变质	按规定加油、更换

续表 9.5

故障	主要原因	排除方法
振动过大	安装螺栓松动	检查安装螺栓并重新上紧
	叶轮、叶片不平衡	重新调整
	叶轮、叶片上有杂物	排除
	联轴器间隙过大或间隙不均匀	重新调整
	叶轮、叶片已损坏	更换
	水平转刷曝气机行走轨道上有杂物	清除
	水平转刷曝气机行走轮磨损、损坏	修复、调整或更换
	水平转刷曝气机行走轮安装误差太大,与行走轨道有摩擦或碰撞	修复、调整
	水平转刷曝气机水平度误差过大	重新调整
曝气效果差或不理想	有杂质、曝气头堵塞	清除、修复、调整或更换
	空气管泄漏	修复或更换
	供气不足	检查、修复、调整
	曝气头安装水平度误差过大	重新调整或安装
	曝气头设置不合理	重新调整或设置
	曝气头已损坏	修复或更换
	曝气头微孔过大	更换

9.6 脱水机械的常见故障及排除方法

脱水机械的常见故障及排除方法见表 9.6。

表 9.6 脱水机械的常见故障及排除方法

故障	主要原因	排除方法
泥饼含水率过高	滤带张紧力太小	提高张紧力,一般不大于 0.5 MPa
	滤带速度太快	降低滤带速度,一般不小于 3 m/min
	污泥供量不均匀	调整
泥饼含水率过低	滤带张紧力太大	降低张紧力,一般不小于 0.3 MPa
	滤带速度太慢	提高滤带速度,一般不大于 8 m/min
	污泥供量不均匀	调整

续表 9.6

故障	主要原因	排除方法
泥饼太薄	滤带张紧力太大	降低张紧力，一般不小于 0.3 MPa
	滤带速度太快	降低滤带速度，一般不小于 3 m/min
	进药量太小	提高进药量
	堵塞	清除
	污泥供量太小	调整
泥饼太厚	滤带张紧力太小	提高张紧力，一般不大于 0.5 MPa
	滤带速度太慢	提高滤带速度，一般不大于 8 m/min
	进药量太大	降低进药量
	污泥供量太大	调整
处理量太小	滤带张紧力太大	降低张紧力，一般不小于 0.3 MPa
	滤带速度太慢	提高滤带速度，一般不大于 8 m/min
	进药量太小	提高进药量
	加过大进药量	调整到适量
	堵塞	清除
	污泥供量不足	调整
处理量太大	滤带张紧力太小	提高张紧力，一般不大于 0.5 MPa
	滤带速度太快	降低滤带速度，一般不小于 3 m/min
	进药量太大	降低进药量，但不能过小，否则将导致絮凝失效，不能脱水
	污泥供量太大	调整
滤带难以冲洗干净	滤带张紧力太小	提高张紧力，一般不大于 0.5 MPa
	滤带速度太慢	提高滤带速度，一般不大于 8 m/min
	进药量太小	提高进药量
泄漏	连接接口不密封	重新连接
	管路磨损	更换
	密封圈装备不良或失效损坏	拆卸检修，或更换密封圈
	缸体或活塞杆损坏	修复或更换
	阀门失效损坏	修复或更换
滤带损坏	长时间使用	更换
	接口不平顺	重新连接
	滤带有摩擦	修复或更换

续表 9.6

故障	主要原因	排除方法
振动或异常声音	轴承损坏	修复或更换
	轴磨损	修复或更换
	轴的平行度误差太大	调整
	轴的同轴度误差太大	调整
	限位开关失灵	修复或更换
	运动部位有摩擦或碰撞	修复或更换
	地脚螺栓松动	拧紧螺栓
	基础不牢固	重新加固基础
	连接件松动	重新连接
减速机工作不正常	密封圈装备不良或失效损坏	拆卸检修，或更换密封圈
	连接螺栓未上紧	上紧螺栓
	加油过量、油品变质	按规定加油、更换
	润滑不良	拆卸检修，更换零件(调整或更换)
	齿轮过度磨损，齿间间隙过大	
	齿轮损坏	更换
	轴承损坏	

9.7 加药泵的常见故障及排除方法

加药泵的常见故障及排除方法见表9.7。

表 9.7 加药泵的常见故障及排除方法

故障	主要原因	排除方法
泵不运行	贮液池中药液液位太低	向池中加入药液
	阀门损坏或污染	清洗或更换
	出液管路堵塞	排除
	药液冻结	融化
	保险丝熔断	更换
	电动机启动器中热过敏装置跳开	复位
	电缆线断开	修复
	电压过低	重新调整
	泵未充注液体	向压力管路输送药液前，应使吸液管和泵头充满液体
	冲程调节设定到零的位置	重新调节冲程设定

续表 9.7

故障	主要原因	排除方法
泵的出液量不足	冲程设定不正确	重新调节冲程设定
	泵的运行速度不对	使电源电压和频率与泵电动标牌上的数据匹配
	吸液管泄漏	修复
	吸程过高	重新布置
	液体接近沸点	冷却液体或增加吸液水头
	出液管路中的安全阀泄漏	修复或更换
	液体黏度太高	降低黏度
	阀座磨损或污染	清洗或更换
	吸液量不足	增加吸液管口径或增加吸液水头
输液量不稳定	吸液管泄漏	修复
	安全阀泄漏	修复或更换
	吸程水头不足	提高吸液池液位或使用压力溶液箱
	液体接近沸点	冷却液体或增加吸液水头
	阀座磨损或污染	清洗或更换
	管路过滤器堵塞	清洗过滤器
电机或泵体过热	电机或泵体的运行温度超过 93 ℃	冷却
	电源不符合电机的电气规格	调节电源与电机匹配正确
	泵在超过额定性能条件下运行	减少压力或冲程速度
	泵的润滑油加注不对	重新加注润滑油
泵在零冲程设定时仍输送液体	误调千分刻度旋钮	重新调节冲程设定
	出液压差不足	改正运行条件
齿轮噪声过大	齿间间隙过大	拆卸检修,更换零件
	轴承磨损	拆卸检修,更换零件
	润滑油标号不对或加注量不足	更换或补充润滑油
每次冲程都有响亮的撞击声	过量的齿轮部件损耗	拆卸检修,更换零件
	轴承磨损	拆卸检修,更换零件
泵头底部检测孔有物料泄漏	隔膜破裂	更换
泵头底部检测孔有润滑油泄漏	油封破裂,连接螺栓未上紧	紧固或更换

9.8 溶解加药装置的常见故障及排除方法

溶解加药装置的常见故障及排除方法见表 9.8。

表9.8 溶解加药装置的常见故障及排除方法

故障	主要原因	排除方法
在自动位置时，无进料、进水	进水管上的阀门未打开，水压不足或超过设定值	打开进水管上的阀门或保证水压正常
	贮液箱内的液位已超过最低位	修复，使其自动进料、进水
在自动位置时，电机不工作	时间未到	等待
	电动机已损坏	修复或更换
搅拌机不工作	电源未接通	修复
	电动机已损坏	修复或更换
	减速机不正常	修复或更换
报警	进水水压超过设定值	保证水压正常
	贮液箱内的液位已超过最低限位	调整
	料斗内干粉快用完	及时添加干粉

参考文献

[1] 中华人民共和国住房和城乡建设部,国家质量监督检验检疫总局. 工业金属管道工程施工规范:GB 50235—2010[S]. 北京:中国计划出版社,2011.

[2] 中华人民共和国住房和城乡建设部. 风机、压缩机、泵安装工程施工及验收规范:GB 50275—2010[S]. 北京:中国计划出版社,2011.

[3] 中华人民共和国住房和城乡建设部,中国机械工业联合会. 机械设备安装工程施工及验收通用规范:GB 50231—2009[S]. 北京:中国计划出版社,2009.

[4] 中华人民共和国住房和城乡建设部. 起重设备安装工程施工及验收规范:GB 50278—2010[S]. 北京:中国计划出版社,2010.

[5] 刘灿生. 给水排水工程施工手册[M]. 2 版. 北京:中国建筑工业出版社,2002.

[6] 李明俊,孙鸿燕. 环保机械与设备[M]. 北京:中国环境科学出版社,2005.

[7] 陈家庆. 环保设备原理与设计[M]. 2 版. 北京:中国石化出版社,2008.

[8] 徐志毅. 环境保护技术和设备[M]. 上海:上海交通大学出版社,1999.

[9] 金兆丰. 环保设备设计基础[M]. 北京:化学工业出版社,2005.

[10] 周兴求. 环保设备设计手册. 大气污染控制设备[M]. 北京:化学工业出版社,2003.

[11] 郭立君. 泵与风机[M]. 2 版. 北京:中国电力出版社,1997.

[12] 金毓荃,李坚,孙治荣. 环境工程设计基础[M]. 北京:化学工业出版社,2002.

[13] 杨德钧,沈卓身. 金属腐蚀学[M]. 2 版. 北京:冶金工业出版社,1999.

[14] 杨世伟,常铁军. 材料腐蚀与防护[M]. 哈尔滨:哈尔滨工程大学出版社,2003.

[15] 罗辉. 环保设备设计与应用[M]. 北京:高等教育出版社,1997.

[16] 郑铭. 环保设备:原理·设计·应用[M]. 北京:化学工业出版社,2001.

[17] 郝吉明,马广大. 大气污染控制工程[M]. 北京:高等教育出版社,2002.

[18] 张邦俊,翟国庆. 环境噪声学[M]. 杭州:浙江大学出版社,2001.

[19] 国家环境保护总局. 声屏障声学设计和测量规范: HJ/T 90—2004[S]. 北京:中国环境科学出版社,2004.

[20] 汪群慧. 固体废物处理及资源化[M]. 北京:化学工业出版社,2003.

[21] 周律. 环境工程技术经济和造价管理[M]. 北京:化学工业出版社,2001.

[22] 蔡纪宁,张秋翔. 化工设备机械基础课程设计指导书[M]. 北京:化学工业出版社,2000.